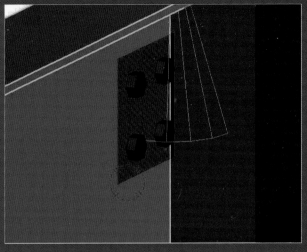

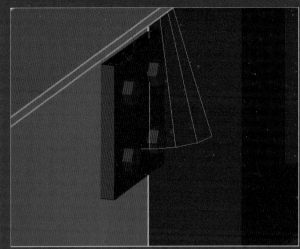

U0335596

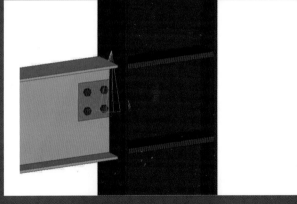

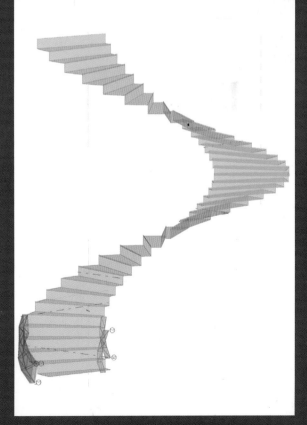

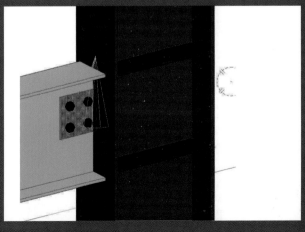

案例赏析

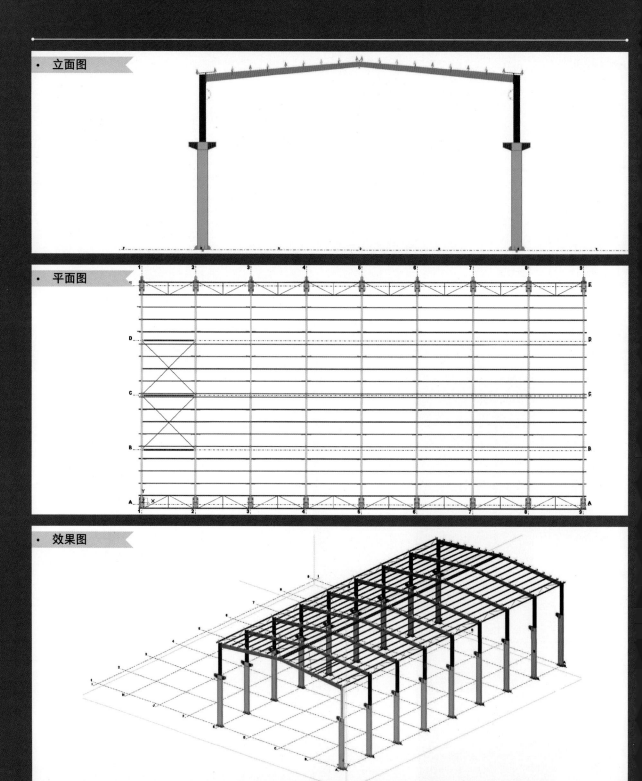

综合实例：创建完整的门钢厂房

- 平面图

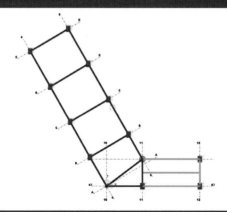

- 轴网图

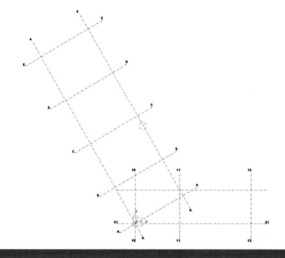

- 效果图

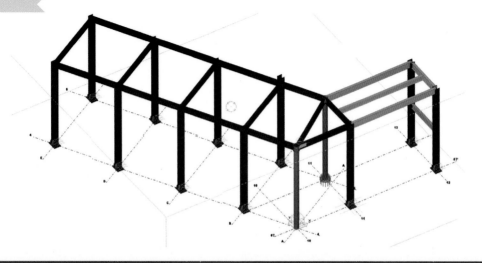

案例赏析

P199 拓展习题：创建框架整体布置图

- **整体 3D 布置图**

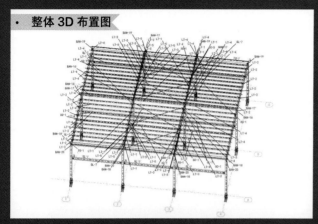

- **轴 1 的立面布置图**

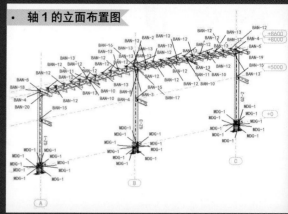

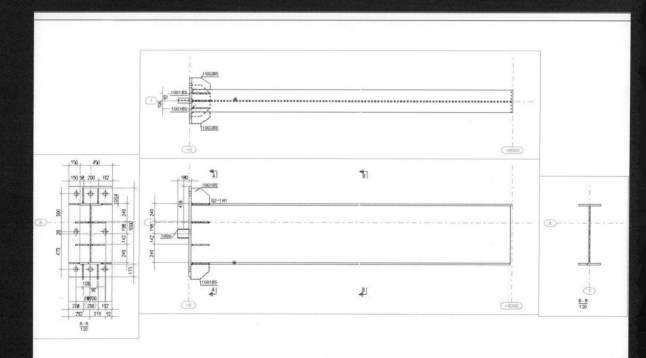

P180 引导实例：创建"牛腿柱"构件图纸

- 效果图

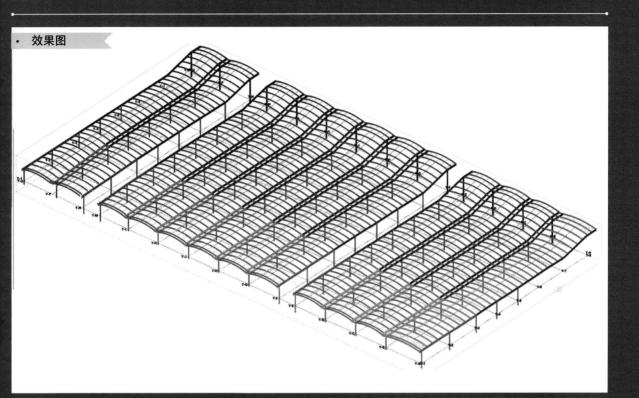

- 平面图

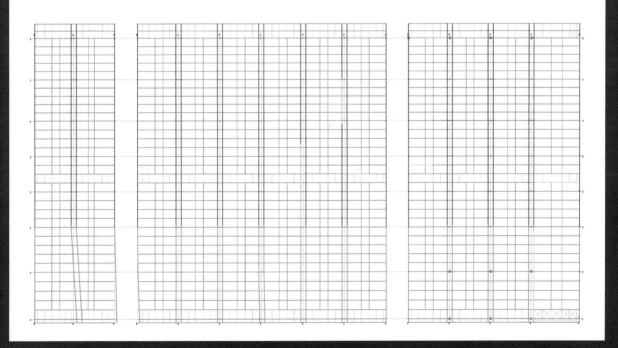

案例赏析

- 效果图

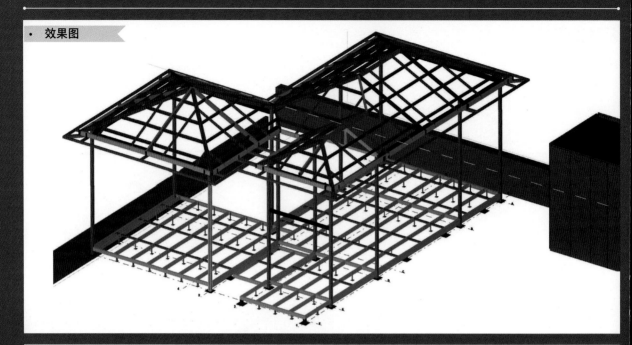

- 平面图

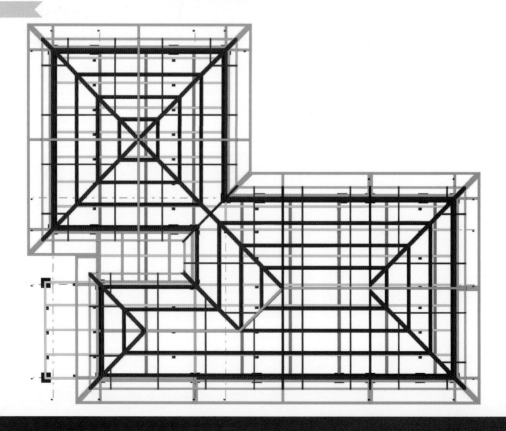

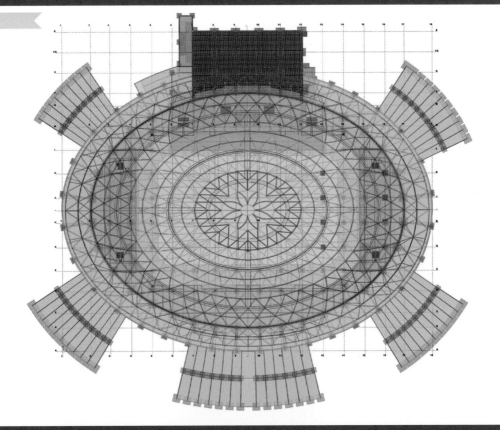

案例赏析

- 立面图

- 平面图

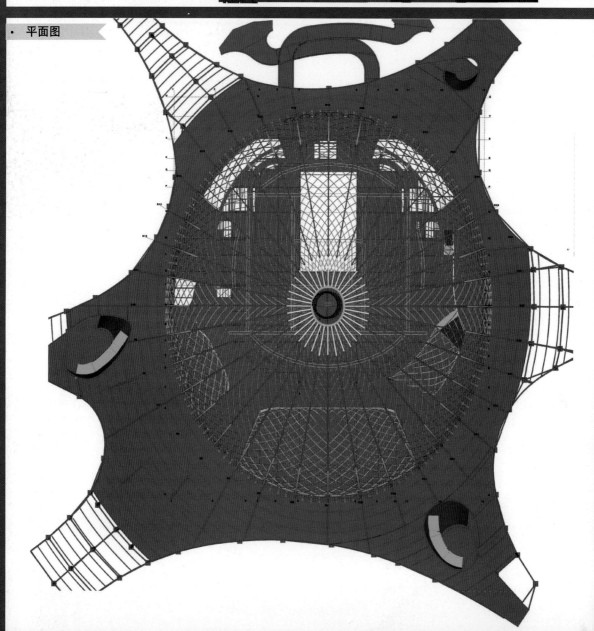

BIM 钢结构深化

刘博 牛浩楠 邵满柱 编著

Tekla Structures 21.0 建模／深化／工程应用实战

人民邮电出版社

北京

图书在版编目（CIP）数据

BIM钢结构深化：Tekla Structures 21.0建模/深化/工程应用实战 / 刘博，牛浩楠，邵满柱编著. -- 北京：人民邮电出版社，2021.8
ISBN 978-7-115-55241-9

Ⅰ. ①B… Ⅱ. ①刘… ②牛… ③邵… Ⅲ. ①钢结构－结构设计－计算机辅助设计－应用软件 Ⅳ. ①TU391.04-39

中国版本图书馆CIP数据核字(2021)第048594号

内 容 提 要

　　本书系统讲解使用 Tekla Structures 进行钢结构深化设计和出图的方法和技巧。通过本书，读者可以学习如何熟练制作门式钢架结构，多层和高层框架结构，以及如何运用组件开发技术和图纸模板进行数字化管理。

　　全书共 10 章。从介绍绘图前的准备工作和建模时的常用命令讲起，按照钢结构施工的流程讲解"建模→深化→出图"的全过程，重点介绍建模、模型节点深化、出图过程与钢结构图纸之间的对应关系，然后介绍如何将软件和实际工程结合进行项目管理，并以钢结构施工的流程为出发点，进行工程案例演示。

　　本书适合建筑设计和结构设计的相关工作人员，房地产开发、建筑施工、工程造价和建筑表现等相关从业人员阅读，也适合大中专院校相关专业及相关培训机构作为教材。

◆ 编　著　刘　博　牛浩楠　邵满柱
　　责任编辑　杨　璐
　　责任印制　马振武

◆ 人民邮电出版社出版发行　北京市丰台区成寿寺路 11 号
　　邮编　100164　电子邮件　315@ptpress.com.cn
　　网址　https://www.ptpress.com.cn
　　三河市君旺印务有限公司印刷

◆ 开本：787×1092　1/16
　　印张：18.25　　　　　　　　彩插：4
　　字数：643 千字　　　　　　　2021 年 8 月第 1 版
　　印数：1 – 2 200 册　　　　　　2021 年 8 月河北第 1 次印刷

定价：89.00 元

读者服务热线：(010)81055410　印装质量热线：(010)81055316
反盗版热线：(010)81055315
广告经营许可证：京东市监广登字 20170147 号

前言

编写动机

21 世纪以来，国际化大都市如雨后春笋般崛起，大型综合用途的高层建筑的需求量迅速增加，加之我国住房和城乡建设部、各省市近年来都相继出台针对 BIM（建筑信息模型）应用的政策和措施，使得 BIM 成为建筑行业中一种不可缺少的管理手段。作为有着多年 BIM 经验的从业者，我们深知其对于建筑行业的作用和意义。

基于上述原因，我们在 BIM 高速发展期间特意编写了这本关于钢结构深化的图书，其目的是满足更多的读者对钢结构行业进行深入了解的需求。本书编写时使用的是一款常用的深化软件——Tekla Structures，希望读者通过本书的学习能够熟练地掌握并应用 Tekla Structures，为处于过渡、转型期的国内建筑业贡献自己的力量。

本书内容介绍

第 1 章：钢结构建模的必备条件。主要介绍基础操作和辅助设置，包含视图和常用命令等的操作细节。

第 2 章：工程项目基础建模的方法及优化。主要介绍如何通过 CAD 图纸来进行空间构件的建模，并围绕钢结构项目中常见的钢架项目进行框架的基础搭建，包含轴网、柱脚节点、变截面梁和螺栓等重要构件的创建。

第 3 章：工程项目细部处理的表达及深化。主要介绍钢结构厂房项目的钢架结构，并围绕钢结构项目中常见的钢架项目进行细部处理表达，包含檩条、隅撑、拉条、系杆和屋面支撑等重要构件的创建。

第 4 章：常用节点的设置方法和自动连接。主要以框架梁柱节点为典型案例，从常规项目出发，系统地讲解节点的理论知识，以及对梁柱节点进行参数定义的相关设置。

第 5 章：讲解自定义节点的系统设置方法。主要以框架梁柱节点为典型案例，从常规项目出发，系统地讲解细部组件开发及其适用范围，以及对梁柱自定义节点进行参数定义的相关设置。

第 6 章：出图和报表的应用。主要介绍如何对项目工程进行出图和报表制作，以及图纸设置时的参数调节。

第 7 章：项目出图模板的应用。主要介绍如何开发项目模板及套用公司图签。

第 8 章：型材螺栓库的扩充及应用。主要介绍如何增加型材螺栓库，以满足日常的工程应用需求。

第 9 章：项目管理的应用。主要介绍如何通过 Tekla Structures 对模型信息进行数字化管理和整合。

第 10 章：大型项目综合实例。主要介绍 4 个具有代表性的大型落地项目的制作流程和构建技巧。本章内容均使用教学视频来详细介绍各个建模要点和模型的制作方法。

本书特色

第 1 点：涵盖钢结构创建的常规性流程及总结的方法。本书介绍常规项目和常见节点的构建及深化，通过大量案例对技术要点在实际工作中的应用进行详细讲解，帮助读者能够快速理解并上手。

第 2 点：给出了常见问题及对应的处理方法。本书不仅介绍了钢结构建模的深化方法，还着重讲解读者在操作过程中经常会遇到的问题，并分析了出现问题的原因，同时给出了解决这些问题的方法。

第 3 点：提供完善的技术支持和售后服务。本书的相关案例均提供了教学视频，包含引导实例、功能实战、拓展习题、综合实例和课后练习等教学视频，读者可以边看书边看视频来学习。

编写本书时采用了 Tekla Structures 21.0 版本，读者可自行安装不同版本进行对比学习，以加深理解，巩固所学知识。

本书由刘博、牛浩楠、邵满柱主编，另外，李一玮、杜兵、刘洋、宋铁柱、李松寅、张士彩也参与了编写，在此一并表示感谢！

编者

2020 年 12 月 12 日于西安

资源与支持

本书由"数艺设"出品，"数艺设"社区平台（www.shuyishe.com）为您提供后续服务。

配套资源

素材文件（实例所用的初始文件）

实例文件（实例的最终文件，包括第 10 章的大型项目案例模型）

在线教学视频（实例操作和技法演示的具体过程）

资源获取请扫码

"数艺设"社区平台，为艺术设计从业者提供专业的教育产品。

与我们联系

我们的联系邮箱是 szys@ptpress.com.cn。如果您对本书有任何疑问或建议，请您发邮件给我们，并请在邮件标题中注明本书书名及 ISBN，以便我们更高效地做出反馈。

如果您有兴趣出版图书、录制教学课程，或者参与技术审校等工作，可以发邮件给我们；有意出版图书的作者也可以到"数艺设"社区平台在线投稿（直接访问 www.shuyishe.com 即可）。如果学校、培训机构或企业想批量购买本书或"数艺设"出版的其他图书，也可以发邮件联系我们。

如果您在网上发现针对"数艺设"出品图书的各种形式的盗版行为，包括对图书全部或部分内容的非授权传播，请您将怀疑有侵权行为的链接通过邮件发给我们。您的这一举动是对作者权益的保护，也是我们持续为您提供有价值的内容的动力之源。

关于"数艺设"

人民邮电出版社有限公司旗下品牌"数艺设"，专注于专业艺术设计类图书出版，为艺术设计从业者提供专业的图书、U 书、课程等教育产品。出版领域涉及平面、三维、影视、摄影与后期等数字艺术门类，字体设计、品牌设计、色彩设计等设计理论与应用门类，UI 设计、电商设计、新媒体设计、游戏设计、交互设计、原型设计等互联网设计门类，环艺设计手绘、插画设计手绘、工业设计手绘等设计手绘门类。更多服务请访问"数艺设"社区平台 www.shuyishe.com。我们将提供及时、准确、专业的学习服务。

目录

第 3 章　Tekla Structures 3D 建模高级应用 ……………………085

第 4 章　Tekla Structures 深化基础应用 …………………………131

第 5 章 Tekla Structures 深化高级应用 159

第 6 章 Tekla Structures 图纸基础应用 179

第 7 章 Tekla Structures 模板和报表应用 207

第 1 章

Tekla Structures 基础操作

1

本章概述

Tekla Structures是Tekla公司出品的钢结构详图设计软件（Tekla 公司在提供革新性和创造性的软件解决方案上处于世界领先地位），包括3D实体结构模型与结构分析的完全整合、3D钢结构细部设计、3D钢筋混凝土设计、专案管理、自动Shop Drawing和BOM表自动产生系统。它还创建了新的信息管理和实时协作方式。

本章要点

» 了解 Tekla Structures 的操作界面
» 掌握 Tekla Structures 的基本操作
» 掌握 Tekla Structures 的重要工具
» 了解使用 Tekla Structures 处理工程项目的流程

1.1 Tekla Structures 概述

对建筑师而言，在建筑流程中只需要绘制CAD设计图即可完成自己的任务，通过Tekla Structures绘制3D BIM模型的主要目的是给业主提供更接近建筑设计实体的模型，但是Tekla Structures在建筑外观的设计上并不擅长，因此导入使用Tekla Structures设计的BIM模型对建筑师而言并没有太明显的帮助。

目前解决Tekla Structures无法绘制逼真外观问题的方法是先用SketchUp绘制出逼真的模型，再导入Tekla Structures中。但是这样的过程相当麻烦且步骤烦琐，因此未来研发人员可对Tekla Structures内部的外观设计进行研发，如使用接头目录绘制出一套能够快速创建多种逼真模型外观的窗口和接口等，让建筑师也可以受益于Tekla Structures绘制的BIM模型，使得建筑的流程更为高效。

对结构分析师而言，虽然建筑师不采用Tekla Structures绘制BIM模型的可能性较大，但是如果他们在建筑流程的后续过程中绘制出了BIM模型，那么结构分析师在重新分析结构时就可通过Link文件的传输省下大部分时间。

对施工方而言，Tekla Structures绘制的BIM模型可以减少建筑施工时遇到的困难，或是让办事效率更高，如方便对设计对象进行干涉检查、建筑信息的提供和报表的绘制等，这些改变都可以明显地提高工作效率。尤其是在进行施工作业的辅助过程中，使用Tekla Structures较明显的优点是可以结合结构分析软件分析BIM模型的结构。由于Tekla Structures软件内部无法分析自己建立的分析模型，因此需要依靠其他的结构分析软件来确认其设计的模型的安全性，这使得目前将Tekla Structures和结构分析软件进行结合的研究颇为广泛。

1.1.1 Tekla Structures 软件基本功能介绍

Tekla Structures是Tekla公司出品的钢结构详图设计软件。图1-1所示为Tekla Structures的Logo。Tekla Structures的完整深化设计是一种从加工生产到项目管理流程内容的配置，囊括了每个细部设计专业所用的专业模块。用户可以用它创建钢结构和混凝土结构的3D模型，然后生成制造和架设阶段等所使用的输出数据。

图1-1

1993年，Tekla公司推出了用于钢结构设计的工程软件Xsteel，经过几年的发展后，将其更名为Tekla Structures，并于2004年正式发布。它包括供设计人员使用的钢结构细部设计、混凝土细部设计和钢筋混凝土细部设计等模块。Tekla Structures在建筑工程的钢结构深化设计中具有非常大的优势（图1-2所示为钢筋深化设计示意图），它既可以进行宏观的外观设计（图1-3所示为钢桁架的3D示意图），又可以进行微缝的焊接、螺栓设计（图1-4所示为梁柱端头节点示意图）。在设计完成后，还可用Tekla Structures进行碰撞检查、合并模型等分析，并产生所需的数量明细表，其中的工程时间轴功能还可模拟各个工程阶段的模型变化。此外，Tekla Structures还支持导入DWG、DGN和XML等许多目前常用格式的设计文件，也能通过IFC的输入／输出功能，以IFC模型来进行设计变更的信息对比。

图1-2

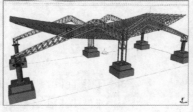
图1-3

图1-4

✎ 提示

Tekla Structures中的3D模型包含设计、制造和构装的全部信息需求，所有的图纸和报告被完全整合在模型中并产生一致的输出文件。与以前使用的设计文件系统相比，Tekla Structures能获得更高的效率和更好的结果，让设计者可以在更短的时间内做出更准确的设计。此外，Tekla Structures还能有效地控制整个结构设计的流程，使设计信息的管理通过共享的3D界面得到提升。

1.1.2　Tekla Structures 在 BIM 中的应用

Tekla Structures建模软件的优势是为建筑模型的内部提供更为细腻的设计，但它不会过于注重建筑外观的拟真度和其中装潢对象的设计。因此对建筑设计来说，用Tekla Structures建模软件进行实物模拟并不能达到和业主沟通便利的目的。除此之外，Tekla Structures必须在结构分析之后才能输出细部设计的内容和数值，由此也可以看出，在进行建筑设计时，该软件对细部设计并没有过多的需求。

因此，Tekla Structures在整个建筑设计流程中的效率是不高的。若需要在进行建筑设计时使用BIM进行创建，那么还是建议先使用Revit来绘制，然后传输给结构分析师进行结构分析，再储存成IFC格式的文档并用Tekla Structures打开，这时候便可通过Tekla Structures中的Link文件和结构分析软件来进行联动了。

对整个建筑设计流程的顺序来说，虽然结构设计是建筑设计之后的设计工作，但是如果在建筑设计的时候不采用Tekla Structures来绘制BIM模型，那么结构分析师在进行结构分析工作时仍然要通过建筑师提供的CAD平、立面图等图纸在结构分析软件中将其绘制成3D结构分析模型再进行结构分析。

目前Tekla Structures通常和结构分析软件相结合，因此如果Tekla Structures拥有完整的BIM模型，那么在结构设计工作中就不需要重新绘制结构分析模型了，只需要通过指定的Link程序将其加以串联，结构分析软件便可自动弹出该建筑的结构分析模型，这将大大提高结构设计工作的效率，缩短建筑设计的时间。图1-5所示为环向桁架现场施工图。

图1-5

在施工建造的部分，施工方的工程师的主要工作就是利用建筑师和结构设计师给出的设计图纸将建筑物的实体建造出来。但是随着科技的进步，建筑物的外观造型越来越多变，这使得工程师可能会从2D建筑图和结构图中判读到错误的信息。这时如果有3D的立体模型作为辅助，那么工程师就可轻松地提取建筑设计的信息了，也能降低信息传递错误的概率，当然也就减少了成本和时间上的消耗，增加了建筑流程整体的效益。

Tekla Structures的功能和它绘制出的BIM模型刚好符合施工方在施工建造时的需求。用Tekla Structures绘制的BIM模型内部拥有非常详细的细部设计，如混凝土内部的钢筋配置、钢筋接头等。同时，这些详细信息可由简单的操作方法清楚得知。有了这些详细信息，除了可以在现场施工前预知施工的过程和完成结果以外，还能提早解决施工过程中会遇到的问题，这些都是提升施工效率和加快建筑流程的前提。

1.2　打开 / 保存模型

借助Tekla Structures，用户可以创建包含任何结构和材料信息的丰富的3D模型。该模型包含制造和构建结构所需的全部信息，如零件的几何形状、尺寸、截面和材料等。

1.2.1 新建模型

双击Tekla Structures的快捷方式图标![icon]，打开初始登录界面，在"配置"下拉列表中选择"钢结构深化"选项，再单击"确认"按钮，完成软件的初始选择登录。

完成登录后，将弹出"欢迎使用Tekla Structures"对话框，其中有两种可进行模型绘制的方式，分别为"新模型"和"打开模型"，如图1-6所示。

图 1-6

提示

"配置"下拉列表中包括了用于结构设计的各种专业类型，在进行日常的钢结构节点深化时，选择"钢结构深化"选项进行模型的绘制即可。

- **重要方式介绍**

新模型： 打开绘图界面，开始创建新模型。当"新建"对话框被激活后，可在其中设置模型的保存位置和模型的名称，如图1-7所示。

打开模型： 打开之前编辑过的模型文件，并进行查看和编辑。

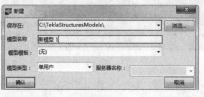

图 1-7

1.2.2 打开模型

一次只能有一个模型文件处于打开状态。如果已经打开了一个模型文件，并要打开另外一个模型文件，那么Tekla Structures就会提示用户保存第1个模型文件。当打开"打开"对话框后，浏览保存的文件，选择需载入的文件载入即可，如图1-8所示。

图 1-8

1.2.3 保存模型

用户应该定时保存模型, 以免工作成果意外丢失。执行"文件>保存"菜单命令 (快捷键为Ctrl+S), 即可将工作文件保存在新建文件时设置的存储文件夹中。当然, Tekla Structures也会定时自动保存用户的工作文件。

1.3 进入工作环境

在Tekla Structures的工作界面中, 使用基础命令即可完成基本的建模和模型的使用。绘制模型所需的命令集合在绘图界面的上部, 为绘图界面预留了足够的空间。当然, 用户也可以根据自己的习惯和需要对它们的位置进行自定义。图1-9所示为工作界面的默认分区图。

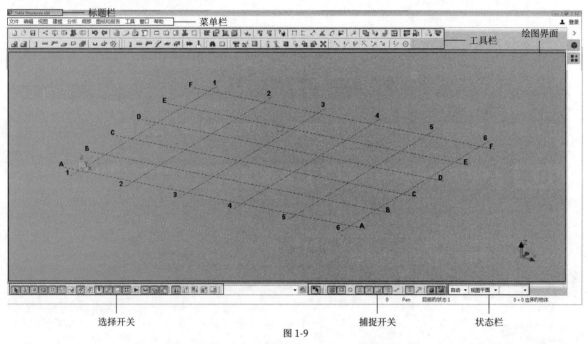

图 1-9

Tekla Structures的工作界面分为标题栏、菜单栏、工具栏、绘图界面、选择开关、捕捉开关和状态栏7个部分。

下面对常用部分进行简单介绍。

菜单栏: 菜单栏中包括"文件""编辑""视图""建模""分析""细部""图纸和报告""工具""窗口""帮助"10个主菜单, 如图1-10所示。

文件 编辑 视图 建模 分析 细部 图纸和报告 工具 窗口 帮助

图 1-10

工具栏: 工具栏中包含建模过程中常用的命令。常用的工具栏包括"视图"工具栏、"工作平面"工具栏和"测量"工具栏等, 如图1-11所示。

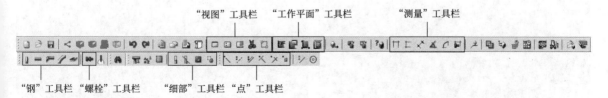

图 1-11

绘图界面：灰色的矩形区域是工作区域，可以在这个区域中对模型进行绘制。双击绘图界面中的任意位置，可继续调整工作区域的范围，如图1-12所示。

选择开关：位于界面的底端，它是用于控制对象选择的特殊命令，如图1-13所示。选择开关用于确定可选择的对象类型，例如，如果只激活了选择焊缝开关，那么即使选择了整个模型，Tekla Structures也只会选择焊缝。

图1-14所示为主要选择开关，它可以控制是选择组件中的对象还是选择构件分层结构中的对象，这些开关的优先级最高，其他选择开关则用于控制可选择的对象类型。

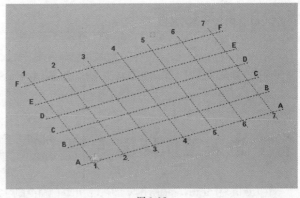

图 1-12

捕捉开关：指定对象中的准确位置，如端点、中心点和交点，如图1-15所示。捕捉开关通过选取点来精确地定位对象而不必知道坐标，也不必创建另外的线或点。指定一个点时需要使用捕捉开关，如在创建梁时。捕捉开关也定义了位置的捕捉优先级，如果同时选择并捕捉多个位置，那么将先捕捉到优先级最高的位置。

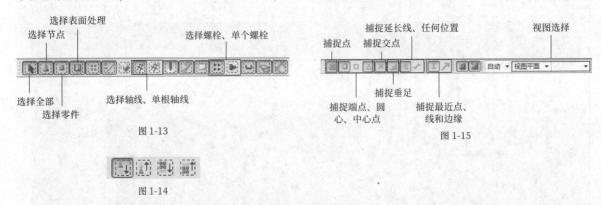

图 1-13

图 1-14

图 1-15

1.4 视图的转换与应用

视图是从一个特定的视角来表现模型的方法，在Tekla Structures的工作区域内，可以对模型进行3D和平面观察并进行建模。

1.4.1 视图的转换

Tekla Structures的默认视图界面为3D视图，建模时最多可同时打开9个视图，但正在操作的视图有且只有一个，并显示红色边框，如图1-16所示。

滚动鼠标滚轮，可进行视图的缩放，如图1-17所示。

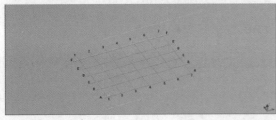

图 1-16

图 1-17

按住Ctrl键和鼠标中键，移动鼠标，可进行视图的旋转，如图1-18所示。

按快捷键Ctrl+P，可进行2D视图和3D视图的切换，如图1-19所示。

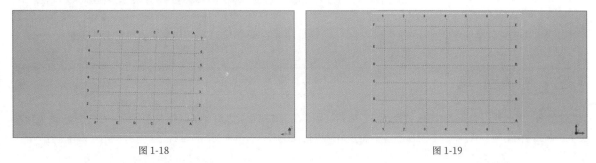

图 1-18   图 1-19

1.4.2 视图的创建类型

基本视图可以创建的视图类型有3种，即模型视图、零件视图和组件视图，如图1-20所示。

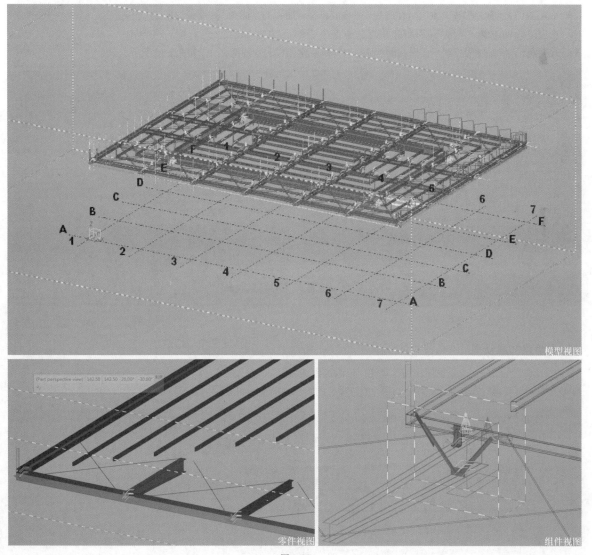

图 1-20

1.5 常用快捷工具

工具栏中的工具是创建模型时的常用辅助工具，合理地使用工具栏中的工具可以更便捷地完成建模操作。

1.5.1 视图工具

"视图"工具栏中有基本视图、使用两点、使用三点、在工作平面上、沿着轴线和在零件面上共6种创建视图的方式，如图1-21所示。下面介绍建模过程中常用的两种视图创建工具。

图 1-21

⊡ 创建基本模型视图

单击"创建基本模型视图"按钮 ▢，打开"创建基本视图"对话框，选择xy、xz和zy平面中的任意平面来创建相应的视图，如图1-22所示。

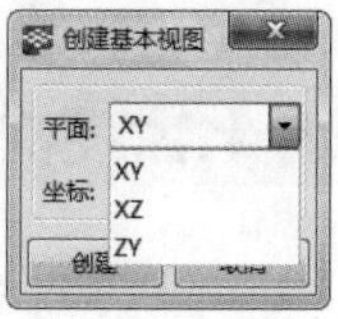

图 1-22

• 重要选项介绍

xy视图：x轴与y轴形成的平面所在的视图，也就是平常所说的平面图，如图1-23所示。
xz视图：x轴与z轴形成的平面所在的视图，也就是平常所说的立面图之一，如图1-24所示。
zy视图：z轴与y轴形成的平面所在的视图，也就是平常所说的立面图之一，如图1-25所示。

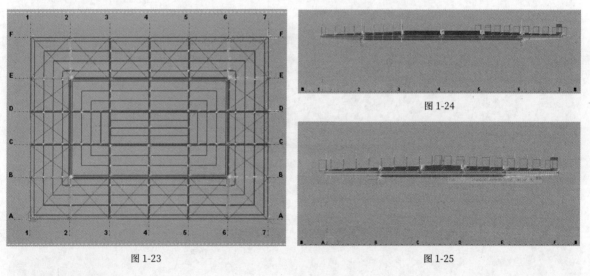

图 1-23

图 1-24

图 1-25

⊡ 用两点创建视图

在工作平面上使用两点创建视图。单击"用两点创建视图"按钮 ▢，再先后单击两点，此时注意箭头方向，箭头所指的方向为观察方向。以钢柱零件为例，创建零件的水平方向视图如图1-26所示。

图 1-26

两点选择好以后，视图进入3D模式，然后按快捷键Ctrl+P切换到平面视图，此时的视图平面便是创建的视图，如图1-27所示。

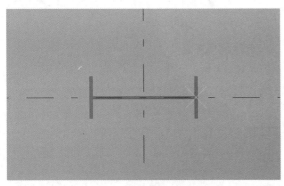

图 1-27

"用三点创建视图"的方法和"用两点创建视图"相同，不同之处在于3点创建的视图选择的是一个面，因此可以选择不在同一个水平、垂直面上的3个点来创建视图。图1-28所示为由第1点和第2点确定一边（水平面），第3点确定创建方向创建的视图。

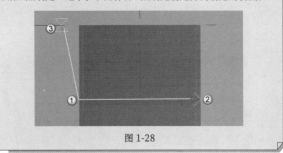

图 1-28

1.5.2 测量工具

尺寸标注可以在零件处标出尺寸，方便确认零件是否正确。图1-29所示为尺寸标注的相关工具。

图 1-29

· 测量水平距离

"测量水平距离"工具⊓用于测量水平方向上的距离。单击测量的起点和终点，再选择标注的生成位置，即可完成尺寸标注，如图1-30所示。

图 1-30

· 测量垂直距离

"测量垂直距离"工具⊏用于测量垂直方向上的距离。单击测量的起点和终点，再选择标注的生成位置，即可完成尺寸标注，如图1-31所示。

· 测量任意两点间距离

"测量距离"工具⤢用于测量任意两点间的距离，如测量斜距或准距。单击测量的起点和终点，再选择标注的生成位置即可完成测量，测量的结果包括距离和坐标，如图1-32所示。

图 1-31

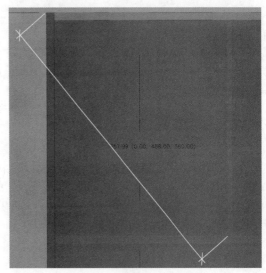

图 1-32

1.5.3 建模工具

建模工具可以创建混凝土零件、钢结构零件、钢筋和螺栓等。图1-33所示为建模的相关工具。

图 1-33

⊡ 混凝土、钢结构建模工具

选择混凝土、钢结构建模工具，设定好属性后，在相应位置放置即可，或分别单击起点和终点进行创建。如图1-34所示，左侧为混凝土柱，右侧为钢柱。

⊡ 螺栓建模工具

选择螺栓建模工具，由于螺栓是连接两个零件的连接件，因此设定好属性后，还需要选择两个零件才能创建成功。图1-35所示为创建的螺栓。

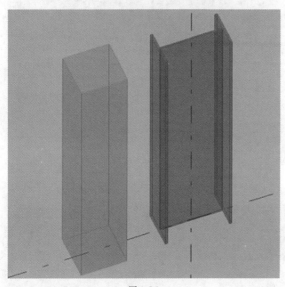

图 1-34

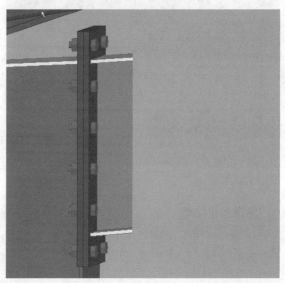

图 1-35

⊡ 钢筋建模工具

钢筋建模工具在Tekla Structures中并不常用，只需记住即可。图1-36所示从左往右依次是"生成钢筋"工具、"创建钢筋组"工具和"创建钢筋网"工具。

图 1-36

1.5.4 辅助线工具

辅助点和辅助线等是常用的建模助手。图1-37所示为绘制辅助线的相关工具。

图 1-37

⊡ 沿着 2 点的延长线增加点

沿着2点的延长线增加点是指沿着选择的一条线，在该线终点方向的延长线上生成辅助点（辅助点的距离完成后要归0）。双击"沿着2点的延长线增加点"按钮 ，打开"点的输入"对话框，在对话框中设定辅助点的距离，接下来选择起点和终点以确定一条线，单击"应用"按钮即可在终点方向的延长线上创建一个辅助点，如图1-38所示。

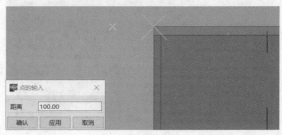

图 1-38

· 在线上增加等分点

双击"在线上增加等分点"按钮 ，打开"线上等分点"对话框，输入需要的等分点数量，然后选择起点和终点确定一条线，单击"应用"按钮便会在该线上创建等分点，如图1-39所示。

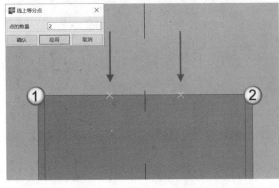

图 1-39

· 增加与两个选取点平行的点

双击"增加与两个选取点平行的点"按钮 ，打开"点的输入"对话框，与在延长线上增加点的方式相同，输入点的距离，然后选取两个点，并通过箭头符号的方向来确认创建点的方向，单击"应用"按钮完成创建，如图1-40所示。

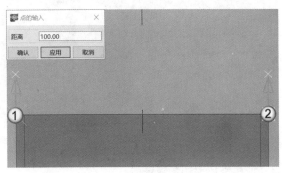

图 1-40

· 增加辅助线

可以在任意两个选取的点之间创建一条辅助线，然后借助辅助线在模型中放置对象。创建辅助线的方式十分简单，单击"增加辅助线"按钮 ，选择起点和终点即可，如图1-41所示。

辅助圆的创建则需要先单击"辅助圆"按钮 ，再选定圆心，然后给定一个任意方向并输入圆的半径，效果如图1-42所示。

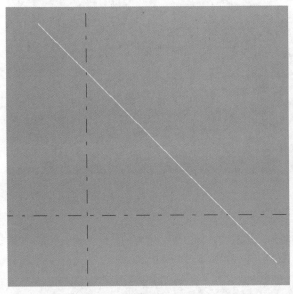

图 1-41

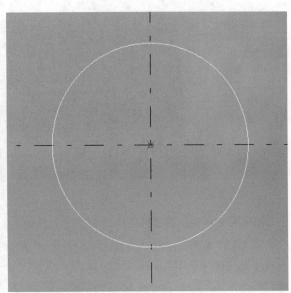

图 1-42

1.5.5 切割工具

切割工具是建模中较为常用的工具，使用切割工具可对零件或组件进行局部切割，使模型的建立更为准确。图1-43所示为切割的相关工具。

图 1-43

⊡ **使用线切割零件**

　　"使用线切割零件"工具用来切割出梁或柱的端部形状。单击"使用线切割零件"按钮 ，选择要被切割的零件，然后依次选择切割线的第1点和第2点，最后单击要删除的部分完成零件的切割，如图1-44所示。

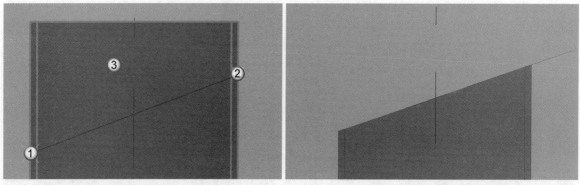

图 1-44

⊡ **使用多边形切割零件**

　　"使用多边形切割零件"工具可以在零件上切割出需要的形状。单击"使用多边形切割零件"按钮 ，选择要被切割的零件，然后根据要切割的形状依次单击多边形的端点，单击最后一个点后按鼠标中键结束选择，单击的端点将闭合为一个多边形，如图1-45所示。

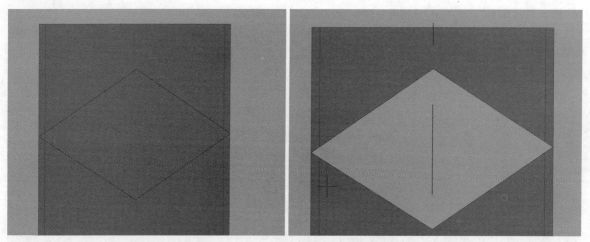

图 1-45

⊡ **使用另一零件切割零件**

　　"使用另一零件切割零件"工具可将零件重合的地方切割开，切割后的形状为另一零件的外轮廓形状。单击"使用另一零件切割零件"按钮 ，选择要被切割的零件，然后选择切割的零件，如图1-46所示。

图 1-46

⊡ 对齐零件边缘切割零件

"对齐零件边缘切割零件"工具可在选取的两点之间创建一条直切割线来对齐零件边缘，使零件减短或变长（此工具不能大量延伸零件）。单击"对齐零件边缘切割零件"按钮 🔲，选择要被切割的零件，然后选择该零件要被对齐的边，如图1-47所示。

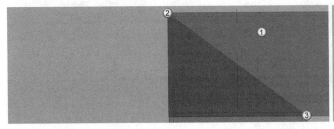 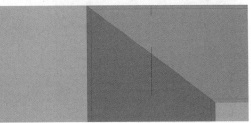

图 1-47

⊡ 多个零件的组合

构件工具可对当前选择的构件进行编辑和选择，即对构件中的零件进行增加或删除；同时也可以将构件"炸开"，使各个零构件分开，使用到的相关工具如图1-48所示。一般选择相应工具后，根据需要和提示进行操作即可。

图 1-48

"在零件间创建焊接"工具 🔲 可将零件焊接到构件上，使其形成一个整体构件。选择该工具，根据提示依次选择主零件和次零件，选择完成后便会出现焊接符号 🔲，代表两个零件被焊接在了一起。图1-49所示为焊接的零构件。

图 1-49

1.6 建模的辅助设置

除了建模，在某些情况下还需要对工作区域进行设置，如更改工作区域的背景颜色等常见的界面调整。

1.6.1 更换背景颜色

执行"工具>选项>高级选项"菜单命令，打开"高级选项"对话框（快捷键为Ctrl+E），在"高级选项"对话框中选择"模型视图"选项，即可在右侧打开模型视图的设置界面。在设置界面找到XS_BACKGROUND_COLOR集合，其中的项目有4个，分别代表了视图的左上、右上、左下和右下4个点的颜色，设置这4个项目的数值便可自定义背景颜色，如图1-50所示。

单击任意一个项目，便可在下方得到该项目的解释。从中可知，每一个背景色的项目都是由3个0~1范围内的数值控制的，不同的数值代表了不同的颜色。设置完成后重新打开视图，可见设置的效果已应用于视图中，如图1-51所示。

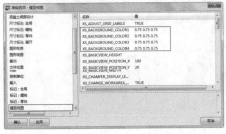 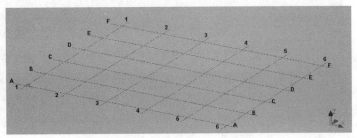

图 1-50　　　　　　　　　　　图 1-51

提示

　　只需将4个角的颜色值设置为相同数值便可自定义单色背景，例如都设置为"0.0 0.0 0.0"可定义背景为黑色，设置为"1.0 1.0 1.0"可定义背景为白色，设置为"0.75 0.75 0.75"则可定义背景为灰色，如图1-52所示。

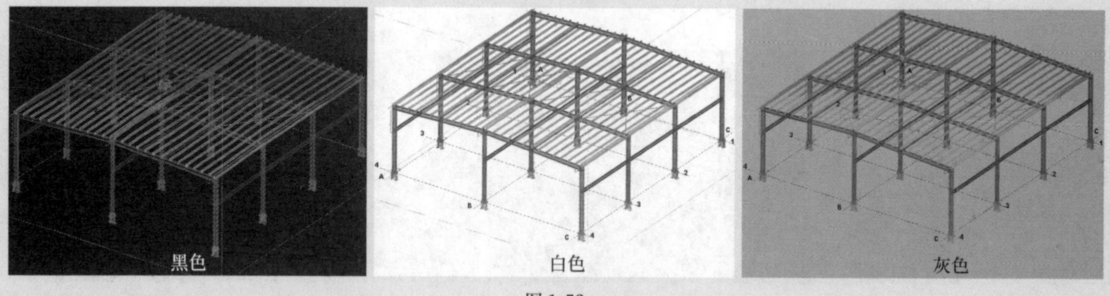

图 1-52

1.6.2　调整快捷图标

　　如果需要的功能未出现在工具栏中或需要将特定功能放置于工具栏中，那么可执行"工具>自定义"菜单命令，在打开的"自定义"对话框中进行设置。以"打开应用和组件目录"工具为例，在"过滤"文本框中输入关键词进行搜索，选择搜索到的工具后单击 ➡ 按钮，如图1-53所示，即可将该工具添加到工具栏中。此外，还可自定义设置快捷键；若默认的图标过小，还可勾选"放大的图标"复选框。

图 1-53

1.6.3　定义工作区域

　　定义工作区域，即控制工作区域的大小。双击绘图界面，打开"视图属性"对话框，在"可见性"选项区域中，对工作区域的"向上""向下"区域值进行设置，如图1-54所示。设置完成后工作区域会发生改变，效果如图1-55所示。

图 1-54

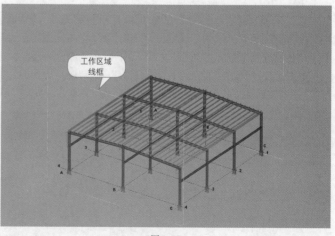

图 1-55

视图的"可见性"设置完成后，单击"应用"按钮将属性应用于视图中，但是工作区域并没有发生变化，因此需要在绘图界面单击鼠标右键（可在任意区域），在弹出的菜单中选择"适合工作区域到整个模型"选项，如图1-56所示，这时工作区域才会适应到模型中。

图 1-56

1.6.4 设置工程信息

在建模之前，应根据需要对工程的信息进行添加，便于输出数据。工程信息的设置较为简单，执行"文件>工程属性"菜单命令，打开"工程属性"对话框，可分别对工程的"工程编号""名称""建立者""设计者""开始日期""结束日期"等相关信息进行设置，最后单击"确认"按钮 ，如图1-57所示。

图 1-57

1.7 常用命令的基本操作细节

常用命令是对模型和工作区域进行移动、复制和缩放等基础操作的命令，熟练运用常用命令是建模的必备技能之一。

1.7.1 常用命令的访问方式及分类

在Tekla Structures中，常用命令的访问方式有两种：一种是单击工作区域，然后单击鼠标右键访问工作区域的常用命令；另一种是选中模型，如柱、梁等构件，然后单击鼠标右键访问模型的常用命令。两种常用命令的访问方式不同，所显示的命令也不同。在这两种方式中，后者在建模过程中的使用更加频繁，因此要求必须熟练掌握这种方式。

1.7.2 工作区域的常用命令

单击工作区域，然后单击鼠标右键查看工作区域的常用命令，如图1-58所示。工作区域的常用命令有"中断""属性""移动""适合工作区域到整个模型"等。

图 1-58

- **重要命令介绍**

  中断：中断当前命令。

  属性：打开工作区域的视图属性。

  移动：线性移动工作视图平面。

  适合工作区域到整个模型：将工作区域缩放到与整个模型较为符合的大小。

  重画视图：更新整个视图（重画视图后创建的辅助线、辅助圆将消失）。

  更新窗口：更新当前窗口的视图平面。

  下一窗口：切换工作平面，快捷键为Ctrl+Tab。

  创建整体布置图：创建当前窗口的整体布置图。

1.7.3 模型的常用命令

选中模型，如柱、梁等构件，然后单击鼠标右键查看模型的常用命令，如图1-59所示。建模时常用的命令有"属性""选择性移动""移动""选择性复制"等。

中断		以精确线显示	
属性...		隐藏	
用户定义属性...		只显示被选择的	
查询	>	适合选择零件的工作区域	>
复制		创建视图	>
选择性复制	>	创建图纸	>
移动		任务	>
选择性移动	>	缩放	>
删除		更新窗口	
分析属性		下一窗口	
查询重心		构件	>

图1-59

· 重要命令介绍

属性： 可打开选中模型的属性对话框，如打开柱的属性对话框，如图1-60所示。

用户定义属性： 打开用户定义属性的对话框，以定义更加复杂的命令。

查询： 查询模型的零件信息、构件信息和被焊接的零件信息等。

选择性复制： 更加高级的复制命令，有线性复制、旋转复制等。

线性复制：通过在同一线性方向上移动一定距离得到副本构件。

旋转复制：通过旋转角度和旋转轴对构件进行旋转，以得到副本构件。

镜像复制：通过对称结构来实现构件的复制。

将对象复制到另一个平面：根据选择的x轴和y轴进行复制，还可以进行非平面的复制。

将对象复制到另一个对象：以一个对象为参照，将它复制到另一个对象。

分析属性： 分析当前模型的属性，如图1-61所示。

查询重心： 查询当前模型的重心，如图1-62所示。

图1-60

图1-61

图1-62

以精确线显示： 使选中的模型以精确线显示。

隐藏： 隐藏当前选中的模型（隐藏模型后，可通过"重画视图"重新显示）。

只显示被选择的： 只显示当前被选中模型，其余模型将会以半透明形式显示，如图1-63所示（只显示被选中的模型后，可通过"重画视图"重新显示）。

适合选择零件的工作区域： 以当前选中的模型为基础创建工作区域，如图1-64所示（执行"适合工作区域到整个模型"命令可恢复为整个模型视图）。

创建视图： 以当前选中模型为基础创建视图。

创建图纸： 以当前选中模型为基础创建零件图纸和构件图等。

构件： 对当前模型进行构件操作。

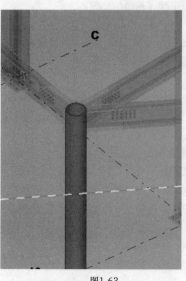

图1-63

图1-64

第 2 章

Tekla Structures 3D 建模基础应用

2

本章概述

本章内容讲解Tekla Structures的3D建模方法和基本运用。通过在建模过程中运用基本的操作和辅助功能达到对软件的熟练操作，从而初步认识搭建钢结构厂房基本架构的方法。

本章要点

- » 建模的一般方法
- » 建模功能的运用
- » 建模流程的优化
- » 熟练使用命令来快速建模

2.1 引导实例：创建旋转楼梯

素材位置	素材文件>CH02>引导实例：创建旋转楼梯
实例位置	实例文件>CH02>引导实例：创建旋转楼梯
视频名称	引导实例：创建旋转楼梯.mp4
学习目标	熟练掌握建模工具的使用方法

打开"素材文件>CH02>引导实例：创建旋转楼梯>旋转楼梯.dwg"文件，得到楼梯的基础资料，如图2-1所示。根据图纸提供的信息，本例创建的旋转楼梯如图2-2所示。

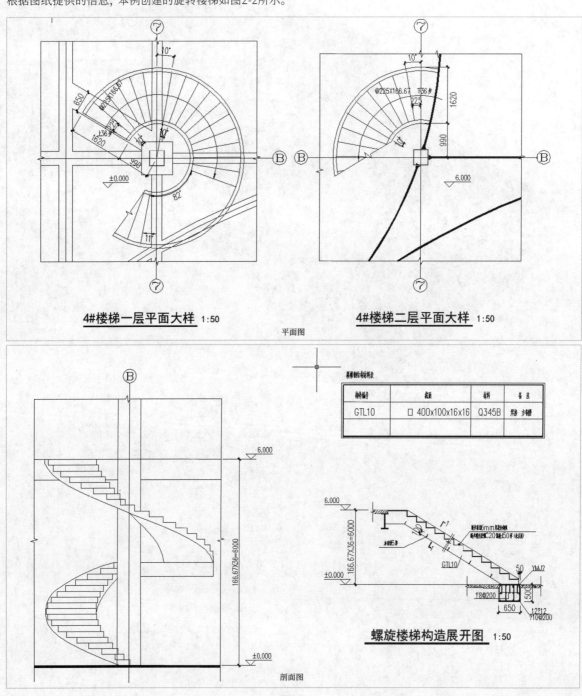

图 2-1

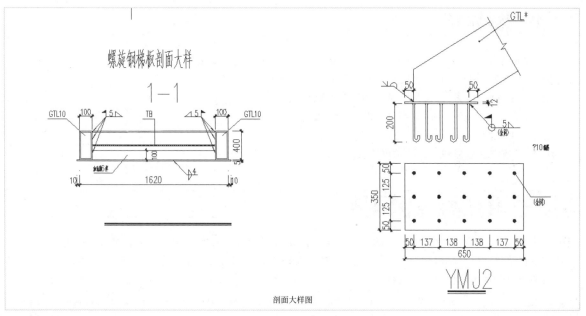

剖面大样图

图 2-1（续）

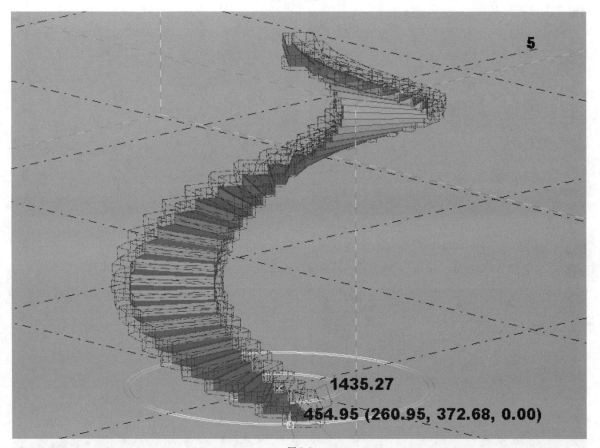

图 2-2

✎ 提示

　　楼梯在所有建筑物中都是重要的构件，也是所有构件模型中较为基础的内容，构建过程中应用到的绘图命令也相对多样，只要掌握了楼梯的绘制方法，就能解决今后在绘图过程中出现的大多数难题。

2.1.1 思路分析

对楼梯的结构进行分析，主要是建立踏板，但是要先通过辅助线找到踏板的定位。同时，由于该楼梯是旋转楼梯，因此通过选择性复制命令可以达到快速建模的目的，以下是本例的思路。

第1步，仔细阅读图纸，了解需要的钢材型号和钢板厚度。

第2步，在合适的视图平面中进行楼梯形状和位置的定位。

第3步，使用梁命令和板命令，按照图纸的尺寸绘制踏板。

第4步，使用选择性复制命令制作旋转楼梯。

2.1.2 创建箱型梁的辅助圆

01 按快捷键Ctrl+P切换到平面视图，然后在工具栏中选择"辅助圆"工具◎，再在工作区域中选择任意一点并向任意方向拖曳鼠标指针，同时在"输入数字定位"对话框中输入990并按Enter键或单击"确认"按钮，这时半径为990mm的辅助圆就创建好了，如图2-3所示。

02 绘制第2个辅助圆。在工具栏中再次选择"辅助圆"工具◎，以同样的圆心向任意方向拖曳鼠标指针，同时输入1090，按Enter键结束绘制，如图2-4所示。

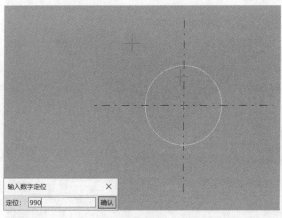

图 2-3

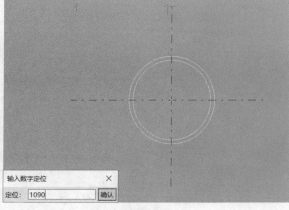

图 2-4

03 按照同样的方式绘制半径为2610mm的第3个辅助圆，如图2-5所示。

04 按照同样的方式绘制半径为2510mm的第4个辅助圆，如图2-6所示。

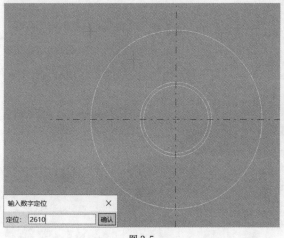

图 2-5

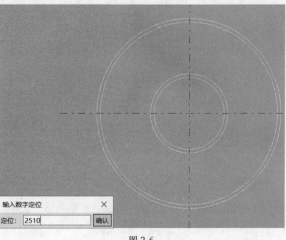

图 2-6

2.1.3 创建楼梯踏板

01 根据CAD图纸，得知第1块踏板的边界与水平线的角度为30°。单击工具栏中的"增加辅助线"按钮 ✎，然后以已经创建好的辅助圆的圆心为起点，向水平方向拖曳鼠标指针，绘制一条任意长度的水平线，如图2-7所示。

02 将绘制好的水平线按顺时针方向旋转30°，找到第1块踏板的起始位置。选中水平线，单击鼠标右键，在弹出的菜单中选择"选择性移动>旋转"选项，如图2-8所示。在打开的"移动-旋转"对话框中，将同心圆的圆心作为旋转的中心，并设置"角度"为-30，最后单击"移动"按钮，如图2-9所示。

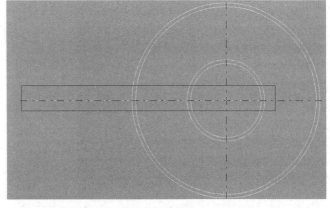

图 2-7

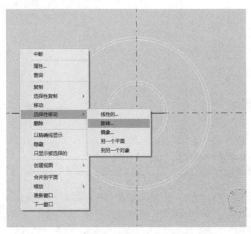

图 2-8

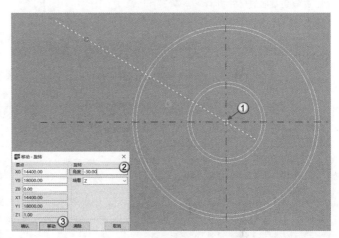

图 2-9

03 将绘制好的水平线按顺时针方向旋转10°，找到第2块踏板的起始位置。选中步骤2绘制的直线，单击鼠标右键，在弹出的菜单中选择"选择性复制>旋转"选项，如图2-10所示。在打开的"复制-旋转"对话框中，将同心圆的圆心作为旋转的中心，并设置"角度"为-10，最后单击"复制"按钮，如图2-11所示。

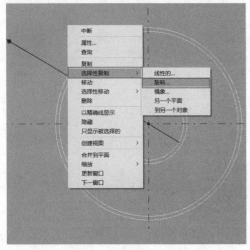

图 2-10

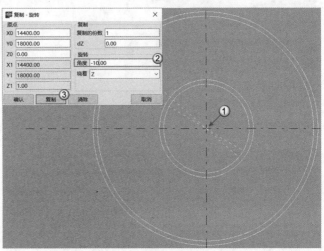

图 2-11

04 确定了第1块踏板的形状后，开始创建第1块踏板。

- **绘制步骤**

①定义梁的属性。选择工具栏中的"测量距离"工具，测得两条线旋转后的宽度为454.95mm，即踏板宽度为454.95mm，从而确定要创建的梁的尺寸。双击"创建梁"按钮，打开"梁的属性"对话框，然后单击"截面型材"后的"选择"按钮进行踏板的截面设置。在打开的"选择截面"对话框中找到BLL截面，并设置截面的尺寸为186.67×454.95×6mm，最后依次单击"应用"和"确认"按钮，如图2-12所示。

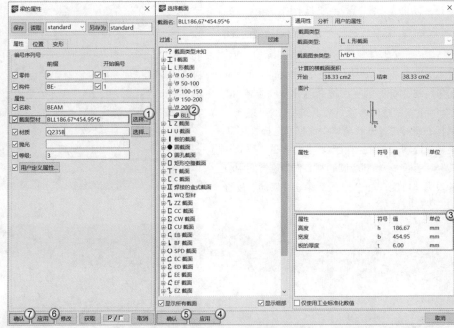

图 2-12

> **提示**
>
> 所需钢材的截面尺寸在已有的尺寸中不存在，所以需在BLL型截面的"选择截面"对话框中设置自己想要的尺寸。

②创建初始踏板并定义踏板的位置关系。单击"创建梁"工具，并选择梁的起点和终点，起点为30°的线与半径为990mm的圆的交点，终点为30°的线与半径为2610mm的圆的交点，单击鼠标左键完成创建。再双击刚刚绘制好的踏板，打开"梁的属性"对话框，然后切换到"位置"选项卡，设置"在平面上"为"右边"、"旋转"为"顶面"、"在深度"为"前面的"，再单击"修改"按钮，完成位置关系的调整，最后单击"确认"按钮，如图2-13所示。这时未完成的踏板就绘制好了，效果如图2-14所示。

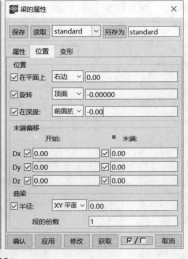
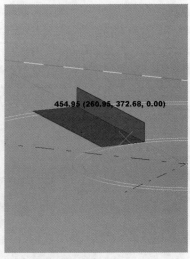

图 2-13　　　　　　　　图 2-14

> **提示**
>
> 首次绘制的踏板的起点和终点在辅助圆与辅助线交点的最外层。

③切割踏板。按快捷键Ctrl+P切换到平面视图，然后选择"使用多边形切割形状"工具 ，选中踏板并对梁进行切割，使梁的形状和踏板的形状一致，如图2-15所示。双击图2-16所示的控制点，在打开的"切角属性"对话框中进行倒角，选择倒角类型为圆角，最后单击"修改"按钮 修改 。

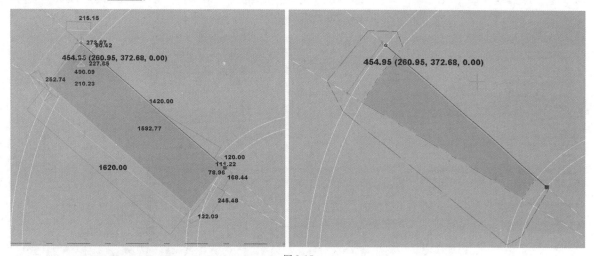

图 2-15

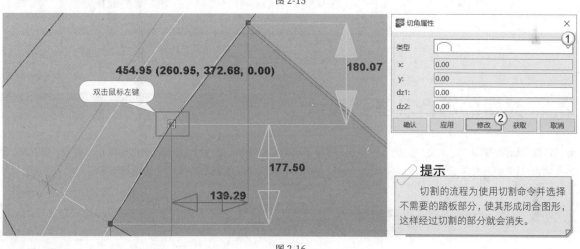

图 2-16

05 创建其他踏板。创建了第1块踏板后，由于楼梯的踏板形状都是一样的，因此可直接复制出其他踏板。选中踏板，单击鼠标右键，在弹出的菜单中执行"选择性复制>旋转"命令，如图2-17所示。打开"复制-旋转"对话框，然后选择圆心为旋转的中心，并设置"复制的份数"为36；踏板在竖直方向有偏差，根据图纸得知高度为166.67mm，因此设置dz为166.67，再单击"复制"按钮，如图2-18所示。这时旋转楼梯就创建完成了，效果如图2-19所示。

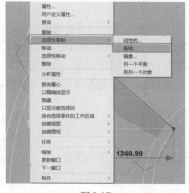

图 2-17

图 2-18

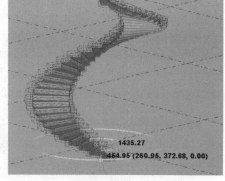

图 2-19

提示

可以看到，在已完成的楼梯模型中显示了切割的信息，为了使用户更好地观察模型，可以选择将其隐藏。双击工作区域的空白处，打开"视图属性"对话框，然后单击"显示"按钮；在打开的"显示"对话框中，取消勾选"切割和已添加材质"复选框，如图2-20所示。这时切割信息便不会在模型中显示出来，如图2-21所示。

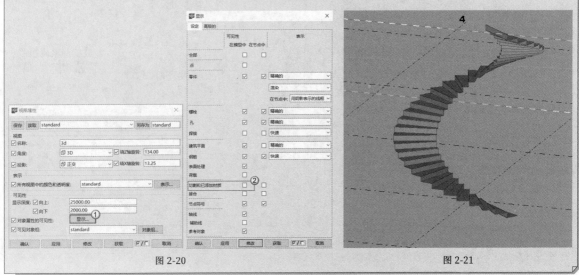

图 2-20   图 2-21

2.2 建模的准备及基础知识

CAD图纸直观地表现了构件的尺寸和形状，有了基础的CAD图纸，设计人员就能根据图纸进行建模，使2D图纸转变为3D模型。下面介绍使用Tekla Structures建模的一般流程和基于钢结构模型的建模基础知识。

2.2.1 建模的准备阶段

俗话说"磨刀不误砍柴工"。对设计人员而言，良好的工作习惯能够提高工作效率，并有助于模型建立后期的应用、修改和协同。因此，在建模的准备阶段，首先要明确建模的目标；其次应根据模型图纸，理清建模的思路；最后建立分步流程，以便合理地规划进度。

· 明确建模目标

建模的依据来源于甲方提供的原始图纸，设计人员根据图纸的要求建立3D模型。但是即便有全套图纸，图纸中的信息也并非是全部有用的，因此需要有意识地提取其中的有用信息，以此推敲模型的空间形状，并迅速明确建模思路。

根据图纸及建模思路，确定绘制模型的空间形状，然后将各部分进行拆解，并一一确认各部件的绘制方法和形状。就如旋转楼梯，它是由一块一块的板拼凑而成的，结合对图纸的观察和理解，只需在视图中画出一块板，然后对这块板进行复制和旋转便能快速创建出整个旋转楼梯。以上便是建模目标的明确，在此要注意，学习建模就是学会分析模型、分解模型的过程，这个过程中一定不要拘泥于用什么命令。

· 理清建模思路

在创建模型前，需要经过谨慎的思考，这时可能会列举出多个方案，但是最终应该实施较优的解决方案。这一步便是思路的体现，也是创建模型前必不可少的一步，同时也体现了模型绘制依赖于空间想象的基本理念。当确定了建模思路后，在绘制模型的过程中就会少走弯路，将模型顺理成章地绘制出来。

一旦确立好建模的先后顺序和规则，就能快速并准确地建模，其一般流程如图2-22所示。

熟读图纸：掌握图纸中模型的空间立体形状，并对节点的细节处进行仔细观察。

先后顺序：即思考模型的绘制方法和步骤。

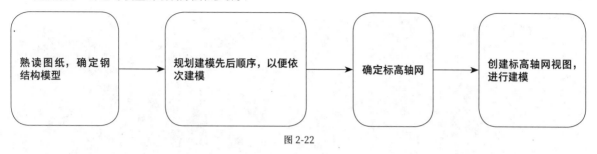

图 2-22

· 初步了解节点的深化和把控

在建模后要对各构件进行钢结构节点的添加或深化。普通钢结构的连接节点主要有柱脚节点、支座节点、梁柱连接、梁梁连接和桁架的弦杆与腹杆的连接，以及空间结构的螺栓球节点、焊接球节点、钢管空间相贯节点和多构件汇交铸钢节点，还有预应力钢结构中包括的拉索连接节点、拉索张拉节点和拉索贯穿节点等。

上述各类节点的设计均属于施工图的范畴。节点深化的主要内容是指根据施工图的设计原则，对图纸中未指定的节点进行焊接强度验算、螺栓群验算、现场拼接节点连接计算、节点设计的施工可行性复核和复杂节点的空间放样。

图2-23所示为钢柱和钢梁的梁柱连接节点及它的整体效果图。

图 2-23

2.2.2 认识零件和构件

在Tekla Structures中，模型以零件和构件相结合的方式进行钢结构模型的搭建，这与零件和构件之间的存在性质和数量上的联系有关，同时对模型的编号也有影响。明白零件和构件的含义以及它们之间的关系，是钢结构建模过程中需要掌握的基本概念。

· 认识零件

零件是指基本建筑对象，是实际模型的构建模块，可进一步对其进行建模和细化。每个零件都有相应的属性对其进行定义（如材料、截面型材和位置），使其可以在视图和选择过滤过程中使用零件属性。例如，在Tekla Structures中基于属性选择、修改或隐藏需要操作的零件，还可以在图纸和报告模板中选择是否包含零件属性和用户定义属性。

柱、梁零件

在模型中，所有的单体钢柱、钢梁和钢板等都可以称为零件。图2-24和图2-25所示为单体钢柱、单体钢梁零件模型图。

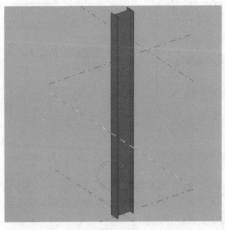

图 2-24

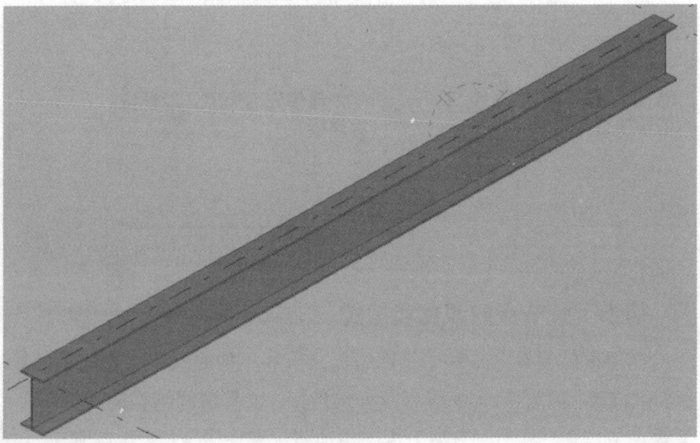

图 2-25

梁的属性

双击"创建梁"按钮 ▬ 或双击已经创建好的梁模型，打开"梁的属性"对话框，可在其中对梁的基本参数进行设置，如图2-26所示。

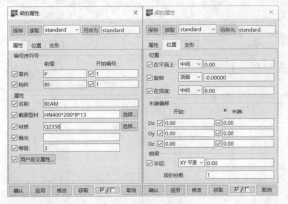

图 2-26

> **提示**
>
> 柱的属性对话框和梁的属性对话框大致相同，在此就不再赘述。

认识构件

构件是指使用工厂焊缝或螺栓等将各部分零件连接在一起，是创建钢结构整体的基本组成部分，构件是由零件组成的。图2-27所示为使用螺栓将零件连接起来的构件图。

• 重要属性介绍

前缀： 用户按照自己所创建的模型的类型，设置自己惯用的前缀。

截面型材： 单击后面的"选择"按钮，在截面型材库中寻找应用的截面型材。

材质： 选择材料的性质，如钢结构屈服强度。

等级： 特指颜色的区别，不同的等级所对应的模型的颜色有所不同，应根据需求设置不同的等级（一般用于后期过滤，不影响建模）。

在平面上： 调节梁、柱相对所画轴线的平面位置，分为在所画轴线的中间、右边和左边。

旋转： 调节梁、柱在所画轴线位置的截面形式，分为前面的、顶面、后面和下部。

在深度： 调节梁、柱在所画轴线的深度位置，分为在所画轴线空间位置的前面、中间和后部。

变形： 调节变形扭转角度的起拱和缩短量。

使用螺栓将零件连接

图 2-27

在车间中，用焊接的方法将零件组合在一块叫构件；没有焊接的零件既是零件又是构件，所以构件中零件的数量是大于等于1的，即"构件=主零件（有且仅有1个）+次零件"，如图2-28所示。

因为构件是由零件组成的，所以在处理构件时有下列3种操作情况。

第1种，把选中的零件设置为构件的主零件。

第2种，把选中的零件增加到某一个构件中。

第3种，将选中的零件从构件中删除。

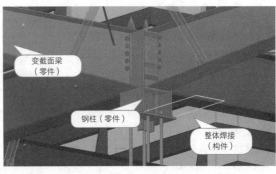

图 2-28

2.3 轴网的创建

轴网是指由建筑轴线组成的网，轴线是轴网的基本组成单位。绘制轴线是钢结构建模中最基础的工作，轴线为后期的模型绘制提供了参照。轴网的绘制分两种情况，即普通轴网的绘制和弧形轴网的绘制。

2.3.1 普通轴网的绘制

普通轴网在钢结构厂房及常规模型中非常常见，因为这些模型的轴线不存在异形轴网。

· 设置方式

由于进入绘图界面时，绘图界面自带轴网，因此设置的方式较为简单，只需对轴网的坐标和标签进行定义就能绘制一个完整的轴网。下面介绍普通轴网的设置方式。

第1步：设置坐标。双击工作区域中的轴网，打开"轴线"对话框，在"坐标"一栏内设置轴线的距离，如设置x为0 3×9000、y为0 12000 13000、z为0 5000 8000 8600，如图2-29所示。

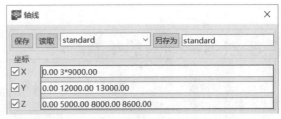

图 2-29

第2步：设置标签。在"标签"一栏内对轴线及标高进行命名，也就是所谓的轴号，如设置x为1 2 3 4、y为A B C、z为0 5000 8000 8600，单击"创建"按钮，如图2-30所示。轴网创建完成后，效果如图2-31所示。

图 2-30

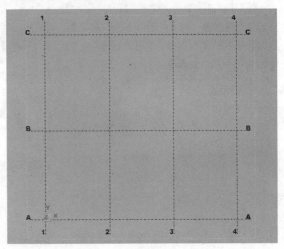

图 2-31

提示

在一个方向上，要绘制的轴线距离若是相同的，则以相同的距离数量×相同的距离，如0 5×7200 2×2000。

· 轴网的属性

在生成轴网之前，需要对轴网的属性进行定义，以便创建出符合模型的轴网。下面介绍"轴线"对话框中的选项，如图2-32所示。

· 重要属性介绍

坐标： 绘制轴网的坐标的参数均以0开始（在这里精确到小数点后两位），输入的每个距离之间应用空格分开，如0 1000 2000 3000。

标签： 根据输入的x、y、z轴各方向的轴线距离，为x、y、z设定标签，也就是轴号。

线延伸： 用于设置相应轴线末端沿左/右、上/下交点延伸的长度。

> **提示**
>
> 坐标、标签和线延伸的每一栏中都有显示开关，这个功能使坐标系自动向x、y、z三个方向轴展开，如果不需要其中一种，那么取消勾选相应复选框即可。

图 2-32

2.3.2 弧形轴网的绘制

虽然弧形轴网的绘制方式看似复杂，但是它一般是通过系统生成的，所以绘制的方式也比较简单，同样只需对轴网的坐标和标签进行定义，就能绘制一个完整的轴网。下面介绍弧形轴网的设置方式。

第1步： 查找轴网。单击"打开应用和组件目录"按钮，打开"组件目录"对话框，然后将查找范围修改为"插件"，并双击"半径轴线"，如图2-33所示。

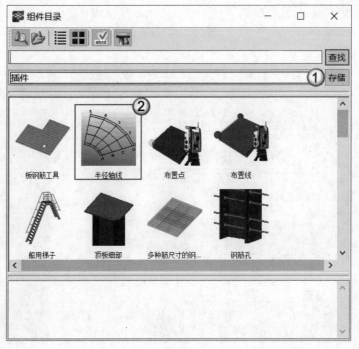

图 2-33

第2步：设置坐标和标签。在打开的"半径轴线"对话框中，设置 x 坐标为6000 1000 3×3500 1000、y（度）为-32.5 2.5 4×15 2.5，"标高"为0 3200 6400；在"标签"一栏中，设置 x 方向为1 2 3 4 5 6、y 方向为A B C D E F G、z 方向为0 3200 6400；依次单击"应用"按钮和"确认"按钮，如图2-34所示。

第3步：生成轴网。根据提示选取一点作为轴线的原点并单击，这时便会生成弧形轴网，最终效果如图2-35所示。

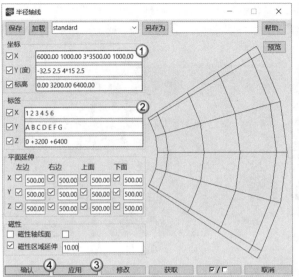

图 2-34

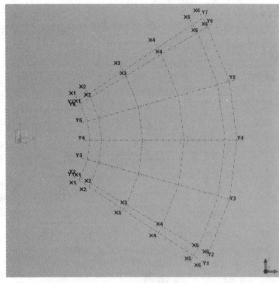

图 2-35

 提示

弧形轴网的 y 坐标表示的是角度。

功能实战： 创建简单实验厂房的轴网

素材位置	素材文件>CH02>功能实战：创建简单实验厂房的轴网
实例位置	实例文件>CH02>功能实战：创建简单实验厂房的轴网
视频名称	功能实战：创建简单实验厂房的轴网.mp4
学习目标	掌握普通轴网的创建方法

打开"素材文件>CH02>功能实战：创建简单实验厂房的轴网>简单实验厂房的轴网.dwg"文件，得到实验厂房的基础资料，如图2-36所示。根据基础图纸，本例创建的轴网如图2-37所示。

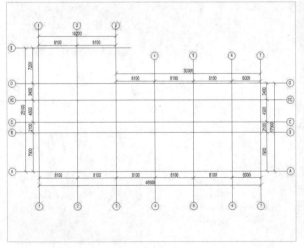

图 2-36

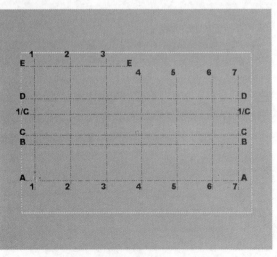

图 2-37

创建基础轴网

01 定义轴网的属性。按快捷键Ctrl+P进入平面视图，双击工作区域的空白处，打开"轴线"对话框，然后根据图纸中的轴网尺寸进行轴线距离参数的修改，设置x坐标为0 5×8100 6000、y坐标为0 7900 2100 4500 3400 7200；设置x标签为1 2 3 4 5 6 7，y标签为A B C 1/C D E；依次单击"修改"按钮和"创建"按钮，如图2-38所示。

02 创建轴网。在工作区域的空白处单击鼠标右键，在弹出的菜单中选择"适合工作区域到整个模型"选项（因为新创建的轴网比开始的工作区域要大，所以要将工作区域适应到新创建的轴网），轴网便创建完成了（外围的虚线即表示工作区域），如图2-39所示。

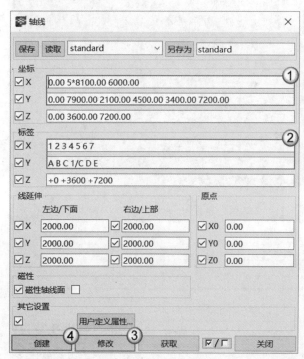

图 2-38

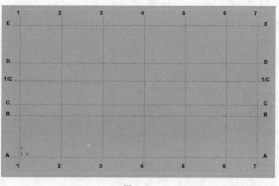

图 2-39

> **提示**
>
> 若单击鼠标右键，弹出的菜单中没有"适合工作区域到整个模型"选项，可以在右键菜单中选择"中断"选项来中断当前命令，随后再次进行选择。

修改轴网

01 先修改E号轴线的长度。在"选择开关栏"中单击"选择轴线"按钮，这样就能选择某一根轴线并单独进行修改。选中E号轴线，轴线的起始和末尾处会各自出现一个控制点，如图2-40所示。

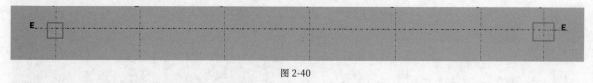

图 2-40

02 这时可移动控制点来达到更改轴线长短的目的，按住Alt键，同时选中要移动的控制点，使其呈被选中状态。选中控制点后，单击鼠标右键，在弹出的菜单中选择"移动"选项，如图2-41所示。

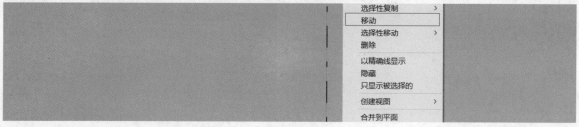

图 2-41

03 选中E号轴线，将它的末尾控制点移动到3号轴线和4号轴线之间，这时轴线发生了长度变化，如图2-42所示。

04 按照同样的方法对4、5、6和7号轴进行控制点的移动，使轴线起始位置移到E轴与D轴之间，如图2-43所示。

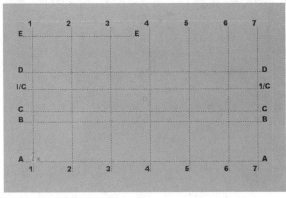

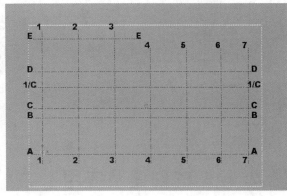

图 2-42　　　　　　　　　　　　　　　　　　　　图 2-43

📝 **拓展习题：** 创建简易框架梁柱的轴网

素材位置	素材文件>CH02>拓展习题：创建简易框架梁柱的轴网
实例位置	实例文件>CH02>拓展习题：创建简易框架梁柱的轴网
视频名称	拓展习题：创建简易框架梁柱的轴网.mp4
学习目标	掌握不规则轴网的创建方法

扫码观看视频

▫ **任务要求**

　　打开"素材文件>CH02>拓展习题：创建简易框架梁柱的轴网>简易框架梁柱.dwg"文件，得到简易框架梁柱的基础资料，如图2-44所示。根据基础图纸，本例创建的轴网如图2-45所示。

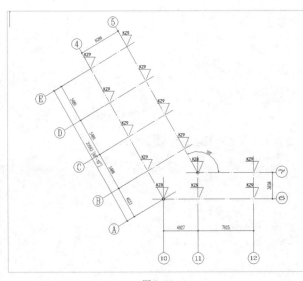

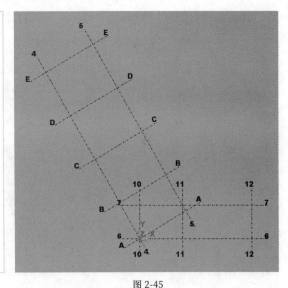

图 2-44　　　　　　　　　　　　　　　　　　　　图 2-45

▫ **创建思路**

　　这是一个不规则轴网的创建，制作思路如图2-46所示。

　　第1步： 使用"将工作平面设置为平行于视图平面"工具 📷，将视图平面设置为工作平面，然后创建10、11、12和6、7号轴线的横向轴网，接着沿着6号轴线绘制一条水平辅助线，并将其逆时针旋转30°。

　　第2步： 使用"用三点设置工作平面"工具 📐，将原有的工作平面旋转30°，以使创建的斜向轴网在Tekla Structures中绘制的任何构件都是在工作平面上的（包括方向和位置）。

第3步： 在重新设置的工作平面上创建A、B、C、D、E和4、5号轴线的斜向轴网。

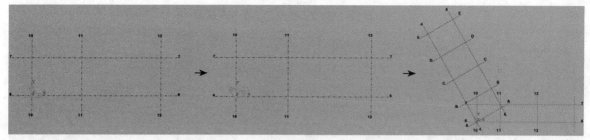

图 2-46

2.4 视图的创建及应用

视图是创建模型的基本，是从一个特定的位置表现模型的方法。在Tekla Structures工作界面内，每一个视图都显示在自己的窗口中。在Tekla Structures中有多种创建视图的方法，如可以创建整个结构的视图、所选零件和组件的视图、所选浇筑体和构件的视图，以及沿轴线的视图。

常用的视图为3D视图，用于查看真实版本的模型；平面视图可用于在其中添加和连接零件；标高视图通常用于检查标高。

2.4.1 视图的范围

在工作区域，可以在视图中看到轴网的最外围有一个白框，这个白框代表了工作区域的范围，如图2-47所示。

双击空白区域，打开"视图属性"对话框，可对视图的视角和范围进行调整，如图2-48所示。

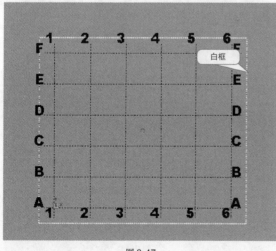

图 2-47

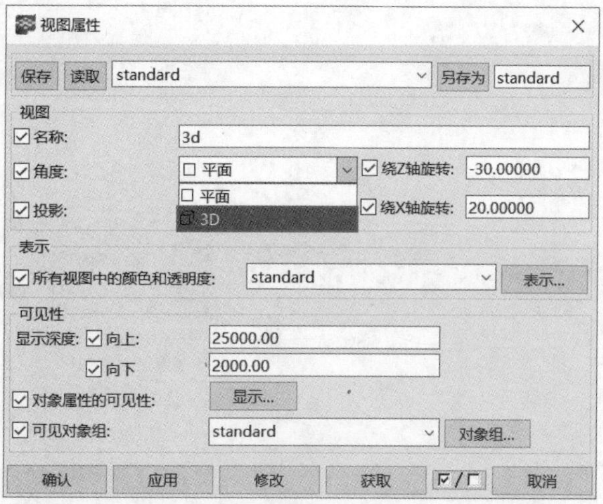

图 2-48

· **重要属性介绍**

角度： 特指3D视角与平面视角的切换（快捷键为Ctrl+P），图2-49所示为3D视角。

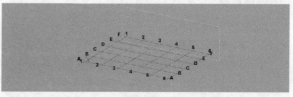

图 2-49

显示深度： 一个平面在视图中所显示的向下和向上的范围，如将显示深度修改为向上显示3000mm，向下显示1000mm，效果如图2-50所示。

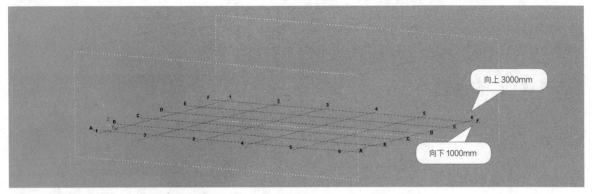

图 2-50

2.4.2 视图平面的创建

虽然3D空间是一个很大的空间，但是在创建模型的过程中需要选择特定的位置，这时需要使用视图平面。下面介绍如何创建视图平面。

第1步： 选中创建的轴网，单击鼠标右键，在弹出的菜单中选择"创建视图>沿着轴线"选项，如图2-51所示；打开"沿着轴线生成视图"对话框后，修改"视图名称前缀"，设置 xy 为"平面布置图 标高"、zy 为"立面布置图 轴"、xz 为"立面布置图 轴"，最后依次单击"创建"按钮和"确认"按钮，如图2-52所示。

图 2-51

图 2-52

第2步： 创建完成后，单击工具栏中的"打开视图列表"按钮，选择"立面布置图 轴1"视图，然后单击向右的箭头按钮，可将其添加到可见视图中，最后单击"确认"按钮，如图2-53所示。

第3步： 在轴1的平面视图中，单击"将工作平面设置为平行于视图平面"按钮，这时轴1的立面视图就成为工作平面了，如图2-54所示。

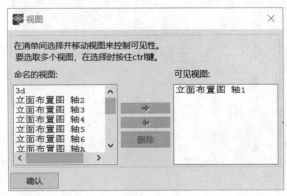

图 2-53

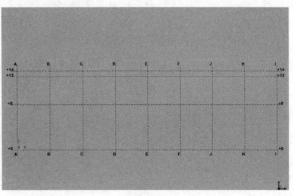

图 2-54

2.5 钢结构厂房中常用零构件的创建（上）

在钢结构厂房的建模工作中，因为Tekla Structures自带一些截面型材库和节点，所以与其他同类软件相比，其模型的搭建方式要相对方便一些，下面就为大家介绍常用零构件的创建方式。

2.5.1 柱脚的创建

在钢结构厂房中，柱脚的作用是把柱固定于基座上，并把柱的内力传递给基座，图2-55所示为柱脚节点。

在Tekla Structures中，生成柱脚需要使用"打开应用和组件目录"工具 ▲（快捷键为Ctrl+F），其中内置系统自带的组件，包括常用的所有钢结构的节点。通过查找节点，可对节点属性进行设置，并修改节点的样式，完成柱脚的创建。

图 2-55

· **生成方式**

由于柱脚节点为系统节点，因此其生成方式非常简单，下面以1047号柱脚节点为例介绍柱脚节点的生成方式。

第1步： 搜索组件。单击工具栏中的"打开应用和组件目录"按钮 ▲，打开"组件目录"对话框，然后在搜索框中输入1047，单击"查找"按钮进行查找，找到"美国底板（1047）"组件，如图2-56所示。

第2步： 定义属性。双击1047号组件，在打开的对话框中对加劲板等一些零件进行设置，从而确定柱脚节点内部各零件的相对位置关系，如图2-57所示。

第3步： 找到柱的底端并单击，完成柱脚的创建，最终效果如图2-58所示。

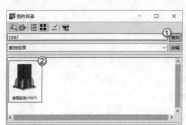

图 2-56

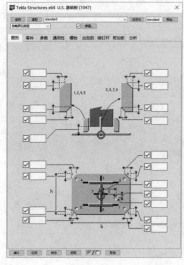

图 2-57

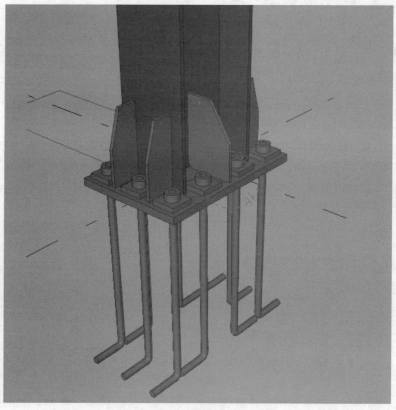

图 2-58

· 节点的属性

在生成柱脚节点之前，需要对节点的属性进行定义，以便创建出与图纸参数相符合的组件。下面以1047号节点为例介绍属性的选项，如图2-59所示。常用属性设置选项卡见表2-1。

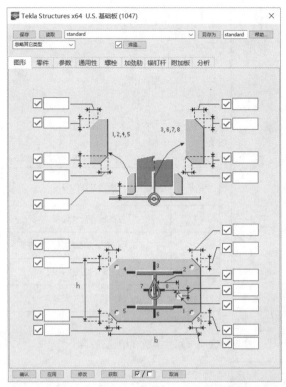

图 2-59

在"图形"选项卡中，1047号节点的属性选项如图2-60所示。"图形"选项卡属性参数介绍见表2-2。

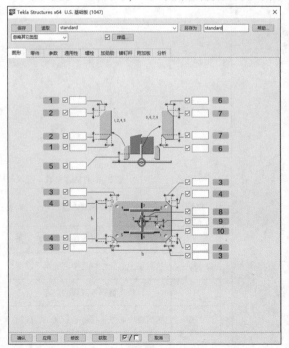

图 2-60

表 2-1 柱脚属性设置选项卡

选项卡	设置内容
图形	调整加劲板的位置及加劲板的倒角尺寸
零件	设置底板、加劲板和抗剪键等零件的编号及尺寸
参数	主要设置抗剪键的尺寸
螺栓	设置柱地板螺栓的尺寸及相对位置
加劲肋	设置加劲肋的相对位置，确定产生加劲肋的数量
锚钉杆	当螺栓尺寸较大时，需设置成锚钉杆，在此选项卡中设置锚钉杆的型号及产生形式

表 2-2 柱脚"图形"选项卡

序号	属性参数内容
1	1 2 4 5 号位置处加劲板水平方向的倒角
2	1 2 4 5 号位置处加劲板竖直方向的倒角
3	柱底板水平方向的倒角
4	柱底板竖直方向的倒角
5	柱脚与柱底板的竖直距离
6	3 6 7 8 号位置处加劲肋水平方向的倒角
7	3 6 7 8 号位置处加劲肋竖直方向的倒角
8	灌浆孔到离板中心的水平距离
9	灌浆孔到离板中心的竖直距离
10	灌浆孔的直径大小

在"零件"选项卡中，1047号节点的属性选项如图2-61所示。"零件"选项卡属性参数介绍见表2-3。

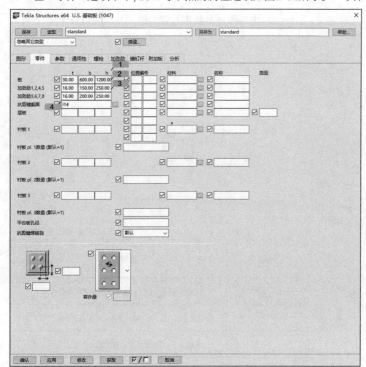

图 2-61

在"参数"选项卡中，1047号节点的属性选项如图2-62所示。"参数"选项卡属性参数介绍见表2-4。

表 2-3　柱脚"零件"选项卡

序号	属性参数内容
1	柱底板的尺寸设置
2	1 2 4 5 号位置处加劲肋的尺寸设置
3	3 6 7 8 号位置处加劲肋的尺寸设置
4	抗剪键的尺寸设置

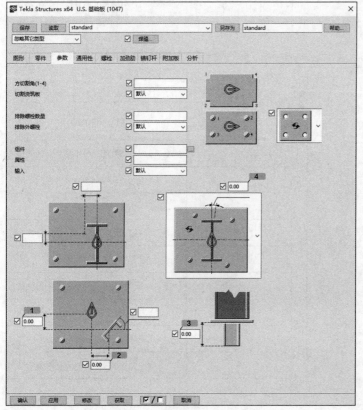

图 2-62

表 2-4　柱脚"参数"选项卡

序号	属性参数内容
1	抗剪键中心到柱底板中心的竖直距离
2	抗剪键中心到柱底板中心的水平距离
3	抗剪键到柱底板的距离
4	抗剪键中心线与柱底板竖直中心线的夹角

在"螺栓"选项卡中,1047号节点的属性选项如图2-63所示。"螺栓"选项卡属性参数介绍见表2-5。

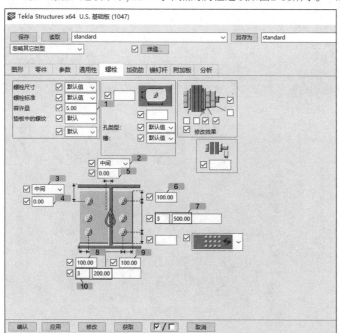

图 2-63

表 2-5　柱脚"螺栓"选项卡

序号	属性参数内容
1	螺栓的允许误差
2	左端螺栓、中间螺栓或右端螺栓到腹板的距离
3	顶端螺栓、中间螺栓或底部螺栓到翼缘的距离
4	顶端螺栓、中间螺栓或底部螺栓到翼缘的距离
5	左端螺栓、中间螺栓或右端螺栓到腹板的距离
6	第1排螺栓到板边缘的距离
7	螺栓排数及螺栓间的距离
8	左端螺栓到板边缘的距离
9	右端螺栓到板边缘的距离
10	螺栓列数及螺栓间的距离

在"加劲肋"选项卡中,1047号节点的属性选项如图2-64所示。"加劲肋"选项卡属性参数介绍见表2-6。

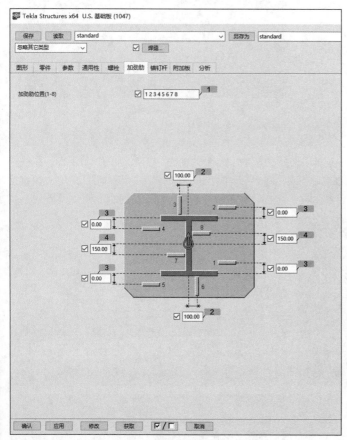

图 2-64

表 2-6　柱脚"加劲肋"选项卡

序号	属性参数内容
1	创建相应标号的加劲肋
2	与翼缘垂直的加劲肋到腹板中心线的距离
3	与腹板垂直的加劲肋到翼缘中心线的距离
4	与腹板垂直的加劲肋到柱底板中心线的距离

功能实战： 创建圆管柱 1052 号柱脚节点

扫码观看视频

素材位置	素材文件>CH02>功能实战：创建圆管柱1052号柱脚节点
实例位置	实例文件>CH02>功能实战：创建圆管柱1052号柱脚节点
视频名称	功能实战：创建圆管柱1052号柱脚节点.mp4
学习目标	掌握圆管柱柱脚的创建方法

打开"素材文件>CH02>功能实战：创建圆管柱1052号柱脚节点>1052号圆形柱脚节点.dwg"文件，得到圆形柱脚节点的基础资料，如图2-65所示。根据基础图纸，本例创建的柱脚节点如图2-66所示。

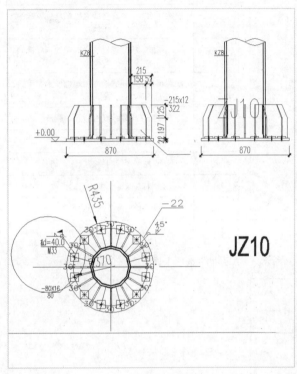

图 2-65

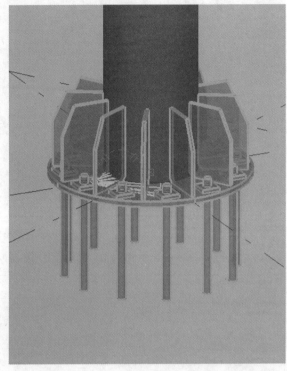

图 2-66

· 创建视图

01 选中视图中的轴网，单击鼠标右键，在弹出的菜单中选择"创建视图>沿着轴线"选项，如图2-67所示。在打开的"沿着轴线生成视图"对话框中，设置xy的"视图名称前缀"为"平面布置图"、zy的"视图名称前缀"为"立面布置图"、xz的"视图名称前缀"为"立面布置图"，然后依次单击"创建"按钮和"确认"按钮，如图2-68所示。

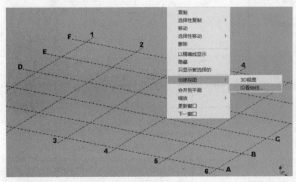

图 2-67

图 2-68

提示

在对"视图名称前缀"命名时一定要根据"视图平面"所在的位置进行命名，以便于后续的建模工作更好地实施。

02 在打开的"视图"对话框中,将"立面布置图 轴1"视图设置为可见视图,单击"确认"按钮,如图2-69所示。设置可见视图后的效果如图2-70所示。

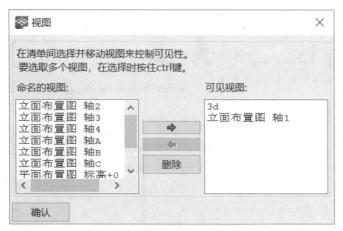

图 2-69

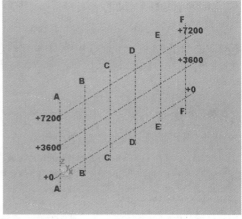

图 2-70

03 按快捷键Ctrl+P切换到平面视图,然后单击"将工作平面设置为平行于视图平面"按钮,效果如图2-71所示。

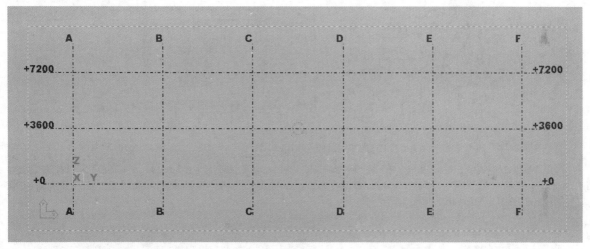

图 2-71

· 创建圆管柱本体

01 定义属性。双击"创建梁"按钮,打开"梁的属性"对话框,设置"零件"的"前缀"为O、"构件"的"前缀"为GZ-、"名称"为KZ8、"截面型材"为O400×200、"材质"为Q235B,同时"等级"应根据需求设置不同的颜色,这里将其设置为2,依次单击"应用"按钮和"确认"按钮,如图2-72所示。

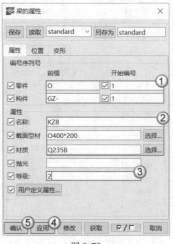

图 2-72

02 绘制圆管柱。单击"创建梁"按钮,在视图中的某一点单击,完成柱的绘制,如图2-73所示。

提示

使用"创建梁"工具绘制柱是为了便于对高度进行控制。

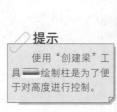

图 2-73

⊡ 定义柱脚节点

01 单击"打开应用和组件目录"按钮 🔧，打开"组件目录"对话框，在搜索框中输入1052，然后单击"查找"按钮，找到"圆形底板（1052）"，如图2-74所示。

02 双击"圆形底板（1052）"组件，打开圆形底板（1052）的设置对话框，根据要求设置组件属性。

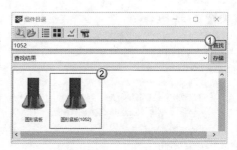

图 2-74

• 设置步骤

①在"图形"选项卡中，设置加劲肋上部边为158、底板突出柱部分的高度为0、加劲肋底的倒角为197，如图2-75所示。

②切换到"零件"选项卡，设置加劲肋的尺寸参数。设置"圆形端板"的"t（厚度）"为22、"b（宽度）"为870，设置"钢管加劲肋"的"t（厚度）"为12、"b（宽度）"为215、"h（高度）"为322，如图2-76所示。

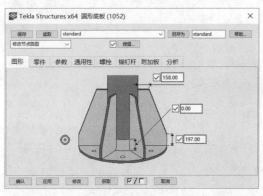

图 2-75

图 2-76

③切换到"参数"选项卡，设置加劲板的倒角为20，如图2-77所示。

④因为螺栓的尺寸较大，所以采用锚钉杆。切换到"锚钉杆"选项卡，设置"锚钉杆型号"为D33，"基础板"为"锚钉杆"（这样创建出来的螺栓会变成锚钉杆），"板垫片"的"t（厚度）"为16、"b（宽度）"为80、"h（高度）"为80，然后在是否创建孔隙中选择"是"，并设置垫圈孔隙为2，如图2-78所示。

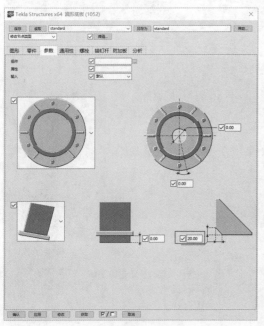

图 2-77

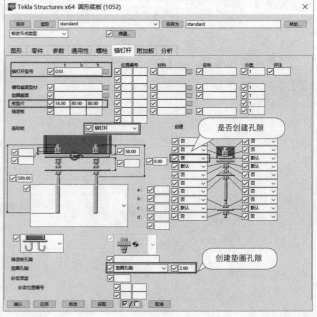

图 2-78

⑤切换到"螺栓"选项卡，设置锚钉杆的数量为12个、间距为740，依次单击"应用"按钮和"确认"按钮，如图2-79所示。

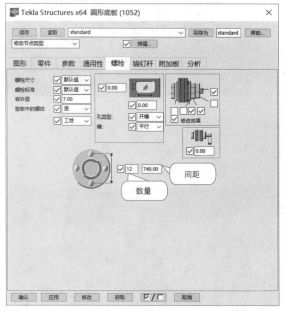

图 2-79

· **创建柱脚节点**

设置完成后，在柱底单击鼠标左键生成柱脚节点，完成模型的创建，如图2-80所示。

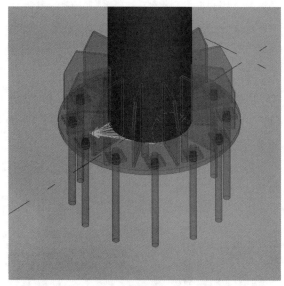

图 2-80

📝 **拓展习题：** 对圆形柱脚节点中的零件进行操作

扫码观看视频

素材位置	无
实例位置	实例文件>CH02>拓展习题：对圆形柱脚节点中的零件进行操作
视频名称	拓展习题：对圆形柱脚节点中的零件进行操作.mp4
学习目标	掌握零构件间的基础操作

· **任务要求**

将模型中多余的加劲肋删除，使柱底的加劲肋为十字形，本例创建的柱脚节点如图2-81所示。

· **创建思路**

这是一个圆形柱脚节点，创建思路如图2-82所示。

第1步： 打开"实例文件>CH02>功能实战：创建圆管柱1052号柱脚节点"文件，然后选中圆形柱脚节点，并将节点"炸开"。

第2步： 选中加劲肋并按Delete键删除。

图 2-81

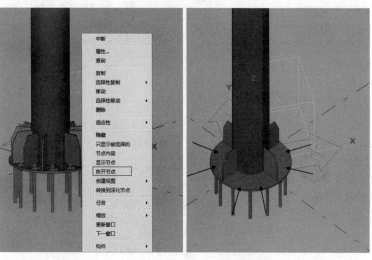

图 2-82

2.5.2 变截面梁的创建

变截面梁是门钢厂房中运用得比较广泛的一个构件，它与柱通过螺栓相连接，共同起到支撑作用，如图2-83所示。

在Tekla Structures中，变截面梁的创建方式大致有两种，都比较容易。一种是用板命令画3块板拼接成变截面梁，另一种是通过工具创建（在梁命令中设定梁的截面尺寸进行绘制）。

图 2-83

⊡ 生成方式

根据创建变截面梁的两种常见方式，下面以尺寸为400-600-8-12×200的变截面梁的创建为例进行介绍。

用多边形板绘制

第1步：双击"创建多边形板"按钮，打开"多边形板属性"对话框，设置"截面型材"为PL8（即截面类型为PL，腹板的厚度为8mm），如图2-84所示；绘制一块左边的宽度为600mm，右边的宽度为400mm的板，如图2-85所示。

图 2-84

图 2-85

第2步：设置两端翼缘板的截面尺寸。双击"创建梁"按钮，打开"梁的属性"对话框，然后单击"截面型材"后的"选择"按钮。在打开的"选择截面"对话框中展开"板的截面"类型并选择"BL"选项，接着设置板的截面尺寸为12mm×200mm，最后单击"确认"按钮，如图2-86所示。

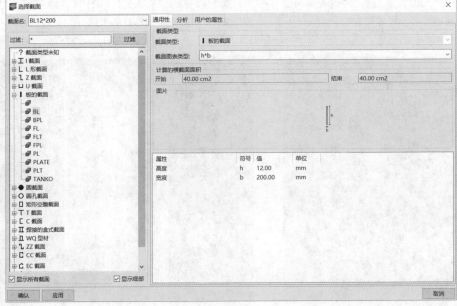

图 2-86

第3步：绘制两端的翼缘板。从腹板上边缘的左边画到右边，这便是上边缘翼缘板。双击翼缘板，在打开的"梁的属性"对话框中设置"在深度"为"后部"，如图2-87所示。使用相同的方法和尺寸完成下边缘翼缘板的创建，效果如图2-88所示。

图 2-87

图 2-88

通过截面库生成

第1步：绘制变截面梁时选择的截面是截面库中的PHI，双击"创建梁"按钮 ▄▄▄，打开"梁的属性"对话框，然后单击"截面型材"后的"选择"按钮。在打开的"选择截面"对话框中展开"I截面"类型并选择"PHI"选项，接着设置截面尺寸参数为400-600-8-12×200，如图2-89所示。

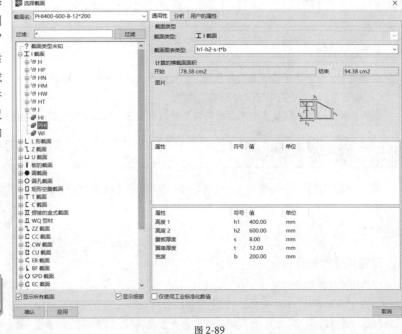

> ✎ **提示**
>
> 选择PHI截面可以设置两种高度，刚好符合变截面梁的要求。

图 2-89

第2步：创建变截面梁。选择变截面梁的起点和终点，如图2-90所示。创建完成后调节梁的空间位置关系即可。

图 2-90

· 截面的属性

在生成变截面梁之前，需要对截面的属性进行定义，以便创建出与图纸参数相符合的组件。在Tekla Structures中有截面型材库，画截面时可直接在"选择截面"对话框中选择截面类型，如图2-91所示。选择完成后，将直接影响"截面型材"的属性，如图2-92所示。

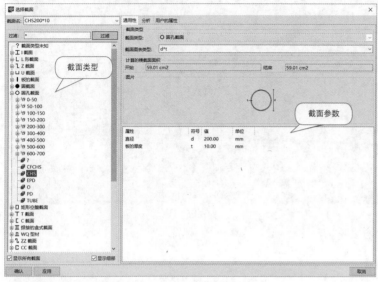

图 2-91　　　　　　　　　　　　　　　　　图 2-92

· 重要属性介绍

截面类型：用于选择不同类型的截面，常用的有工字钢截面、H形截面、Z形截面、圆形截面、圆管型截面、Z形截面和C形截面等，此外还有很多复杂的截面类型。

截面参数：可以看到截面的剖面图和每个参数对应的位置，不同的截面类型需要设置不同的参数。

2.5.3 螺栓的创建

螺栓是连接两个零件的连接件，是钢结构中必不可少的零件之一，如图2-93所示。

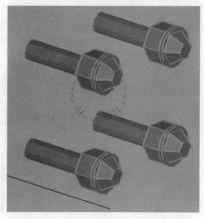

图 2-93

· 钢结构螺栓的分类

钢结构连接用螺栓性能等级分3.6、4.6、4.8、5.6、6.8、8.8、9.8、10.9和12.9等10余个等级，其中8.8级及以上的螺栓的材质为低碳合金钢或中碳钢并经热处理（淬火、回火），此类螺栓统称为高强度螺栓，其余等级的螺栓统称为普通螺栓。

在Tekla Structures中，有专门创建螺栓的命令，执行该命令可直接生成螺栓，图2-94所示为创建的螺栓。

> **提示**
>
> Tekla Structures中的螺栓并不是通过绘制完成的，而是通过属性参数的设置生成的，且螺栓必须在两个板之间创建，否则不可被创建。

图 2-94

· 生成方式

螺栓的生成方式非常简单，只需确定生成的板即可，下面以双层板生成螺栓的方法为例介绍螺栓的生成方式。

第1步： 定义属性。双击"创建螺栓"按钮 ，打开"螺栓属性"对话框，根据要求设置螺栓属性。设置"螺栓尺寸"为20、"螺栓标准"为TS10.9、"螺栓类型"为"工地"、"螺栓x向间距"为100、"螺栓y向间距"为100、孔的"容许误差"为2、"旋转"为"顶面"、Dx的"起始点"为100、Dz的"起始点"为-200，依次单击"应用"按钮和"确认"按钮，如图2-95所示。

第2步： 生成螺栓。设置完成后，依次选中生成螺栓的两块板，如图2-96所示。

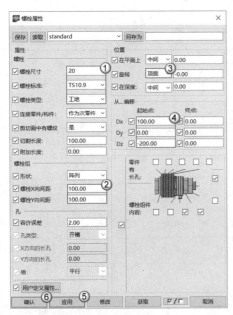

图 2-95

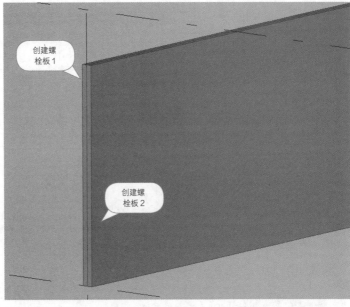

图 2-96

第3步： 选择起点和终点，最后确认螺栓生成的方向，如图2-97所示。生成螺栓后，效果如图2-98所示。

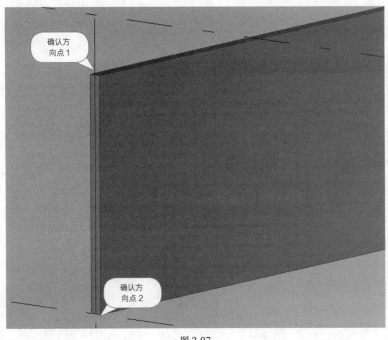

图 2-97

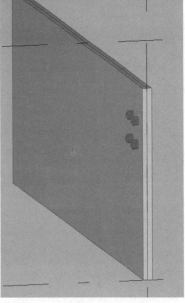

图 2-98

· 螺栓的属性

在生成螺栓之前，需要对螺栓的属性进行定义，以便创建出与图纸参数相符合的组件。下面介绍"螺栓属性"对话框中的选项，如图2-99所示。常用属性参数内容详见表2-7。

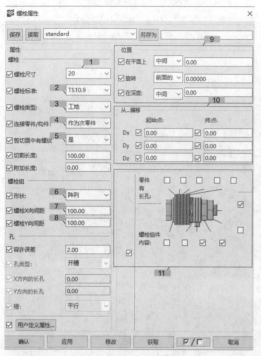

图 2-99

表 2-7　螺栓属性参数

序号	属性参数内容
1	螺栓的尺寸设置
2	选择螺栓标准
3	确定螺栓是工厂添加还是工地添加
4	螺栓作为所要栓接的构件的次零件还是子构件
5	剪切面是否有螺纹
6	所创建螺栓的排列形状
7	螺栓 x 方向上的间距
8	螺栓 y 方向上的间距
9	螺栓"在平面上""旋转""在深度"的位置关系及偏移量设置
10	螺栓相对于 x 轴、y 轴和 z 轴在起点与终点处的偏移量
11	是否添加相应的零件

功能实战：添加钢桥节点的螺栓

素材位置	素材文件>CH02>功能实战：添加钢桥节点的螺栓
实例位置	实例文件>CH02>功能实战：添加钢桥节点的螺栓
视频名称	功能实战：添加钢桥节点的螺栓.mp4
学习目标	掌握螺栓的创建方法

扫码观看视频

根据"素材文件>CH02>功能实战：添加钢桥节点的螺栓>钢桥节点.dwg"文件，得到钢桥节点的基础资料，如图2-100所示。根据基础图纸，本例创建的螺栓如图2-101所示。

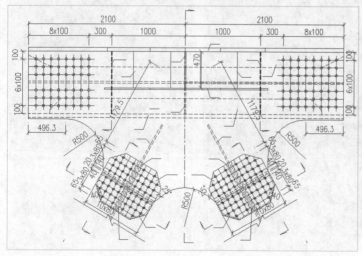

图 2-100

图 2-101

⊡ **创建左上角的螺栓**

01 打开"素材文件>CH02>功能实战：添加钢桥节点的螺栓>钢桥节点"文件，得到钢桥节点的模型，如图2-102
所示。

02 执行"窗口>View2-GRID A"菜单命令，打开A轴线的视图，如图2-103所示。

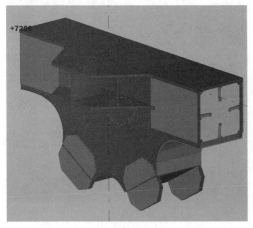

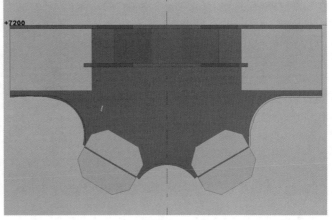

图 2-102
图 2-103

03 按快捷键Ctrl+P切换到3D视图，先创建左上角的螺栓，如图2-104所示，创建完成后的位置如图2-105所示。单击
"创建螺栓"按钮 ▦，然后选择要创建螺栓的板，按鼠标中键完成选择，再选择起点和终点，如图2-106所示。

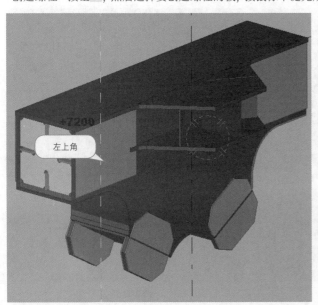

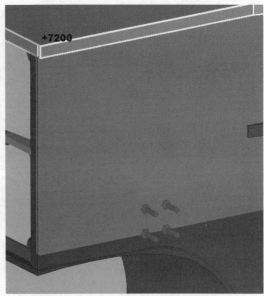

图 2-104
图 2-105

图 2-106

04 双击创建好的螺栓，打开"螺栓属性"对话框，根据要求设置螺栓属性。设置"螺栓尺寸"为24、"形状"为"阵列"、"螺栓x向间距"为2×100 200 2×100，"螺栓y向间距"为7×100，设置"旋转"为"顶面"、Dx的"起始点"为100，依次单击"修改"按钮和"确认"按钮，如图2-107所示。这时经过参数调整的螺栓就创建完成了，如图2-108所示。

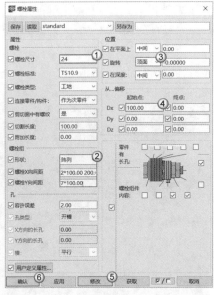

图 2-107

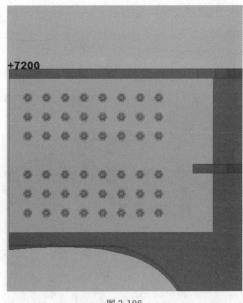

图 2-108

· 创建左下角的螺栓

01 创建左下角的螺栓，如图2-109所示，创建完成后的位置如图2-110所示。单击"创建螺栓"按钮 ，然后选择要创建螺栓的板，按鼠标中键完成选择，再选择起点和终点，如图2-111所示。

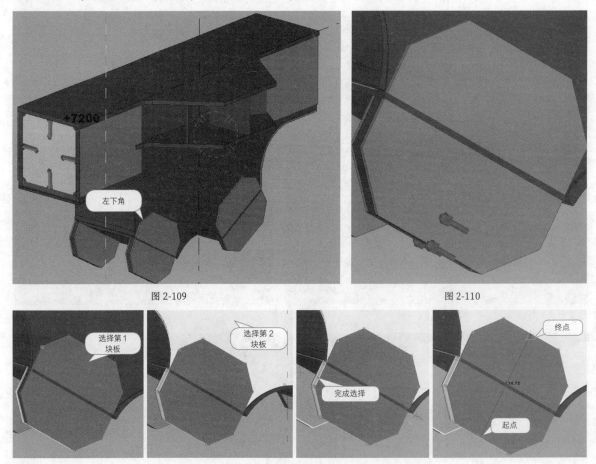

图 2-109

图 2-110

图 2-111

02 双击创建好的螺栓，打开"螺栓属性"对话框，根据要求设置螺栓属性。设置"螺栓尺寸"为24、"形状"为"*xy* 阵列"、"螺栓*x*向间距"为160 240 320 420 500 580 160 240 320 4、"螺栓*y*向间距"为6×400 2×−240，然后设置位置关系，设置"旋转"为"顶面"，依次单击"修改"按钮和"确认"按钮，如图2-112所示。这时经过参数调整的螺栓就创建完成了，如图2-113所示。

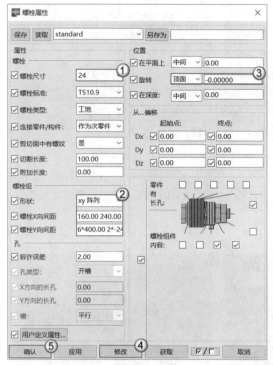

图 2-112

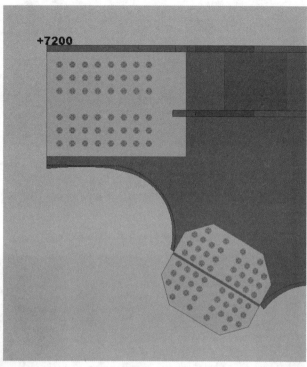

图 2-113

· 复制并镜像螺栓

01 选中已经创建好的两组螺栓，单击鼠标右键，在弹出的菜单中选择"选择性复制>镜像（象）"选项，如图2-114所示。打开"复制-镜像（象）"对话框后，再在视图中选择镜像的对称轴（对称轴为模型的中线），最后单击"复制"按钮，完成右边两组螺栓的创建，如图2-115所示。

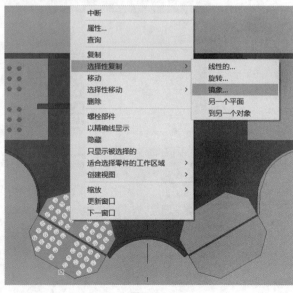

图 2-114

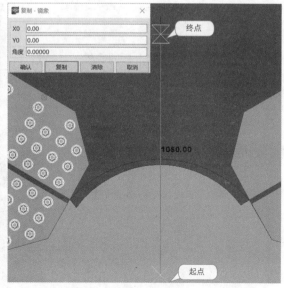

图 2-115

02 完成与钢桥对称的螺栓的创建后，效果如图2-116所示。

03 执行"窗口>View3-GRID 1"菜单命令，打开轴1视图，然后按快捷键Ctrl+P切换至平面视图，效果如图2-117所示。

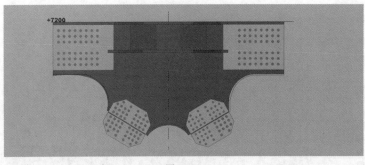 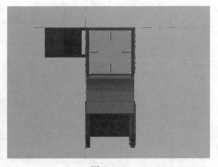

图 2-116　　　　　　　　　　　图 2-117

04 选中已创建好的螺栓组，单击鼠标右键，在弹出的菜单中选择"选择性复制>镜像（象）"选项，如图2-118所示。打开"复制-镜像（象）"对话框，再在视图中选择镜像的对称轴，单击"复制"按钮，完成左边螺栓的创建，如图2-119所示。

05 这时该模型的所有螺栓就创建好了，最终效果如图2-120所示。

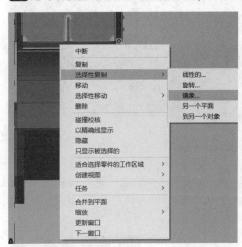  

图 2-118　　　　　　　　图 2-119　　　　　　　图 2-120

拓展习题：创建梁上板的螺栓

素材位置	无
实例位置	实例文件>CH02>拓展习题：创建梁上板的螺栓
视频名称	拓展习题：创建梁上板的螺栓.mp4
学习目标	掌握在梁板间创建螺栓的方法

扫码观看视频

任务要求

　　根据梁、板和螺栓的基础数据创建梁上板的螺栓，具体信息详见表2-8。本例创建的螺栓如图2-121所示。

图 2-121

表 2-8 梁、板和螺栓的基础数据

名称	内容	值
梁	截面型材	HN400×200×8×13
板	截面型材	PL500×20
螺栓	螺栓标准	HS10.9
	螺栓 x 向间距	9×100
	螺栓 y 向间距	150
	Dx 起始点	50

⊡ 创建思路

这是梁上的板与梁通过螺栓的方式相连，创建思路如图2-122所示。

第1步：使用"创建梁"工具▬▬创建长度为7200mm的梁。

第2步：使用"创建梁"工具▬▬创建板间间距为550mm的梁上板。

第3步：使用"创建螺栓"工具▪在每块板上生成螺栓。

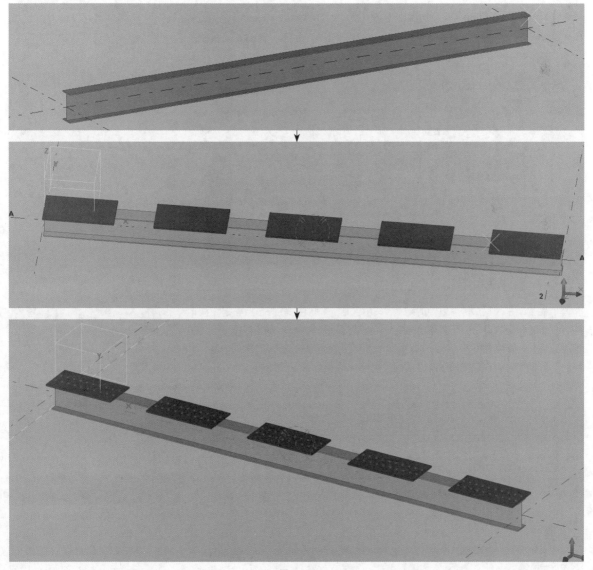

图 2-122

2.6 综合实例：创建半楄钢架

扫码观看视频

素材位置	素材文件>CH02>综合实例：创建半楄钢架
实例位置	实例文件>CH02>综合实例：创建半楄钢架
视频名称	综合实例：创建半楄钢架.mp4
学习目标	掌握门钢厂房中半楄钢架的创建方法

根据"素材文件>CH02>综合实例：创建半楄钢架>门钢厂房.dwg"文件，得到门钢厂房的基础资料。根据图纸，本例创建的半楄钢架模型如图2-123所示。

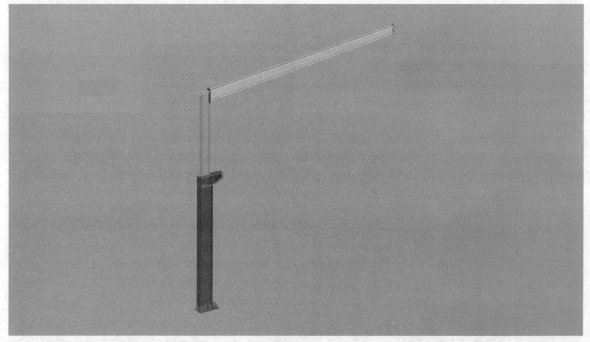

图 2-123

2.6.1 思路分析

半楄钢架是门钢厂房中重要的结构，其中包括了牛腿柱、柱脚节点等钢结构构件。在创建模型前首先要仔细阅读图纸；其次要规划建模顺序，通常以由下至上的顺序建模；最后检查模型，主要检查模型节点及细节，观察有没有漏建或错建。本例的半楄钢架的建模思路如图2-124所示，其分部模型如图2-125所示。

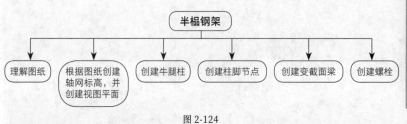

```
                    半楄钢架
   ┌──────┬──────┬──────┬──────┬──────┬──────┐
 理解图纸  根据图纸创建  创建牛腿柱  创建柱脚节点  创建变截面梁  创建螺栓
         轴网标高，并
         创建视图平面
```

图 2-124

变截面梁

螺栓

牛腿柱

柱脚节点

图 2-125

✎ **提示**

本例需要仔细阅读图纸并查看需要创建的构件种类及尺寸参数，然后依次绘制牛腿柱、柱脚节点和变截面梁，其中还包括各连接节点及螺栓。

2.6.2 创建轴网

图2-126所示为门钢厂房的轴网图纸，根据图纸创建的轴网如图2-127所示。

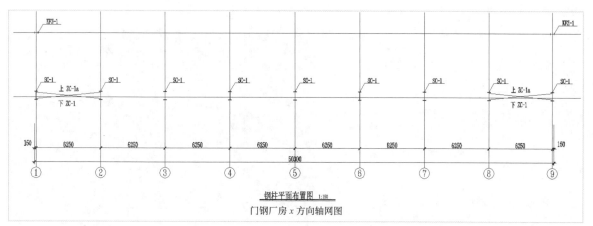

门钢厂房 x 方向轴网图

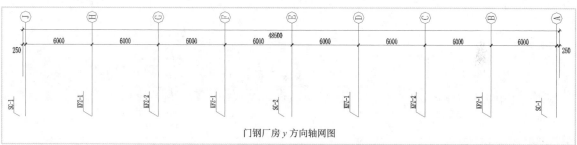

门钢厂房 y 方向轴网图

图 2-126

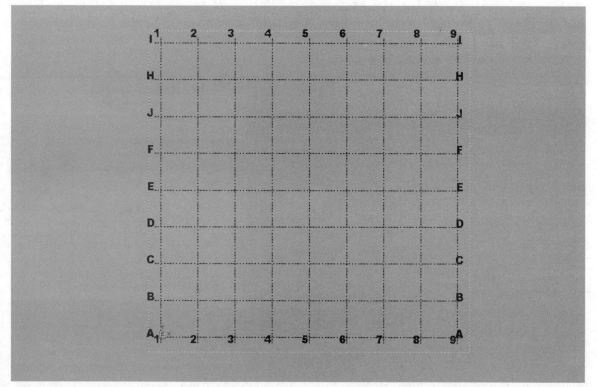

图 2-127

01 双击轴网，打开"轴线"对话框，进行轴网距离及标签参数的设置。设置x坐标为0 8×6250、y坐标为0 8×6000、z坐标为0 8000 13000 14000，然后设置x标签为1 2 3 4 5 6 7 8 9、y标签为A B C D E F J H I、z标签为0 8 13 14，如图2-128所示。

02 完成轴网的设置后，单击"创建"按钮，视图中的原始轴网发生了变化，效果如图2-129所示。

图 2-128

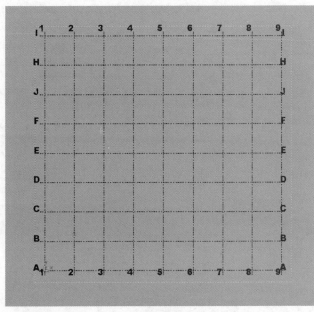

图 2-129

2.6.3 创建视图

01 选中创建的轴网，单击鼠标右键，在弹出的菜单中选择"创建视图>沿着轴线"选项，打开"沿着轴线生成视图"对话框，修改"视图名称前缀"，设置xy为"平面布置图 标高"、zy为"立面布置图 轴"、xz为"立面布置图 轴"，依次单击"创建"按钮和"确认"按钮，如图2-130所示。

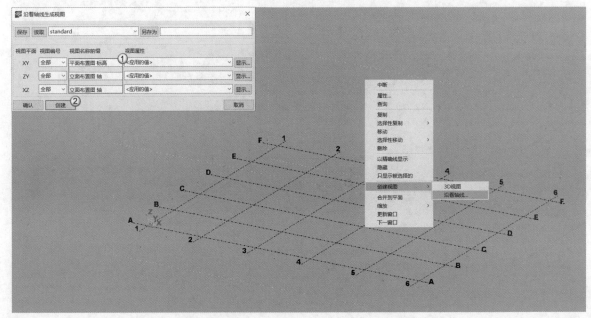

图 2-130

02 单击工具栏中的"打开视图列表"按钮，选择"立面视图 轴1"视图，单击"确认"按钮，如图2-131所示。

03 在轴1的平面视图中，单击"将工作平面设置为平行于视图平面"按钮，这时轴1的立面视图成为工作平面，如图2-132所示。

图 2-131

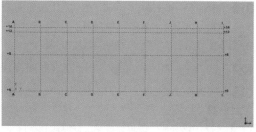

图 2-132

2.6.4 创建牛腿柱

图2-133所示为门钢厂房的牛腿柱图纸，根据图纸，创建的牛腿柱如图2-134所示，钢柱尺寸详见表2-9。

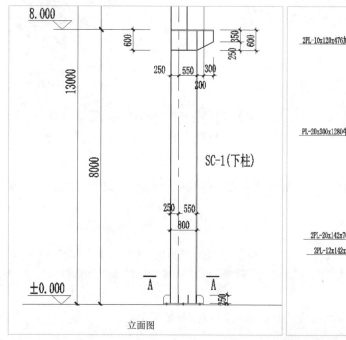

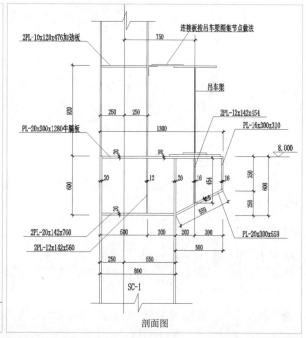

图 2-133

表 2-9 钢柱尺寸

名称	截面尺寸	材质	类型
SC-1（下柱）	H800×300×16×12	Q345B	主钢架柱

图 2-134

⊡ 创建牛腿柱本体

01 在轴1的平面视图中，双击"创建梁"按钮 ▆▆，打开"梁的属性"对话框，设置"零件"的"前缀"为H、"构件"的"前缀"为GZ-、"名称"为"钢柱"、"截面型材"为HI800-16-20×300、"材质"为Q345B、"等级"为2，依次单击"应用"按钮和"确认"按钮，如图2-135所示。

02 单击"创建梁"按钮 ▆▆，并分别选择柱的起点（标高+0）和终点（标高+8），完成柱的绘制，如图2-136所示。

03 双击步骤02绘制好的柱，打开"梁的属性"对话框，再切换到"位置"选项卡，在"位置"一栏中调整柱的空间位置。设置"在平面上"为"中间"、"旋转"为"前面的"、"在深度"为"中间"，依次单击"修改"按钮和"确认"按钮，如图2-137所示。设置完成后，腹板转到了屏幕方向，如图2-138所示。

图 2-135

图 2-136

图 2-137

图 2-138

⊡ 创建牛腿柱的板

创建其他板依旧使用"创建梁"工具 ▆▆ 进行绘制，并根据图纸信息设置牛腿的截面型材（宽度为300mm，厚度为20mm）。

绘制第1块板

01 双击"创建梁"按钮 ▆▆，打开"梁的属性"对话框，设置"零件"的"前缀"为P、"构件"的"前缀"为BAN-、"名称"为"板"、"截面型材"为PL300×20、"材质"为Q345B、"等级"为3，依次单击"应用"按钮和"确认"按钮，如图2-139所示。

02 设置好板的尺寸后，在视图内选择板的起点和终点，第1块板的起点在柱的左翼缘内表面上。

• 设置步骤

①单击"创建梁"按钮 ▆，选中柱的左翼缘内表面，然后将鼠标指针右移，指定一个向右的水平方向，接着输入1280，如图2-140所示。按Enter键完成第1块板的创建，效果如图2-141所示。

图 2-139

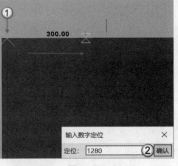
图 2-140

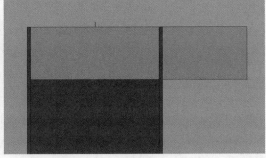
图 2-141

②调整第1块板在柱上的位置。双击绘制的第1块板，打开"梁的属性"对话框，然后切换到"位置"选项卡，设置"在平面上"为"中间"、"旋转"为"前面的"、"在深度"为"后部"，依次单击"修改"按钮和"确认"按钮，如图2-142所示。位置调整完成后，效果如图2-143所示。

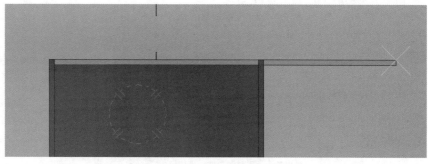

图 2-142　　　　　　　　　　　　　　　　　　图 2-143

绘制第 2 块板

01 绘制好第1块板后，接下来绘制第2块板。双击"创建梁"按钮 ，打开"梁的属性"对话框，设置"截面型材"为PL300×16，依次单击"应用"按钮和"确认"按钮，如图2-144所示。

02 设置好板的尺寸后，在视图内选择板的起点和终点，第2块板的起点在第1块板终点的右下角。

· 设置步骤

①单击"创建梁"按钮 ，选中第1块板终点的右下角，然后将鼠标指针向下移动350mm，如图2-145所示。按Enter键完成第2块板的创建，效果如图2-146所示。

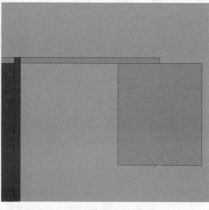

图 2-144　　　　　　　　　　图 2-145　　　　　　　　　　图 2-146

②调整第2块板在柱上的位置。双击绘制的第2块板，打开"梁的属性"对话框，然后切换到"位置"选项卡，设置"在平面上"为"右边"、"旋转"为"顶面"、"在深度"为"中间"，依次单击"修改"按钮和"确认"按钮，如图2-147所示。位置调整完成后，效果如图2-148所示。

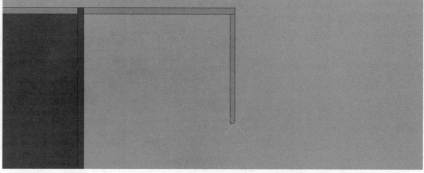

图 2-147　　　　　　　　　　　　　　　　　　图 2-148

绘制第3块板

01 绘制好第2块板后，接下来绘制第3块板。双击"创建梁"按钮▬▬，打开"梁的属性"对话框，设置"截面型材"为PL300×20，依次单击"应用"按钮和"确认"按钮，如图2-149所示。

02 设置好板的尺寸后，在视图内选择板的起点和终点，第3块板的起点在柱的右边翼缘板外侧，需要创建辅助点来找到板的绘制起点。

图 2-149

图 2-150

- **设置步骤**

①使用"沿着2点的延长线增加点"工具✎，然后选中柱的右边翼缘板外侧，接着将鼠标指针向下移动600mm，按Enter键结束，如图2-150所示。

②创建好辅助点后，第3块板的起点为创建的辅助点，单击"创建梁"按钮▬▬，然后选中创建的辅助点，再选中创建的第2块板的右下角，完成板的创建，如图2-151所示。

③调整第3块板在柱上的位置。双击绘制的第3块板，打开"梁的属性"对话框，然后切换到"位置"选项卡，设置"在平面上"为"中间"、"旋转"为"前面的"、"在深度"为"前面的"，依次单击"修改"按钮和"确认"按钮，如图2-152所示。位置调整完成后，效果如图2-153所示。

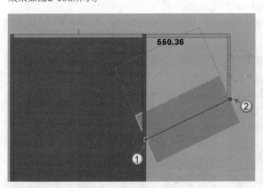
图 2-151

图 2-152

图 2-153

绘制第4块板

01 绘制好第3块板后，接下来绘制第4块板。双击"创建梁"按钮▬▬，打开"梁的属性"对话框，设置"截面型材"为PL142×20，依次单击"应用"按钮和"确认"按钮，如图2-154所示。

02 设置好板的尺寸后，在视图内选择板的起点和终点，第4块板的起点在第3块板的终点的右下角。

- **设置步骤**

①单击"创建梁"按钮▬▬，然后选中第3块板终点的右下角，将鼠标指针左移，找到柱左翼缘板外侧的垂直点，如图2-155所示。选中垂直点完成第4块板的创建，效果如图2-156所示。

图 2-154

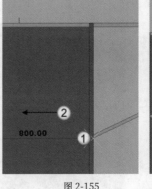
图 2-155

图 2-156

②调整第4块板在柱上的位置。双击绘制的第4块板，打开"梁的属性"对话框，然后切换到"位置"选项卡，设置"在平面上"为"左边"、"旋转"为"前面的"、"在深度"为"前面的"，依次单击"修改"按钮和"确认"按钮，如图2-157所示。位置调整完成后，效果如图2-158所示。

图 2-157

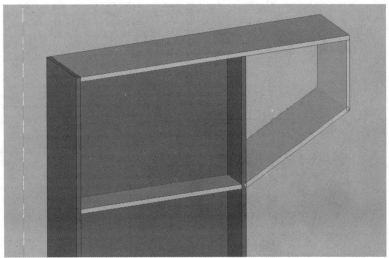

图 2-158

03 绘制好一侧的板后再绘制另一侧板，先按快捷键Ctrl+Tab切换到3D视图，再按快捷键Ctrl+P切换到3D视图的平面视图，方便通过复制来创建第4块板。选中创建的第4块板，单击鼠标右键，在弹出的菜单中选择"选择性复制>镜像（象）"选项，然后选择对称轴（为工字型钢的中线），接着在"复制-镜像（象）"对话框中单击"复制"按钮，如图2-159所示。

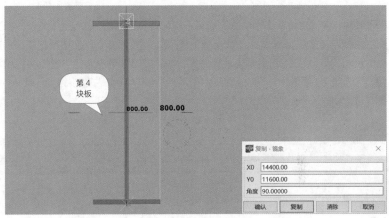

图 2-159

绘制第 5 块板

01 绘制好第4块板后，接下来绘制第5块板。双击"创建梁"按钮 ■，打开"梁的属性"对话框，设置"截面型材"为PL142×20，依次单击"应用"按钮和"确认"按钮，如图2-160所示。

02 设置好板的尺寸并在视图内选择板的起点和终点后，开始绘制牛腿柱本体上的加劲板。加劲板是从上往下画的，所以要找到板的起点位置。第5块板的起点位置距离柱边500mm，所以需要通过辅助线找到板的绘制起点。

• **设置步骤**

①单击"创建梁"按钮 ■，然后按住Ctrl键，同时选中柱左侧的顶端，单击后将鼠标指针向右移动500mm，绘制的起点就会移动到距柱左侧500mm的位置，如图2-161所示。

图 2-160

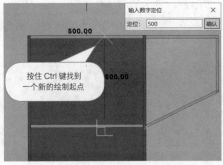

图 2-161

②起点位置绘制完成后，继续完成终点位置的绘制，将鼠标指针移至水平方向上的一个垂直点上，使起点和终点在一条垂线上，确定好方向后输入板的高度为580，然后按Enter键，这样便创建了板，如图2-162所示。

③调整第5块板在柱上的位置。双击绘制的第5块板，打开"梁的属性"对话框，然后切换到"位置"选项卡，设置"在平面上"为"右边"、"旋转"为"顶面"、"在深度"为"前面的"，依次单击"修改"按钮和"确认"按钮，如图2-163所示。位置调整完成后，效果如图2-164所示。

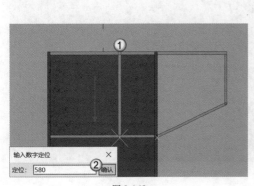

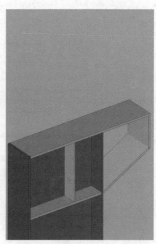

| 图 2-162 | 图 2-163 | 图 2-164 |

03 复制已创建完成的加劲肋来完成另一侧加劲肋的创建。按组合键Ctrl+Tab切换到3D视图，再按组合键Ctrl+P切换到3D视图的平面视图，以便进行接下来的复制。选中创建的第5块板，然后单击鼠标右键，在弹出的菜单中选择"选择性复制>镜像（象）"选项，接着选择对称轴（为工字型钢的中线），再在"复制-镜像（象）"对话框中单击"复制"按钮，如图2-165所示。

> **提示**
>
> 若在实际操作中找不到对称轴，则可绘制辅助线来确定对称轴的位置。

图 2-165

进行调整

01 所有板都创建完成后，对不合理的地方进行细微调整，需按照建模的顺序对重叠的地方进行切割。先用第1块板切割钢柱，单击"使用另一零件切割零件"按钮 ，然后选中被切割的零件（钢柱），再选择切割的零件（第1块板），完成两个零件的切割，效果如图2-166所示。

02 按照相同的方式，完成第1块板与第5块板、第4块板与钢柱、第4块板与第5块板、第3块板与钢柱之间的切割，切割完成后的效果如图2-167所示。

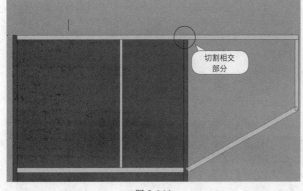

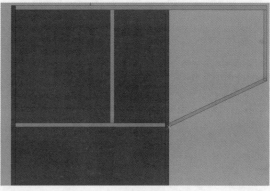

| 图 2-166 | 图 2-167 |

03 完成上述切割后，接下来完成第2块板与第3块板的切割。单击"使用线切割零件"按钮 ，先选中第2块板，以两块板之间的交点为起点，以第2块板的右下角为终点，如图2-168所示，然后单击需要切割的部分，完成第2块板的切割。按照同样的方式继续切割第3块板，选中第3块板，选择相同的切割点，然后单击需要切割的部分，完成第3块板的切割，效果如图2-169所示。

04 重叠的地方都切割完成后，效果如图2-170所示。

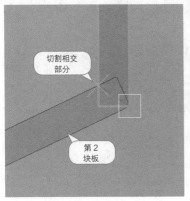

图 2-168

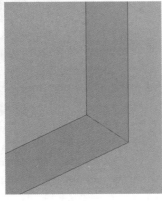

图 2-169

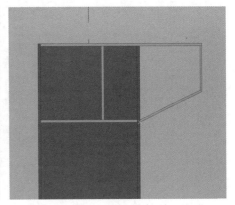

图 2-170

· 创建牛腿处腹板

01 双击"创建多边形板"按钮 ，打开"多边形板属性"对话框，设置"截面型材"为PL16、"材质"为Q345B、"等级"为4，依次单击"应用"按钮和"确认"按钮，如图2-171所示。

02 依次单击要绘制的多边形板的几个顶点（一个顶点单击一次），按鼠标中键完成形状的闭合，如图2-172所示。

图 2-171

图 2-172

03 双击创建好的腹板，打开"多边形板属性"对话框，对板的位置参数进行确认，如图2-173所示。如果板的位置符合图纸要求位置，便不用再设置（可旋转3D模型来查看模型是否符合要求）。图2-174所示即为创建好的简易牛腿柱模型。

图 2-173

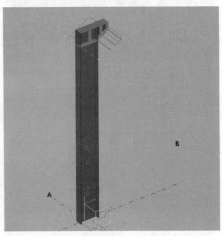

图 2-174

2.6.5 创建柱脚节点

图2-175所示为门钢厂房的柱脚节点图纸，根据图纸创建的柱脚节点如图2-176所示。

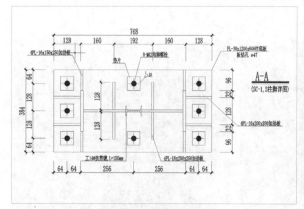

图 2-175

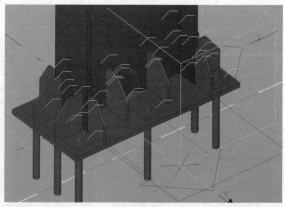

图 2-176

· 定义柱脚属性

01 搜索组件。单击工具栏中的"打开应用和组件目录"按钮 🔧，打开"组件目录"对话框，然后在搜索框中输入1047，单击"查找"按钮进行查找，找到"美国底板（1047）"组件，如图2-177所示。

02 定义属性。双击1047号组件，在打开的对话框中根据要求设置组件属性。

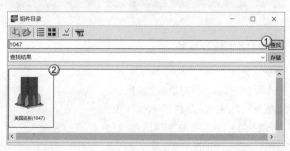

图 2-177

· 设置步骤

①在"图形"选项卡中，设置编号为"1, 2, 4, 5"的加劲板的上部倒角为75、125，下部倒角为20；编号为3, 6, 7, 8的加劲板的上部倒角为100、125，下部倒角为20，如图2-178所示。

②切换到"零件"选项卡，设置板的尺寸为30×600×1200，加劲肋"1, 2, 4, 5"的尺寸为16×150×250，加劲肋"3, 6, 7, 8"的尺寸为16×200×250，如图2-179所示。

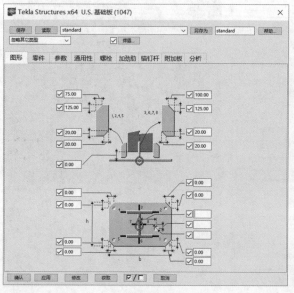

图 2-178

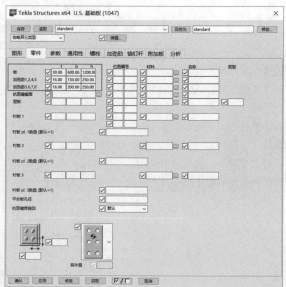

图 2-179

③切换到"加劲肋"选项卡，在"加劲肋位置（1~8）"处输入要出现的加劲肋的编号，便会生成相应编号的加劲板。这里输入1~8的8个编号并用空格隔开，表示生成8块加劲板，然后设置3号加劲板、6号加劲板与梁翼缘板中线的距离为100，8号加劲板、7号加劲板与腹板中线的距离为150，如图2-180所示。

④因为螺栓尺寸较大，所以采用锚钉杆。切换到"锚钉杆"选项卡，将螺栓修改成"锚钉杆"，并设置"锚钉杆型号"为D42、"板垫片"的尺寸为20×120×120，是否创建孔隙选择"是"，接着设置"垫圈孔隙"为2，如图2-181所示。

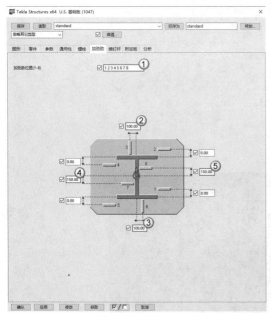

图 2-180

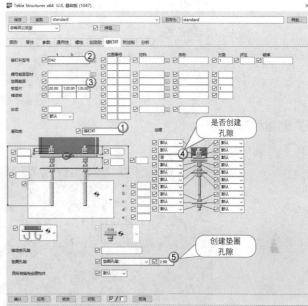

图 2-181

提示

输入的编号是加劲板的编号，想生成哪块就输入对应的编号，由于一次性生成8块会使电脑卡顿，因此建议第1次生成4块，第2次生成剩下的4块。

⑤切换到"螺栓"选项卡，设置"螺栓尺寸"为30、"容许量"为17，设置横向螺栓排数为3排、间距为200，设置竖向螺栓排数为3排、间距为500，螺栓距垫板边缘的距离统一设置为100，如图2-182所示。

⑥切换到"参数"选项卡，设置抗剪键的长度为150，如图2-183所示。

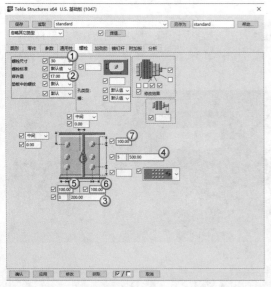

图 2-182

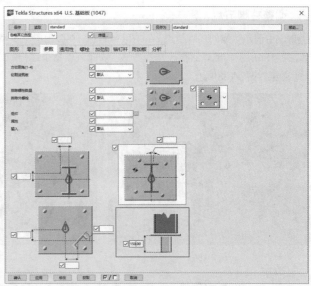

图 2-183

⑦在"零件"选项卡中，设置"抗剪键截面"为H125×60×6×8，依次单击"应用"按钮和"确认"按钮，如图2-184所示。

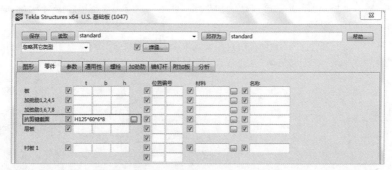

图 2-184

· 创建柱脚节点

回到视图并在柱底单击，生成的柱脚节点如图2-185所示。

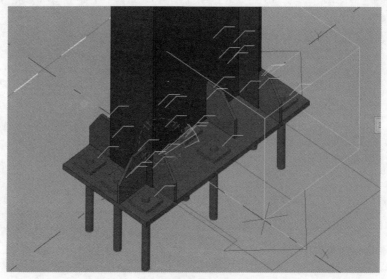

图 2-185

· 调整柱脚节点

01 选中创建完成的柱脚节点，单击鼠标右键，在弹出的菜单中选择"炸开节点"选项，将多余的垫片和锚钉杆删除，如图2-186所示。删除后更改选择方式，选择只以单个螺栓的方式将板中心的孔洞删除，如图2-187所示。零件删除后，效果如图2-188所示。

图 2-186

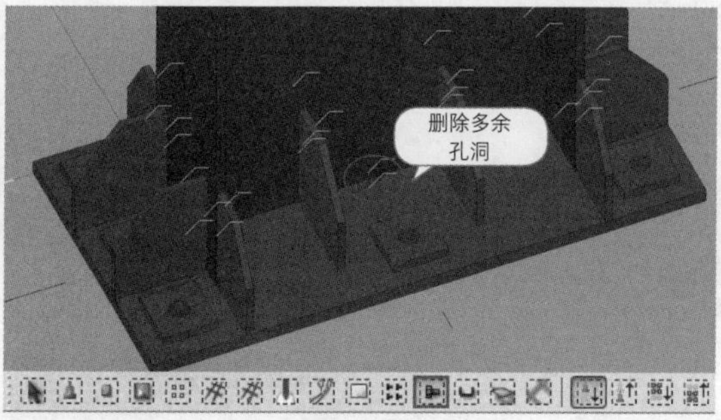

图 2-187

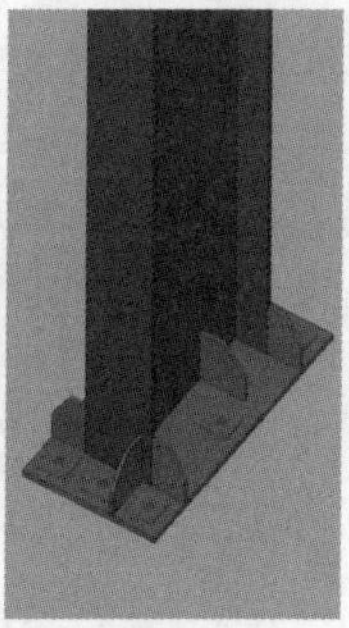

图 2-188

✎ **提示**

之前选择的螺栓是全部选择的，因此需要再执行一次"创建螺栓"命令以选择单个螺栓。

02 按快捷键Ctrl+P切换到平面视图，将需要复制的加劲板镜像复制，分别为1、2、3和4号位置处的加劲肋，如图2-189所示。选择完成后，单击鼠标右键，在弹出的菜单中选择"选择性复制>镜像（象）"选项，然后选择镜像的镜像轴（镜像轴是柱脚底板的中线），完成镜像后的效果如图2-190所示。

03 完成模型的创建后，3D效果如图2-191所示。

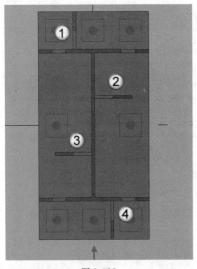
图 2-189

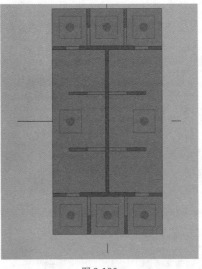
图 2-190

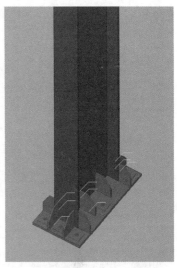
图 2-191

> **提示**
>
> 模型中出现的蓝色折线为焊接符号。

2.6.6　创建变截面梁

图2-192所示为门钢厂房的变截面梁图纸，根据图纸创建的变截面梁如图2-193所示，钢架尺寸详见表2-10。

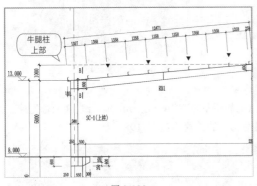

图 2-192

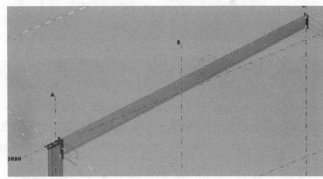
图 2-193

表 2-10　钢架尺寸

构件名称	构件规格	材质	备注
SC-1（下柱）	H800×300×16×20	Q345B	主钢架柱
SC-1（上柱）	H500×250×8×12	Q345B	主钢架柱
SC-2（下柱）	H800×300×16×20	Q345B	主钢架柱
SC-1（上柱）	H500×250×8×12	Q345B	主钢架柱
RB1	BH（400~600）×200×8×12	Q345B	主钢架柱
未注明钢柱钢梁上的加劲板均为 8mm 厚			

· 创建牛腿柱上部柱

01 创建好牛腿柱的柱脚节点后, 单击"打开视图列表"按钮 📑, 打开"立面视图 轴1"视图, 单击"确认"按钮, 如图2-194 所示。

02 进入"立面布置图 轴1"视图, 创建牛腿柱上部柱。双击"创建梁"按钮 ▬, 打开"梁的属性"对话框, 根据要求设置属性。

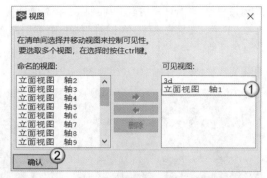

图 2-194

· 设置步骤

①设置"名称"为钢柱、"零件"的"前缀"为H、"构件"的"前缀"为GZ-、"截面型材"为HI500-8-12×250、"材质"为Q235B、"等级"为3, 依次单击"应用"按钮和"确认"按钮, 如图2-195所示。

②切换到"位置"选项卡, 设置"在平面上"为"中间"、"旋转"为"前面的"、"在深度"为"中间", 依次单击"修改"按钮和"确认"按钮, 如图2-196所示。

③选择钢柱的起点 (标高8) 和终点 (标高13) 并分别单击, 完成钢柱的绘制, 效果如图2-197所示。

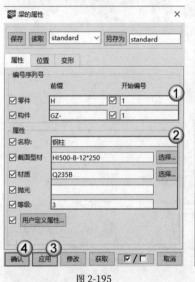

图 2-195

图 2-196

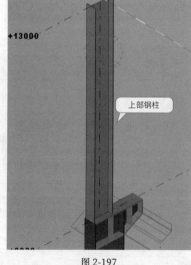

图 2-197

03 根据图纸上的已知尺寸, 单击"增加辅助线"按钮 ✎, 然后在A轴创建左边宽为600mm的辅助线, 在C轴处标高为14mm的地方创建向下400mm的辅助线, 连接两条竖线, 确定变截面梁的位置, 如图2-198所示。

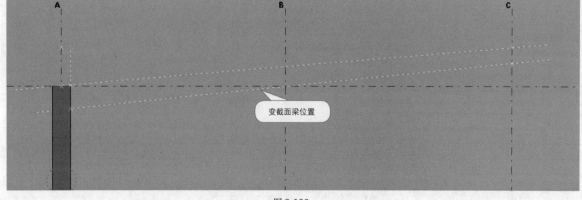

图 2-198

创建 A 轴处连接板

图2-199所示为B-B剖面图纸，确定A轴处连接板的位置及属性参数，完成两块连接板的创建。

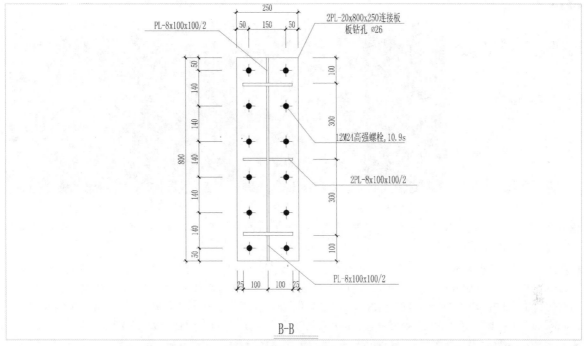

图 2-199

01 双击"创建梁"按钮 ▇，打开"梁的属性"对话框，设置"零件"的"前缀"为PL、"构件"的"前缀"为BAN-、"名称"为"板"、"截面型材"为PL250×20、"材质"为Q235B、"等级"为4，依次单击"应用"按钮和"确认"按钮，如图2-200所示。

02 找到连接板的竖向位置。单击"在任何位置增加点"按钮 ▣，在变截面梁的辅助线与牛腿柱上部柱交点下方100mm处确定连接板的终点，上部柱延长线与变截面梁的辅助线交点上方100mm处为连接板的起点，连接板的起点与终点的连线即为连接板的竖向位置，如图2-201所示。

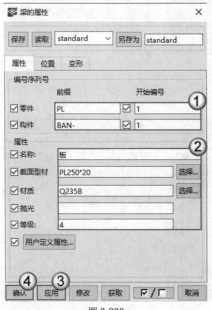

图 2-200

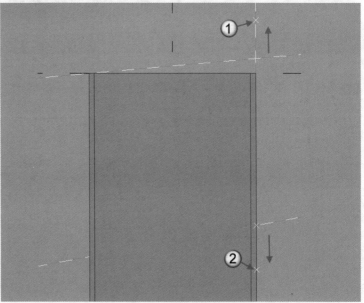

图 2-201

03 确定了连接板的起点和终点后，绘制连接板并双击，打开"梁的属性"对话框，设置"在平面上"为"中间"、"旋转"为"前面的"、"在深度"为中间，如图2-202所示。板的位置调整完成后，效果如图2-203所示。

04 复制之前绘制的连接板来创建另一块连接板，完成第2块连接板的创建，效果如图2-204所示。

图 2-202   图 2-203   图 2-204

05 用连接板切割钢柱。单击"使用另一零件切割零件"按钮，先选择被切割的零件，再选择切割的零件，完成零件的相互切割，如图2-205所示。

06 创建钢柱的上部钢板，使钢柱与上部板相结合。根据已知数据，确定上部板的位置，其位置从上部柱挑出180mm，总长度为660mm，然后使用"创建梁"工具进行创建，如图2-206所示。双击创建的板，在打开的"梁的属性"对话框中，设置"零件"的"前缀"为P、"构件"的"前缀"为BE-、"名称"为BEAM、"截面型材"为PL660×12、"材质"为Q345B、"等级"为3，依次单击"应用"按钮和"确认"按钮，如图2-207所示。

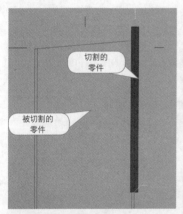

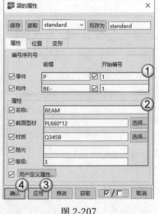

图 2-205   图 2-206   图 2-207

07 使钢柱对齐到钢板处。单击"对齐零件边缘"按钮，先选择要对齐的零件，再以选择零件的边缘为基准，然后通过起点和终点绘制对齐的边缘线，完成零件的对齐，如图2-208所示。

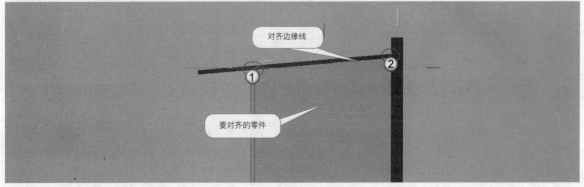

图 2-208

· 创建 C 轴处连接板

根据C-C剖面图纸, 如图2-209所示, 以创建A轴处连接板相同的方式, 完成C轴处的两块连接板的创建。

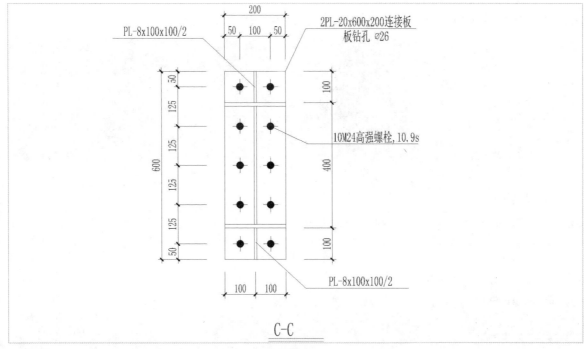

图 2-209

01 双击"创建梁"按钮 ■, 打开"梁的属性"对话框, 设置"零件"的"前缀"为PL、"构件"的"前缀"为BAN-、"名称"为"板"、"截面型材"为PL200×20、"材质"为Q235B、"等级"为4, 依次单击"应用"按钮和"确认"按钮, 如图2-210所示。

02 设置好板的尺寸后, 在视图内选择板的起点和终点, 根据上文创建的两条辅助线与C轴的交点绘制两块板。板的起点在上面的辅助线与C轴的交点上侧100mm处, 所以需要通过辅助线找到板的绘制起点。单击"创建梁"按钮 ■, 然后按住Ctrl键, 同时选中上面的辅助线与C轴的交点, 单击后将鼠标指针向上移动100mm, 继续将鼠标指针向下移动600mm, 如图2-211所示, 按Enter键完成第1块连接板的创建, 如图2-212所示。

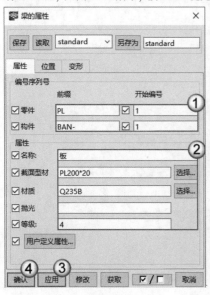

图 2-210

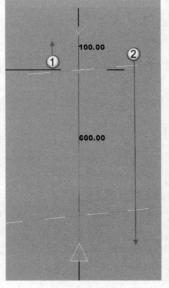

图 2-211

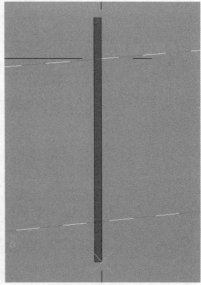

图 2-212

03 双击创建完成的板，打开"梁的属性"对话框，然后切换到"位置"选项卡，设置"在平面上"为"右边"、"旋转"为"顶面"、"在深度"为"中间"，依次单击"修改"按钮和"确认"按钮，如图2-213所示。位置调整完成后，效果如图2-214所示。

04 复制步骤03绘制的连接板来创建另一块连接板，完成第2块连接板的创建，效果如图2-215所示。

图 2-213

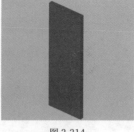

图 2-214

图 2-215

· 创建变截面梁

01 选择用3块板来绘制变截面梁，这种方法更为快速，也更为简单和普遍。单击"创建梁"按钮 ▅ ，打开"梁的属性"对话框，设置"零件"的"前缀"为PL、"构件"的"前缀"为BAN-、"名称"为"板"、"截面型材"为PL200×12（200即为变截面梁的宽度，12为梁翼缘的厚度）、"材质"为Q235B、"等级"为6，依次单击"应用"按钮和"确认"按钮，如图2-216所示。

02 通过辅助线与板面相交的4个顶点来绘制梁的两个翼缘，如图2-217所示。

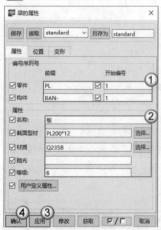

图 2-216

图 2-217

03 双击绘制的翼缘，打开"梁的属性"对话框，设置"在平面上"为"中间"、"旋转"为"前面的"、"在深度"为"后部"，如图2-218所示。位置调整完成后，效果如图2-219所示。

图 2-218

图 2-219

04 绘制梁腹板。双击"创建多边形板"按钮 ，打开"多边形板属性"对话框，设置"零件"的"前缀"为P、"构件"的"前缀"为BAN-、"名称"为"板"、"截面型材"为PL8、"材质"为Q235B、"等级"为6，依次单击"应用"按钮和"确认"按钮，如图2-220所示。

05 依次连接辅助线与板面相交的4个顶点，按鼠标中键完成轮廓的编辑，完成变截面梁的腹板的绘制，效果如图2-221所示。

图 2-220

图 2-221

2.6.7　创建螺栓

图2-222所示为门钢厂房的螺栓图纸，根据图纸（从图纸中可以看到螺栓的型号、螺栓的排数及螺栓在连接板上的位置等信息），创建A轴处与C轴处连接板的螺栓，效果如图2-223所示。

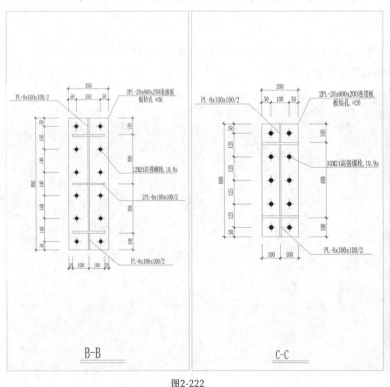

图2-222

图 2-223

⊡ **创建 A 轴上连接板的螺栓**

01 创建牛腿柱和变截面梁两块连接板上的螺栓。双击"创建螺栓"按钮 🔩，打开"螺栓属性"对话框，设置螺栓的属性参数。设置"螺栓尺寸"为24、"切割长度"为100、"螺栓x向间距"为5×140、"螺栓y向间距"为150、"x方向的长孔"为20、"y方向的长孔"为20，Dx的"起始点"为50，依次单击"修改"按钮和"确认"按钮，如图2-224所示。

02 回到视图并依次选择两块连接板，按鼠标中键结束选择，然后选择生成的方向生成螺栓，效果如图2-225所示。

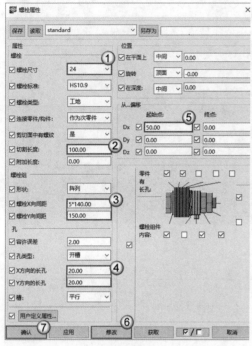

图 2-224

图 2-225

⊡ **创建 C 轴上连接板的螺栓**

01 使用同样的方式，生成C轴上连接板的螺栓（螺栓参数与创建A轴上连接板的螺栓时相同），效果如图2-226所示。

02 所有的节点创建完成后，半榀钢架的最终效果如图2-227所示。

图 2-226

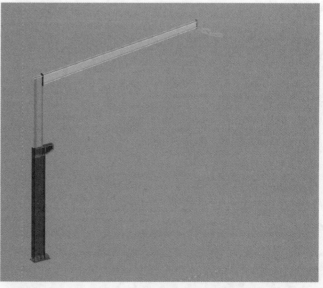

图 2-227

🏠 **课后练习：** 创建简易框架梁柱

素材位置	素材文件>CH02>课后练习：创建简易框架梁柱	
实例位置	实例文件>CH02>课后练习：创建简易框架梁柱	
视频名称	课后练习：创建简易框架梁柱.mp4	
学习目标	掌握简易框架梁柱的创建方法	

扫码观看视频

☑ **任务要求**

根据"素材文件>CH02>课后练习：创建简易框架梁柱>简易框架梁柱.dwg"文件，得到简易框架梁柱的基础资料，如图2-228所示。根据图纸，本例创建的简易框架梁柱模型如图2-229所示。

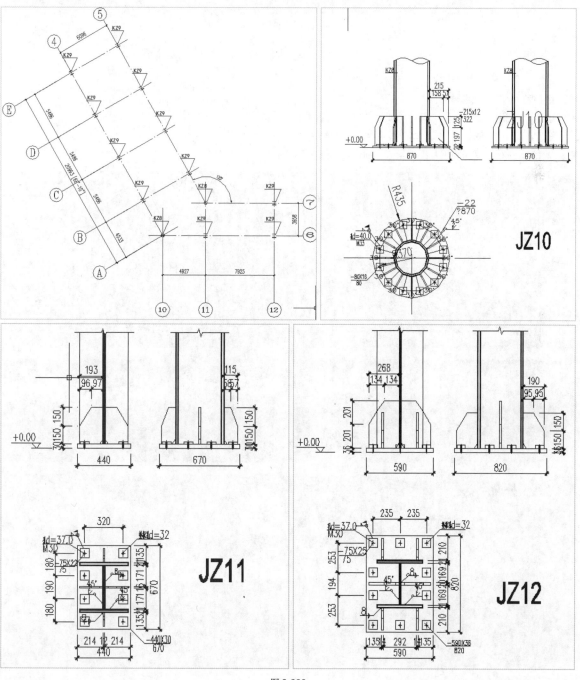

图 2-228

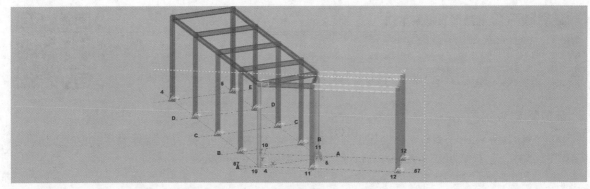

图 2-229

· 创建思路

这是一个简易框架梁柱模型，创建思路如图2-230所示。

第1步：根据图纸创建轴网。

第2步：使用"创建柱"工具 ，根据轴网位置放置钢柱。

第3步：使用"创建梁"工具 ，继续在柱上放置钢梁。

第4步：执行"打开应用和组件目录"命令 创建柱脚节点。

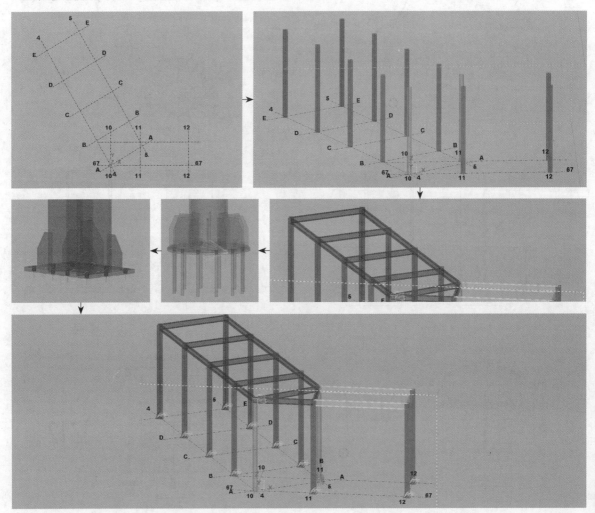

图 2-230

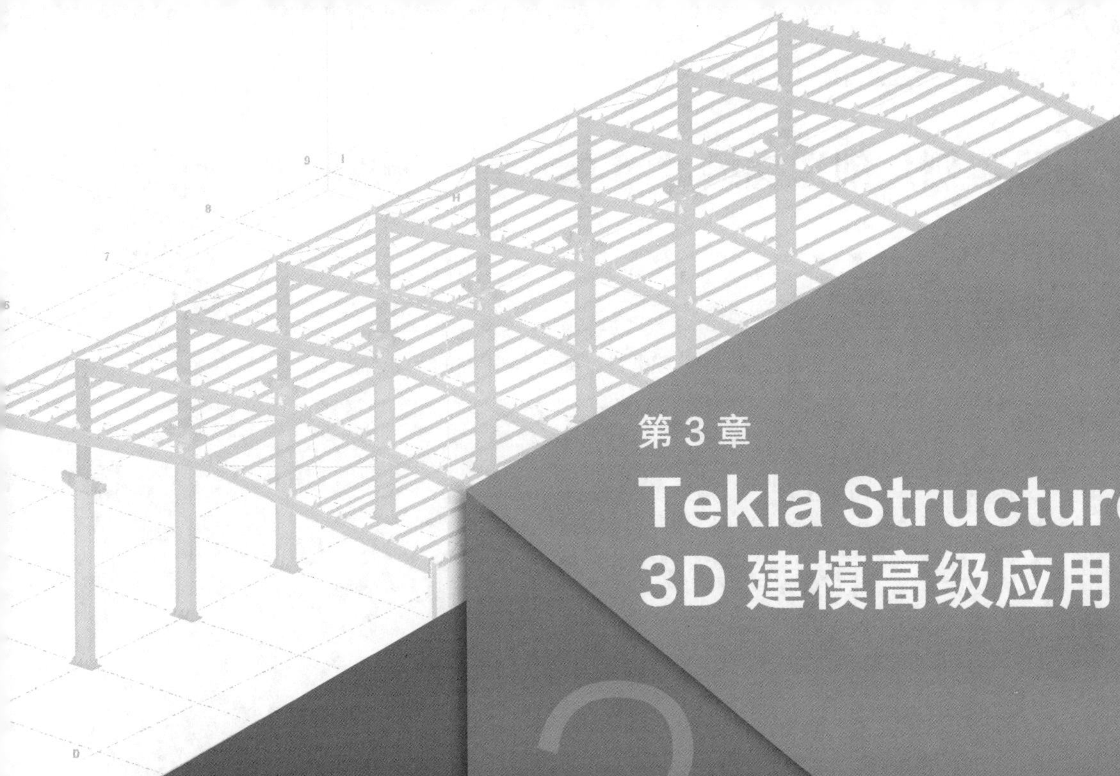

第3章 Tekla Structures 3D建模高级应用

3

本章概述

本章内容讲解Tekla Structures 3D建模方法的高级运用。读者在建模过程中运用基本的操作功能和辅助功能完成较为复杂的建模操作，从而对钢结构建筑的架构有一个清晰的认识。

本章要点

- 认识门钢厂房的基本架构
- 钢结构常用构件的使用
- 模型细部的处理与表达

3.1 引导实例：创建梯梁

扫码观看视频

素材位置	无
实例位置	实例文件>CH03>引导实例：创建梯梁
视频名称	引导实例：创建梯梁.mp4
学习目标	熟练掌握模型细部的细化方法

本例对第2章的"引导实例：创建旋转楼梯"中的模型进行细化，创建的梯梁如图3-1所示。

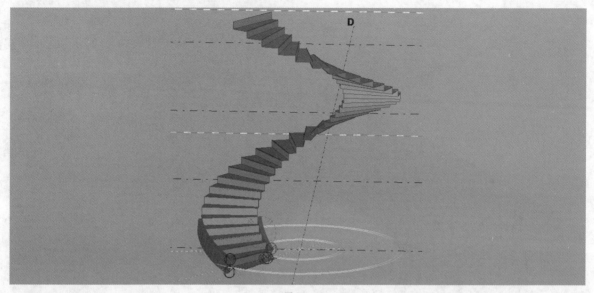

图 3-1

3.1.1 思路分析

通过对梯梁的结构进行分析，可知梯梁是由一个一个的箱型梁组成的，为了更加美观，也为了更方便操作人员在现场的操作，后续还需要使用曲面板来替换箱型梁。

3.1.2 创建梯梁

01 打开"实例文件>CH02>引导实例：创建旋转楼梯"文件，然后单击"打开应用和组件目录"按钮📖，打开"组件目录"对话框，接着在搜索框中输入19，单击"查找"按钮，选择19号组件中的"三角形生成器"，如图3-2所示。回到工作区域并依次选择不少于10个踏板的端点，如图3-3所示。

图 3-2

图 3-3

> ✏️ **提示**
>
> 需选择大于等于10个点才可以生成19号组件。

02 回到"组件目录"对话框中，双击"三角形生成器"，打开"三角形生成器"对话框，然后切换到"参数"选项卡，设置"创建板截面"为"板和截面"，使梯梁与地面垂直，如图3-4所示。切换到"板"选项卡，将"板"的厚度设置为0，如图3-5所示。

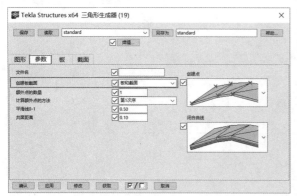

图 3-4

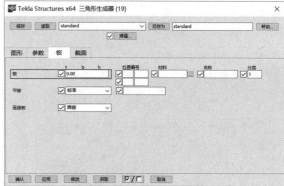

图 3-5

03 双击创建的组件，打开"三角形生成器"对话框，然后单击"截面"后的"加载"按钮，设置"截面类型"为RHS、"截面尺寸"为400×100×16，确认后回到上一级对话框，接着设置"平面中位置"为"右"、"旋转"为"顶端"、"深度位置"为"后"，单击"修改"按钮，位置关系设置完成，最后单击"确认"按钮，如图3-6所示。这时梯梁就创建完成了，效果如图3-7所示。

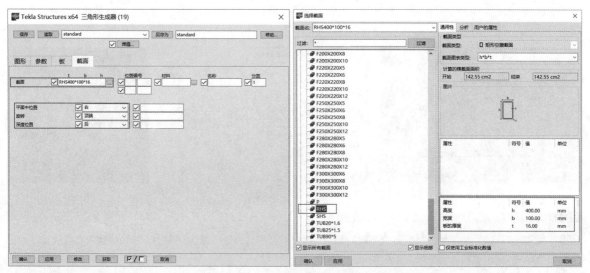

图 3-6

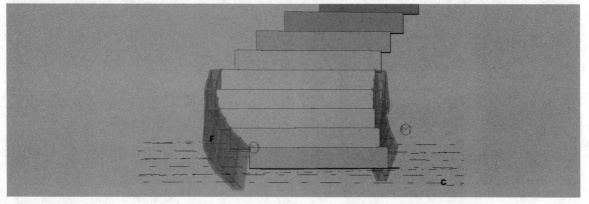

图 3-7

3.1.3 用曲面板替换箱型梁

01 双击创建的组件，在打开的"三角形生成器"对话框中，将每段小区段替换为一个完整的曲面。切换到"参数"选项卡，设置"创建板截面"为"板"，然后切换到"板"选项卡，设置"板"的厚度为16，依次单击"应用"按钮和"确认"按钮，如图3-8所示。

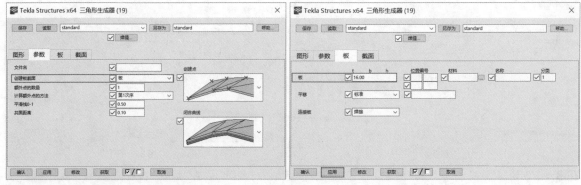

图 3-8

02 替换板的参数设置好后直接就可以使用，单击工具栏中的"打开应用和组件目录"按钮 ，选择19号组件中的"三角形生成器"，然后回到视图中依次选择箱型截面的各个小段的顶点，按鼠标中键结束选择，如图3-9所示。在"三角形生成器"对话框中，切换到"板"选项卡，设置"平移"为"后"，如图3-10所示。这时上板就替换成功了，效果如图3-11所示。

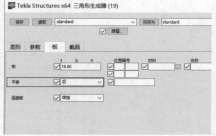
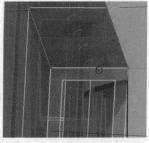

图 3-9　　　　　　　　　　图 3-10　　　　　　　　　　图 3-11

03 按照同样的方法，依次选择板的各个小段的顶点，对左边的下板和右边的下板进行替换，如图3-12所示。

04 按照同样的方法，依次选择板的各个小段的顶点，再对左板和右板进行替换，然后按Delete键将之前创建好的箱型截面删除，只留下板截面的梯梁，效果如图3-13所示。

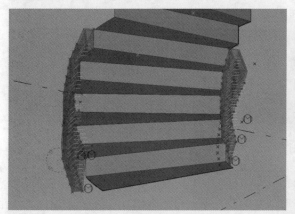

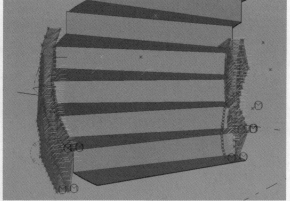

图 3-12　　　　　　　　　　　　　　　　図 3-13

3.1.4 调整梯梁曲面

01 将创建好的曲面全部选中并双击，打开"三角形生成器"对话框，然后切换到"参数"选项卡，设置"额外点的数量"为2、"计算额外点的方法"为"第3次序"，依次单击"修改"按钮和"确认"按钮，如图3-14所示。

02 在工作区域的空白处单击鼠标右键，在弹出的菜单中选择"重画视图"选项，即可完成梯梁的创建，如图3-15所示。

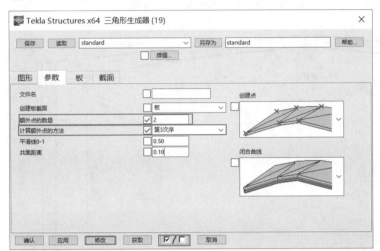

图 3-14

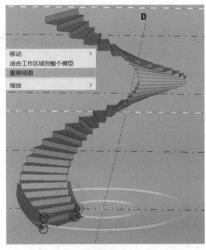

图 3-15

✏️ **提示**

对"额外点的数量"和"计算额外点的方法"进行设置的目的是使曲面板的拼接更圆润、更密集。

3.2 分析门式钢架结构

为了更好地认识零、构件之间的关系和建模的基本流程，接下来以门式钢架为例，了解基本构件的建模思路，如图3-16所示，其一般建模流程如图3-17所示。

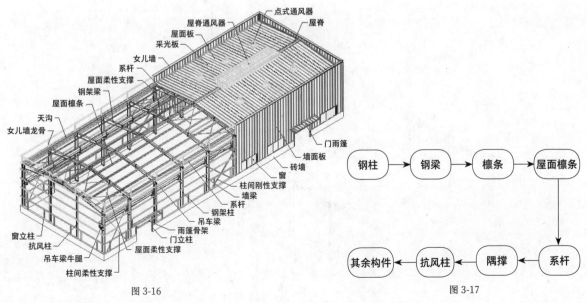

图 3-16

图 3-17

3.2.1 一榀钢架

门式钢架结构以柱、梁组成的横向钢架为主受力结构，钢架为平面受力体系，为保证其在纵向稳定，应设置柱间支撑和屋面支撑。在轻钢结构单层厂房中，房屋的结构体系是由许多一排一排的钢架组成的，钢架之间用支撑、系杆和檩条等构件支撑着，使其形成稳定的空间结构。平面状的一排一排的钢架是由立柱和横梁按平面结构形式组成的，并且沿轴线（1、2、3……）建立，那一排排的"架子"就叫一榀钢架，如图3-18所示。

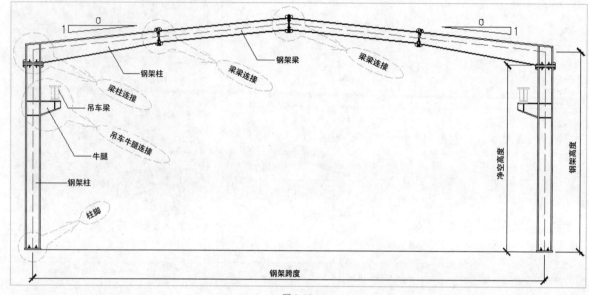

图 3-18

3.2.2 吊车梁

用于专门装载厂房内部吊车的梁就叫作吊车梁，是专门承载行吊轨道的承重梁，两个柱子之间为一节，若干节对接之后形成一道通梁，上面铺装行吊的运行轨道，通常安装在厂房上部，如图3-19所示。

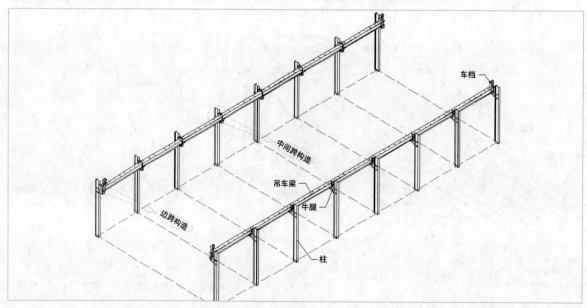

图 3-19

先阐述边跨和中跨的构造。吊车梁边跨拥有车档、安装螺栓、轨道连接孔、吊车梁、过渡板、连接板、垫板、牛腿、承压板、柱和摩擦型高强度螺栓等结构,如图3-20(左)所示;吊车梁中跨拥有调节板、轨道连接孔、安装螺栓、吊车梁、过渡板、连接板、垫板、梁端垫版、牛腿、承压板、柱和摩擦型高强度螺栓等结构,如图3-20(右)所示。

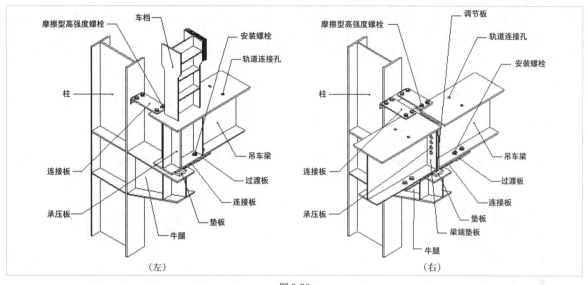

图 3-20

3.2.3 钢架柱和梁的连接

钢架柱和梁均采用截面H型钢制作,将各种荷载通过柱和梁传给基座。这保证了平面内外的刚度和稳定性,提高了梁柱连接质量水平,可以更好地实现塑性铰外移,达到"强柱弱梁"的设计目的。同时,还可以提高焊接水平,保证梁柱连接节点的质量。有关地震的调查证明,强震时梁柱连接破坏处多为梁下翼缘与柱的工地拼接连接处,特别是在目前工地焊接操作整体质量难以保证的情况下,人为调整连接方式并更改工地连接为工厂连接是有实际意义的。图3-21所示为吊车梁牛腿节点和抗风柱连接节点。

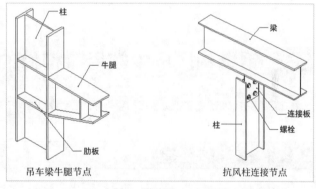

图 3-21

3.2.4 屋面檩条

屋面檩条、墙梁一般为C型钢、Z型钢。屋面檩条需承受屋面板和墙面板传递来的力,并将该力传递给柱和梁。檩条亦称檩子、桁条,是垂直于屋架或椽子的水平屋顶梁,用以支撑椽子或屋面材料。檩条是横向受弯(通常是双向弯曲)构件,通常被设计成单跨简支檩条,如图3-22所示。目前常用的平面桁架式檩条可分为两类,一类由角钢和圆钢制成,另一类由冷弯薄壁型钢制成。

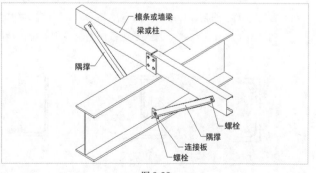

图 3-22

3.2.5 支撑细部的连接

柱间支撑采用热轧型钢制作，一般为角钢，柔性支撑则为圆钢。系杆为受压圆钢管，与支撑组成受力封闭体系保证了建筑结构整体稳定，提高了侧向刚度和传递纵向水平力，因此在相邻两柱之间会设置连系杆件。图3-23所示为柱间支撑细部大样连接节点图。

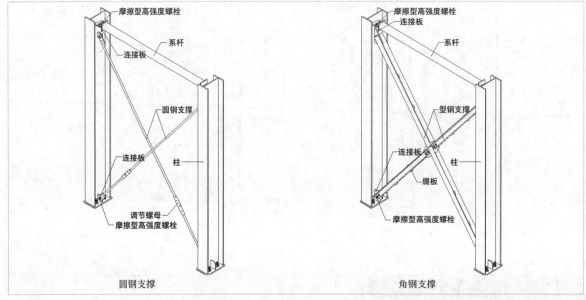

图 3-23

3.3 钢结构厂房中常用零构件的创建（下）

在第2章中已经介绍了部分常用的零构件，在完整的结构厂房中还需要一些零构件来进行细化。

3.3.1 檩条的创建

檩条是门钢厂房中的重要构件，创建方式也十分简单，一般通过梁命令进行绘制。

⊡ **檩条的大致分类**

檩条亦称檩子、桁条，是垂直于屋架或椽子的水平屋顶梁，用以支撑椽子或屋面材料。檩条是横向受弯（通常是双向弯曲）构件，通常设计成单跨简支檩条。常用的檩条有实腹式和轻钢桁架式两种。

在Tekla Structures中，檩条是用截面型材库中的相应截面创建的，图3-24所示为檩条的5种截面样式。

图 3-24

生成方式

在檩条的构建中，通常结合图纸选择符合要求的截面类型，常用的是Z形截面檩条和C形截面檩条。下面以尺寸为200×100×5的C字钢为例介绍檩条的生成方式。

第1步： 定义属性。双击"创建梁"按钮 ，打开"梁的属性"对话框，单击"截面型材"后的"选择"按钮，在打开的"选择截面"对话框中，选择"C截面"类型，然后设置檩条的截面尺寸为200×100×5，依次单击"应用"按钮和"确认"按钮，如图3-25所示。

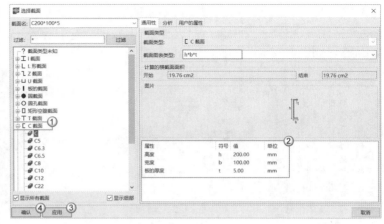

图 3-25

第2步： 单击"用两点创建视图"按钮 ，然后沿着需要创建檩条的梁的方向创建一个平行于檩条的视图，效果如图3-26所示，再按快捷键Ctrl+P切换到该方向的平面视图，如图3-27所示。

第3步： 单击"创建梁"按钮 ，待捕捉到梁中心线后，在两根梁之间创建长度为7000mm、间隔长度为500mm的檩条，所有的檩条创建完成后的效果如图3-28所示。

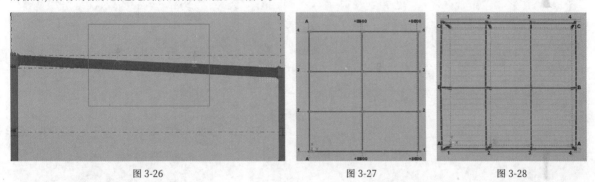

图 3-26   图 3-27   图 3-28

功能实战： 创建 Z 形檩条

素材位置	素材文件>CH03>功能实战：创建Z形檩条
实例位置	实例文件>CH03>功能实战：创建Z形檩条
视频名称	功能实战：创建Z形檩条.mp4
学习目标	掌握Z形檩条的创建方法

扫码观看视频

根据要创建的Z形檩条的基本模型，本例创建的檩条如图3-29所示。

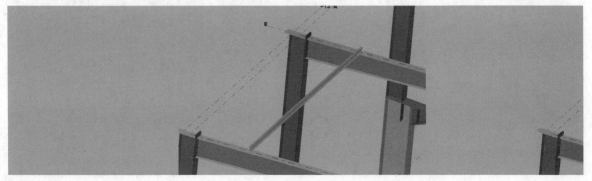

图 3-29

· 创建视图

01 打开"素材文件>CH03>功能实战：创建Z形檩条"文件，得到基本模型，如图3-30所示。

02 单击"打开视图列表"按钮，将"立面视图 轴1"设置为可见视图，最后单击"确认"按钮，如图3-31所示，切换后的视图如图3-32所示。

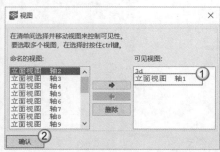

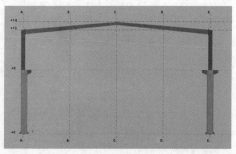

图 3-30   图 3-31   图 3-32

03 单击"用两点创建视图"按钮，沿着所给模型的变截面梁创建视图，如图3-33所示。

04 这时变截面梁的3D视图就创建完成了，如图3-34所示，然后按快捷键Ctrl+P切换到平面视图，如图3-35所示。

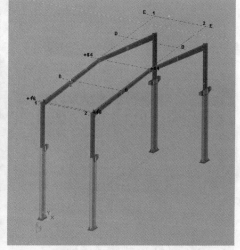

图 3-33   图 3-34

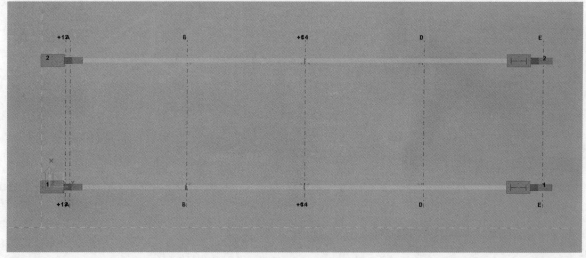

图 3-35

· 生成檩条

01 双击工具栏中的"创建梁"按钮 ⚊，打开"梁的属性"对话框，然后单击"选择"按钮，在打开的"选择截面"对话框中，选择截面型材为 Z 截面，设置檩条的尺寸为 100×100×5，依次单击"应用"按钮和"确认"按钮，如图 3-36 所示。

02 在两根梁之间进行檩条的绘制，选择任意一点作为起点，待捕捉到梁的中心线后进行绘制，绘制的长度为 6350mm，如图 3-37 所示。

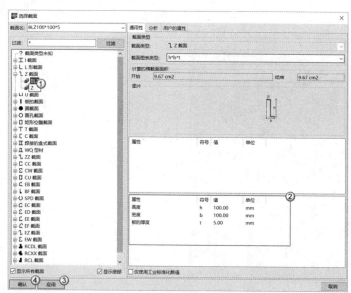

图 3-36

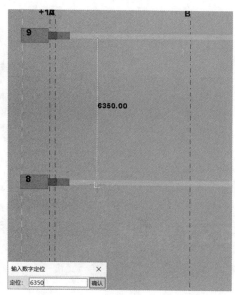

图 3-37

03 双击创建好的檩条，打开"梁的属性"对话框，设置"在平面上"为"中间"、"旋转"为"顶面"、"在深度"为"前面的"，依次单击"修改"按钮和"确认"按钮，如图 3-38 所示。

04 Z 形檩条就创建完成了，最终效果如图 3-39 所示。

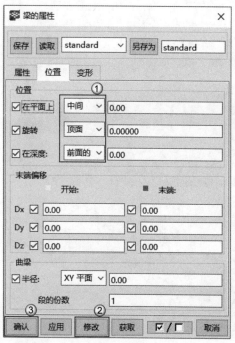

图 3-38

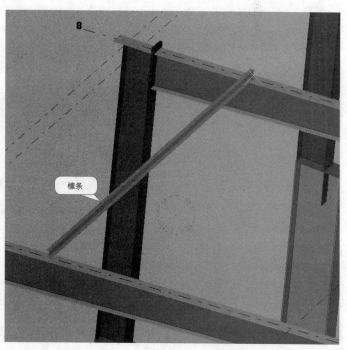

图 3-39

📝 拓展习题：创建 L 形檩条

扫码观看视频

素材位置	无
实例位置	实例文件>CH03>拓展习题：创建L形檩条
视频名称	拓展习题：创建L形檩条.mp4
学习目标	掌握L形檩条的创建方法

⊡ 任务要求

根据梁和檩条的基础数据，本例创建的檩条如图3-40所示，梁和檩条的基础数据详见表3-1。

表 3-1 梁和檩条的基础数据

名称	内容	值
梁	截面型材	HN450×300×9×14
檩条	截面型材	L90×10
	在平面上	左边
	旋转	前面的
	在深度	前面的

图 3-40

⊡ 创建思路

这是梁上的L形檩条的创建，创建思路如图3-41所示。

第1步： 使用"创建梁"工具 ➖ 创建两根长度均为7200mm的梁，两根梁之间的中心间距为6000mm。

第2步： 在立面视图中，使用"用两点创建视图"工具 ⊡ 找到梁顶面所在的平面，并将其定位为工作平面。

第3步： 在工作平面中使用"创建梁"工具 ➖，并以两根梁各自的中线一端的定点作为起点和终点绘制檩条。

第4步： 向右继续复制间距为720mm的檩条，复制9根即可。

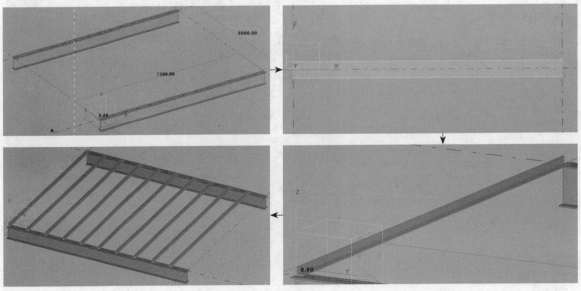

图 3-41

3.3.2 隔撑的创建

隔撑是指梁与檩条之间、柱与檩条之间的支撑杆，在墙面上的叫墙隔撑，在屋面上的叫屋面隔撑。厂房模型中创建的是屋面隔撑，是梁与檩条之间的支撑，如图3-42所示。

在Tekla Structures中，隔撑的创建方法和螺栓相同，都是设置属性参数生成模型，而不是绘制生成。

图 3-42

☐ 生成方法

创建隔撑需要用到"冷弯卷边搭接"组件，下面以夹板截面为PL8×200、拉条截面为L50×4的例子介绍隔撑的生成方式。

第1步：搜索组件。单击工具栏中的"打开应用和组件目录"按钮，打开"组件目录"对话框，然后在搜索框中输入1，单击"查找"按钮进行查找，找到"冷弯卷边搭接"组件，如图3-43所示。

第2步：定义属性。双击"冷弯卷边搭接"组件，在打开的对话框中，根据要求设置组件属性。

图 3-43

• 设置步骤

①切换到"夹板"选项卡，设置"夹板截面"为PL8×200，如图3-44所示。

②切换到"Stays"选项卡，设置"拉条截面"为L50×4，其他参数设置如图3-45所示，依次单击"应用"按钮和"确认"按钮。

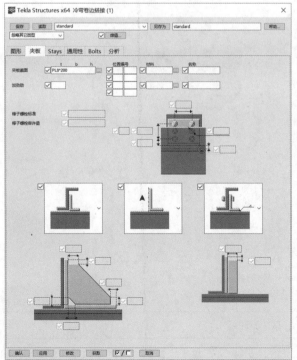

图 3-44

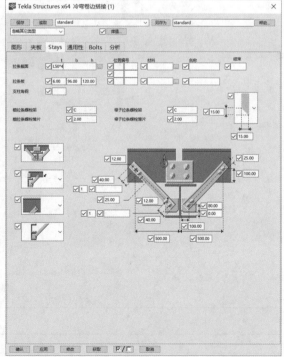

图 3-45

第3步：生成隔撑。设置完成后，在工作区域依次单击梁和檩条，如图3-46所示。按鼠标中键结束选择，生成隔撑后的效果如图3-47所示。

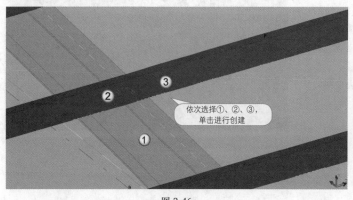

依次选择①、②、③，单击进行创建

图 3-46

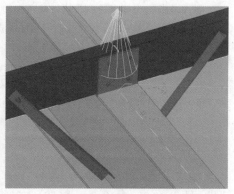

图 3-47

· **隔撑的属性**

在生成隔撑之前，需要对用到的"冷弯卷边搭接"组件的属性进行定义，以便创建出与图纸参数相符合的组件，下面介绍隔撑属性设置对话框中的选项。

在"图形"选项卡中，隔撑的属性选项如图3-48所示。常用属性选项设置内容详见表3-2。

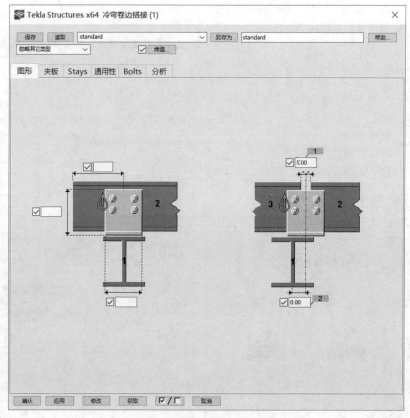

图 3-48

表 3-2　隔撑"图形"选项卡

序号	属性选项内容
1	两根檩条的间距的一半
2	两根檩条中心线到梁中心线的距离

切换到"Stays"选项卡，隔撑的属性选项如图3-49所示。常用属性选项设置内容详见表3-3。

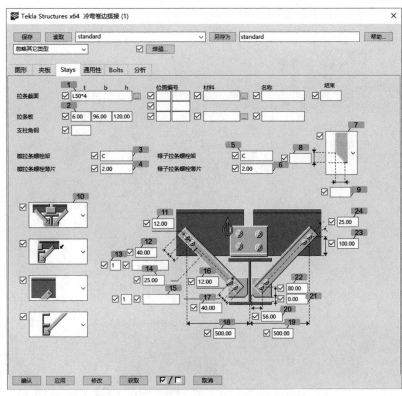

图 3-49

表 3-3 隔撑"Stays"选项卡

序号	属性选项内容
1	隔撑拉条的规格及尺寸设置
2	隔撑板的尺寸设置
3	连接隔撑与檩条的螺栓的规格设置
4	连接隔撑与檩条的螺栓的尺寸设置
5	连接隔撑板与隔撑的螺栓的规格设置
6	连接隔撑板与隔撑的螺栓的尺寸设置
7	隔撑板的倒角设置
8	隔撑板 x 轴方向上的倒角
9	隔撑板 y 轴方向上的倒角
10	隔撑类型设置
11	连接隔撑与檩条的螺栓的尺寸
12	连接隔撑与檩条的第 1 个螺栓到隔撑左边缘的距离
13	连接隔撑与檩条的螺栓的排数和间距
14	连接隔撑与檩条的螺栓到隔撑下边缘的距离
15	连接隔撑与隔撑板的螺栓到隔撑上边缘的距离
16	连接隔撑与隔撑板的螺栓的排数和间距
17	连接隔撑与隔撑板的螺栓到隔撑右边缘的距离
18	左端螺栓到梁中心的距离
19	右端螺栓到梁中心的距离
20	连接隔撑与隔撑板的下端螺栓到隔撑板左边缘的距离
21	连接隔撑与隔撑板的下端螺栓到梁下端的距离
22	连接隔撑与隔撑板的下端螺栓到隔撑板下边缘的距离
23	连接隔撑与檩条的上端螺栓到檩条下边缘的距离
24	连接隔撑与檩条的上端螺栓到檩条右边缘的距离

切换到"Bolts"选项卡，隔撑的属性选项如图3-50所示。常用属性选项设置内容详见表3-4。

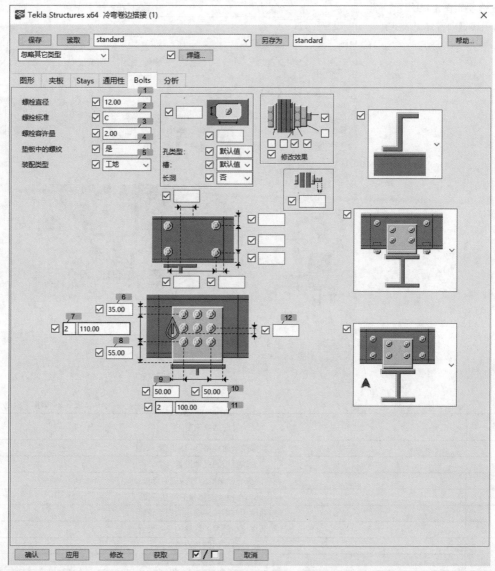

图 3-50

表 3-4　隔撑"Bolts"选项卡

序号	属性选项内容
1	螺栓的直径设置
2	螺栓的标准设置
3	螺栓的允许误差
4	垫片是否添加螺纹
5	装配类型设置
6	第1排螺栓到托板上边缘的距离
7	螺栓排数及间距
8	最后一排螺栓到托板下边缘的距离
9	第1列螺栓到托板左边缘的距离
10	最后一列螺栓到托板右边缘的距离
11	螺栓列数及间距
12	螺栓中心到托板中心的距离

功能实战：创建隔撑

素材位置	素材文件>CH03>功能实战：创建隔撑
实例位置	实例文件>CH03>功能实战：创建隔撑
视频名称	功能实战：创建隔撑.mp4
学习目标	掌握隔撑的创建方法

本例创建的隔撑如图3-51所示。

图 3-51

创建视图

01 打开"素材文件>CH03>功能实战：创建隔撑>隔撑"文件，得到需要创建隔撑的模型，如图3-52所示。

02 单击工具栏中的"打开视图列表"按钮■，打开3D视图，效果如图3-53所示。

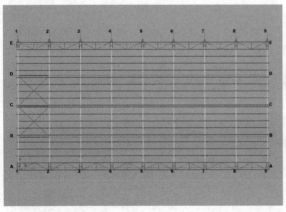

图 3-52

图 3-53

创建隔撑

01 单击工具栏中的"打开应用和组件目录"按钮，打开"组件目录"对话框，然后在搜索框中输入1，单击"查找"按钮，找到"冷弯卷边搭接"组件，如图3-54所示。

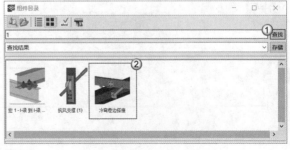

图 3-54

02 双击"冷弯卷边搭接"组件，在打开的对话框中，根据要求设置组件属性。

• 设置步骤

①在"图形"选项卡中，设置檩条到梁的中心线的距离为330、两根檩条的中心距为5，如图3-55所示。

②切换到"夹板"选项卡，设置"夹板截面"为PL8×200，如图3-56所示。

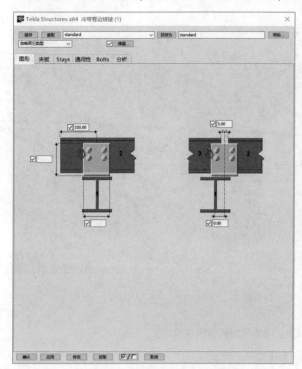

图 3-55

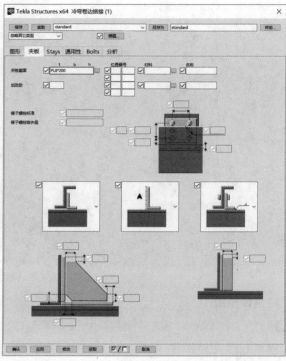

图 3-56

③切换到"Stays"选项卡，具体参数设置如图3-57所示。

④切换到"Bolts"选项卡，设置"螺栓直径"为12、"螺栓标准"为C、"螺栓容许量"为2、第1排螺栓到托板上边缘的距离为35、螺栓排数为2且螺栓间距为110、最后一排螺栓到托板下边缘的距离为55、第1列螺栓到托板左边缘的距离为50、最后一列螺栓到托板右边缘的距离为50、螺栓列数为2且螺栓间距为100，依次单击"应用"按钮和"确认"按钮，如图3-58所示。

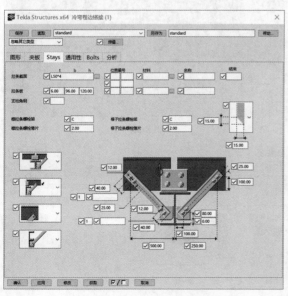

图 3-57

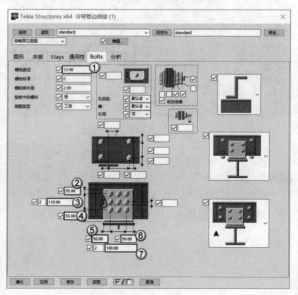

图 3-58

03 在3D视图中，选择最右边的梁和檩条进行隔撑的创建。先选择梁的腹板为主零件，再选择檩条为次零件，最后按鼠标中键结束选择，如图3-59所示。完成隔撑的创建后，效果如图3-60所示。

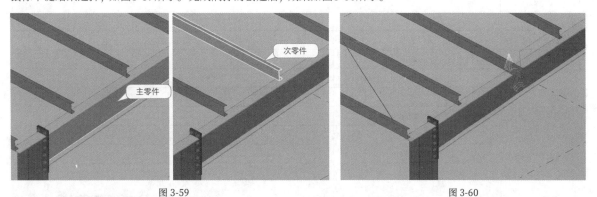

图 3-59　　　　　　　　　　　　　　　　图 3-60

04 按照同样的方式，依次在檩条和变截面梁的相交处创建剩余的隔撑，创建完成后的效果如图3-61所示。

图 3-61

📝 拓展习题：创建梁中隔撑

素材位置	素材文件>CH03>拓展习题：创建梁中隔撑
实例位置	实例文件>CH03>拓展习题：创建梁中隔撑
视频名称	拓展习题：创建梁中隔撑.mp4
学习目标	掌握梁中隔撑的创建方法

⊡ 任务要求

　　根据梁和板的基础数据，本例创建的隔撑如图3-62所示，梁和板的基础数据详见表3-5。

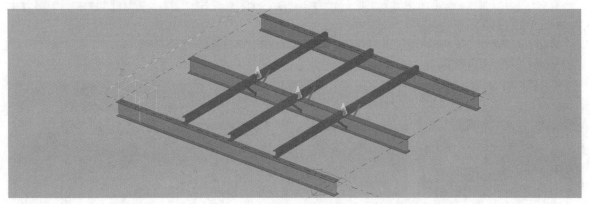

图 3-62

表 3-5　梁和板的基础数据

名称	内容	值
图形	两根檩条间的距离	5
夹板	夹板截面	PL8×200
Stays	拉条截面	L50×4
	拉条板	6 ×96 ×120
	檩拉条螺栓架	C
	檩拉条螺栓薄片	2
	椽子拉条螺栓架	C
	椽子拉条螺栓薄片	2
	拉条相对于檩条的位置	
Bolts	螺栓直径	12
	螺栓标准	C
	螺栓容许量	2
	螺栓相对于檩条的位置	

⊡　创建思路

在梁中创建隔撑的思路如图3-63所示。

第1步：打开"素材文件>CH03>拓展习题：创建梁中隔撑"文件，然后通过"打开应用和组件目录"工具 🔒 打开"冷弯卷边搭接"组件。

第2步：设置隔撑的基本参数，然后依次选择主零件、次零件来创建隔撑。

第3步：创建所有的隔撑。

图 3-63

3.4 综合实例：创建完整的门钢厂房

素材位置	无
实例位置	实例文件>CH03>综合实例：创建完整的门钢厂房
视频位置	教学视频>CH03
学习目标	掌握门钢厂房的创建方法

本例对第2章的"综合实例：创建半榀钢架"中的模型继续进行创建，创建的门钢厂房模型如图3-64所示。

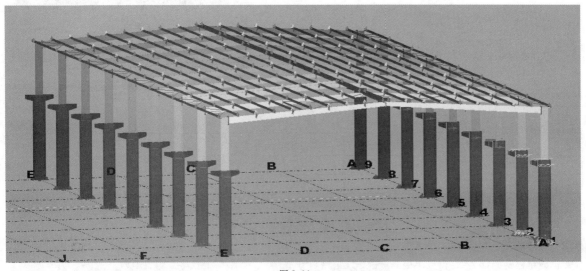

图 3-64

3.4.1 思路分析

门钢厂房是钢结构建模中较经典的模型案例，在第2章中创建了半榀钢架，可通过对半榀钢架镜像复制创建完整的门钢厂房框架，并对檩条、拉条和系杆等构件进行细化。本例门钢厂房的建模思路如图3-65所示，其分部模型如图3-66所示。

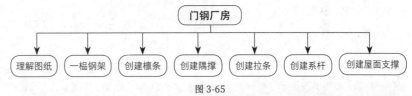

图 3-65

提示

本例创建前需要仔细阅读图纸并查看需要创建的构件种类及尺寸参数，然后依次绘制隅撑、拉条、系杆和屋面支撑，其中还包括各节点及螺栓。

由于门钢厂房的体量较大、图纸较多，因此将分步进行门钢厂房的构件绘制，再将各构件进行整合。

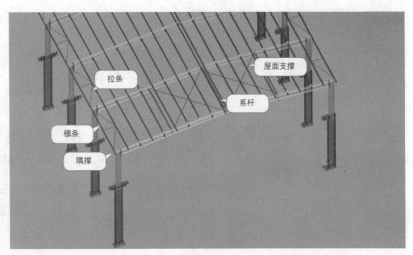

图 3-66

3.4.2 创建门钢厂房的檩条

扫码观看视频

与本节对应的视频名称为"综合实例：创建完整的门钢厂房（檩条、隅撑）.mp4"。

图3-67所示为门钢厂房的檩条图纸，根据图纸创建的檩条如图3-68所示，檩条基础数据详见表3-6。

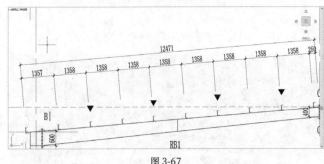

图 3-67

图 3-68

表 3-6　檩条基础数据

名称	截面形状	截面尺寸（mm）	材质	备注
屋面檩条	—	—	—	—
WLT-1，3	⊏	C200×70×20×2.5	Q235B	未注明均同

⊡ 创建厂房框架

01 打开"实例文件>CH02>综合实例：创建半榀钢架"文件，得到半榀钢架的模型，如图3-69所示。

02 将半榀钢架镜像复制，形成厂房的框架。单击"视图列表"按钮 ⊟，将"立面视图 轴1"设置为可见视图，单击"确认"按钮，如图3-70所示。

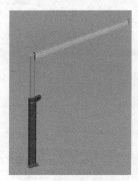

图 3-69

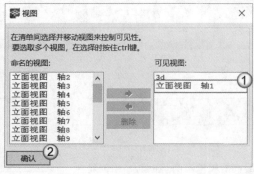

图 3-70

03 单击"将工作平面设置为平行于视图平面"按钮 ⊠，然后单击视图平面，将"立面视图 轴1"设置为工作界面并框选整个模型，如图3-71所示，再取消选择C轴处的连接板及螺栓，如图3-72所示。

04 选中需要复制的模型后，单击鼠标右键，在弹出的菜单中选择"选择性复制>镜像（象）"选项，打开"复制-镜像（象）"对话框，然后将从连接板的上方到下方的路径作为镜像轴，再单击"复制"按钮，完成镜像复制，如图3-73所示。

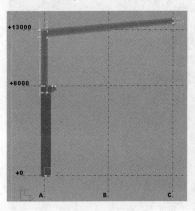

图 3-71

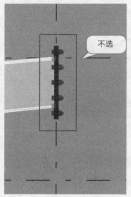

图 3-72

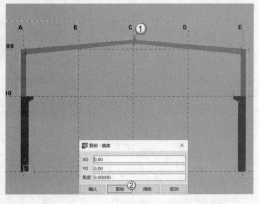

图 3-73

05 单击"打开视图列表"按钮 ，切换到3D视图，然后按快捷键Ctrl+P切换到该视图的平面视图，再框选整个框架，接着单击鼠标右键，在弹出的菜单中选择"复制"选项，如图3-74所示，将整个框架复制到2~9号轴，效果如图3-75所示。

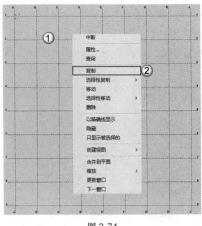

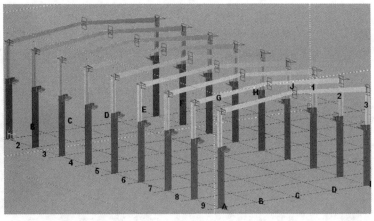

图 3-74   图 3-75

· 确定绘制檩条的平面

01 由图纸可知檩条是紧贴变截面梁的上部面进行创建的，所以先进入"立面视图 轴1"视图，如图3-76所示。

02 在该视图中单击"用两点创建视图"按钮 ，然后在变截面梁的上部选择起点和终点，如图3-77所示。

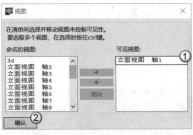

图 3-76   图 3-77

03 两点视图创建完成，确定方向后便进入该视图平面，如图3-78所示，然后单击"将工作平面设置为平行于视图平面"按钮 ，将该平面设置为工作平面。

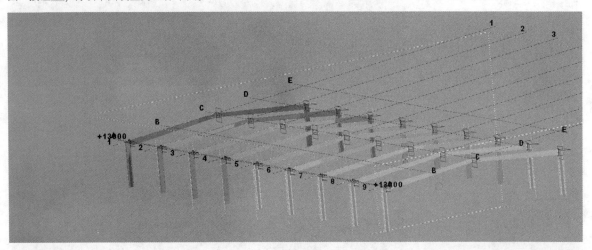

图 3-78

提示

选择起点和终点时箭头方向即为视图方向。

· 创建檩条

01 使用辅助线确定檩条的位置。从变截面梁的末端开始，首条与第2条的间隔为1357mm，之后每隔1358mm画一条辅助线。画了9条线后，在中间处有两个檩条同连接板的间隔为250mm，如图3-79所示。

02 双击"创建梁"按钮 ，打开"梁的属性"对话框，设置"零件"的"前缀"为GL、"构件"的"前缀"为LT-、"名称"为"檩条"、"截面型材"为CC200-2.5-20-70、"材质"为Q235B、"等级"为8，依次单击"应用"按钮和"确认"按钮，如图3-80所示。

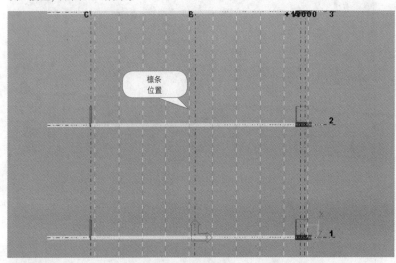
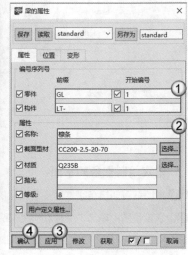

图 3-79　　　　　　　　　　　　　　　　　　　　图 3-80

03 在"梁的属性"对话框中，切换到"位置"选项卡，设置"在平面上"为"左边"、"旋转"为"下部"、"在深度"为"前面的"，依次单击"修改"按钮和"确认"按钮，如图3-81所示。位置调整完成后，效果如图3-82所示。

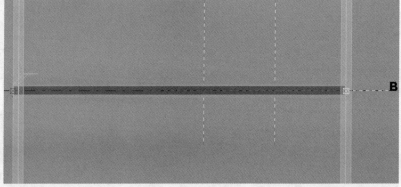

图 3-81　　　　　　　　　　　　　　　　　　　　图 3-82

04 选中之前绘制的檩条，然后单击鼠标右键，在弹出的菜单中选择"复制"选项，如图3-83所示。沿着变截面梁，在辅助线处粘贴檩条，效果如图3-84所示。

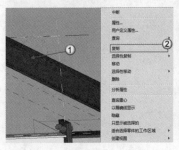
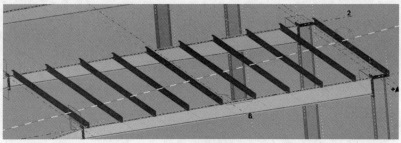

图 3-83　　　　　　　　　　　　　　　　　　　　图 3-84

05 因为檩条是对称的，所以选中一侧的所有檩条，然后单击鼠标右键，在弹出的菜单中选择"选择性复制>镜像（象）"选项，将一侧的檩条复制到对侧和旁侧，如图3-85所示。

图 3-85

3.4.3　创建门钢厂房的隔撑

与本节对应的视频名称为"综合实例：创建完整的门钢厂房（檩条、隔撑）.mp4"。

图3-86所示为门钢厂房的隔撑图纸，根据图纸创建的隔撑如图3-87所示，隔撑基础数据详见表3-7。

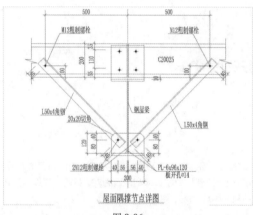

图 3-86

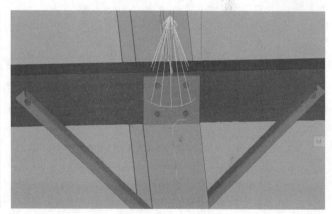

图 3-87

表 3-7　隔撑基础数据

名称	截面形状	截面尺寸（mm）	材质	备注
隔撑	—	—	—	—
YC	L	L50×4mm 角钢	Q235B	未注明均同

定义隔撑的属性

01 单击"打开应用和组件目录"按钮，打开"组件目录"对话框，然后在搜索框中输入1，单击"查找"按钮进行查找，找到"冷弯卷边搭接"组件，如图3-88所示。

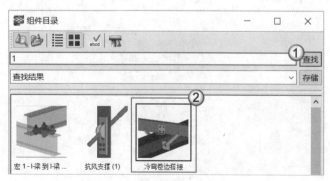

图 3-88

02 双击"冷弯卷边搭接"组件，在打开的对话框中，根据要求设置组件的属性。

• **设置步骤**

①在"图形"选项卡中，设置两个檩条间距的一半为5，如图3-89所示。

②切换到"夹板"选项卡，设置"夹板截面"为PL8×200，如图3-90所示。

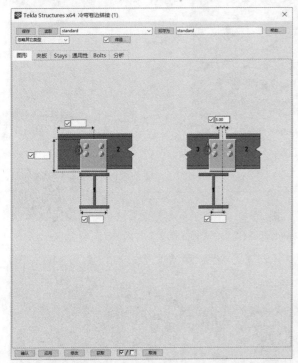

图 3-89

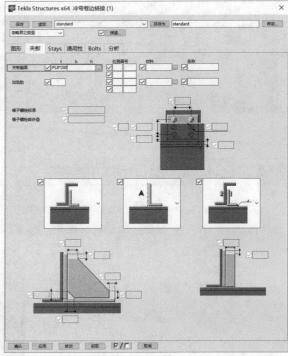

图 3-90

③切换到"Stays"选项卡，檩条的具体参数设置如图3-91所示。

④切换到"Bolts"选项卡，设置"螺栓直径"为12、"螺栓标准"为C、"螺栓容许量"为2、第1排螺栓到托板上边缘的距离为35、螺栓排数为2且螺栓间距为110、最后一排螺栓到托板下边缘的距离为55、第1列螺栓到托板左边缘的距离为50、最后一列螺栓到托板右边缘的距离为50、螺栓列数为2且螺栓间距为100，依次单击"应用"按钮和"确认"按钮，如图3-92所示。

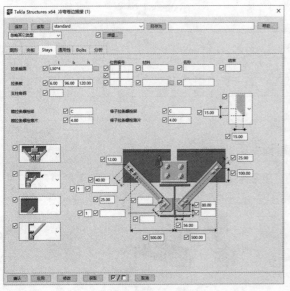

图 3-91

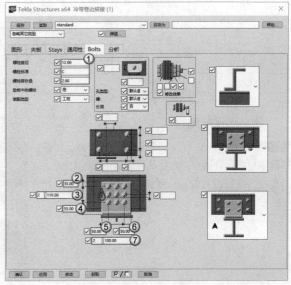

图 3-92

・ **创建隅撑**

01 回到视图中并依次单击梁和檩条创建隅撑,如图3-93所示,然后按鼠标中键结束选择,该处的隅撑就创建完成了,效果如图3-94所示。

图 3-93　　　　　　　　　　　　　　　　　　　　　图 3-94

02 按照同样的方式,在所有的梁和檩条的交界处创建隅撑,效果如图3-95所示。

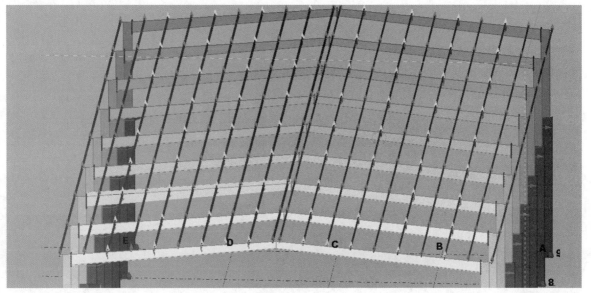

图 3-95

3.4.4 创建门钢厂房的拉条

扫码观看视频

与本节对应的视频名称为"综合实例:创建完整的门钢厂房2(拉条、系杆).mp4"。

图3-96所示为门钢厂房的拉条图纸,根据图纸创建的拉条如图3-97所示,拉条基础数据详见表3-8。

图 3-96

表 3-8　拉条基础数据

名称	截面形状	截面尺寸（mm）	材质	备注
斜拉条	—	—	—	—
XLT	●	Ø13 圆钢（两端丝扣）	Q235B	未注明均同
隔撑	—	—	—	—
YC	L	L50×4mm 角钢	Q235B	未注明均同

图 3-97

⊡ 确定绘制拉条的平面

01 切换到"立面布置图 轴4"视图，如图3-98所示。

02 单击"用两点创建视图"按钮 □，找到相邻两个檩条的中点（出现三角形状处），因为是由上向下看的，所以箭头朝下，如图3-99所示。

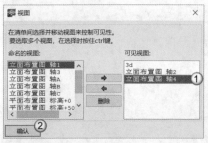

图 3-98

图 3-99

03 两点创建视图完成，确定方向后便进入该视图的平面，如图3-100所示，然后单击"将工作平面设置为平行于视图平面"按钮 □，将该平面设置为工作平面。

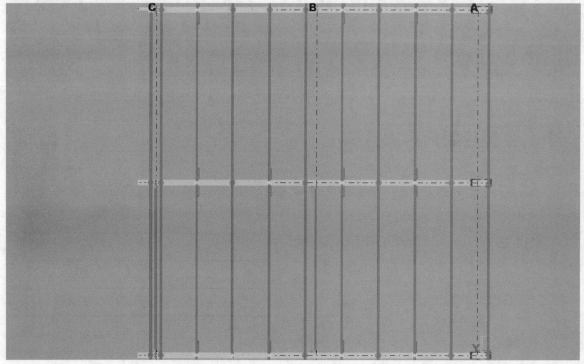

图 3-100

⊡ 添加辅助线

01 找到拉条的起点和终点。双击"选取平行点"按钮💢，打开"点的输入"对话框，然后连续输入"300 2675 100 200 2675"（数值之间用空格隔开），单击"应用"按钮，接着在B轴上找一点并单击，再在A轴上找一点并单击，如图3-101所示。这时出现的黄色小叉子即为创建的辅助点，如图3-102所示。

02 单击"增加辅助线"按钮💢，根据刚刚创建的辅助点创建横向辅助线，效果如图3-103所示。

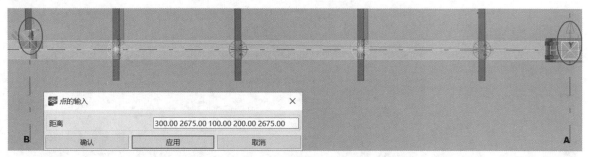

图 3-101

图 3-102

图 3-103

⊡ 创建拉条

01 双击"创建梁"按钮，打开"梁的属性"对话框，设置"零件"的"前缀"为D、"构件"的"前缀"为LT-、"名称"为"拉条"、"截面型材"为D12、"材质"为Q235B、"等级"为7，依次单击"应用"按钮和"确认"按钮，如图3-104所示。

02 切换到"位置"选项卡，设置"在平面上"为"中间"、"旋转"为"顶面"、"在深度"为"中间"，依次单击"修改"按钮和"确认"按钮，如图3-105所示。

图 3-104

图 3-105

✐提示

可以单击"另存为"按钮，将拉条的属性设置保存下来，以备后续使用，如图3-106所示。

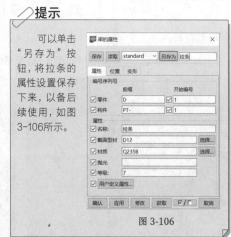

图 3-106

创建直拉杆下部的斜拉条

01 双击"创建折形梁"按钮 ，在"梁的属性"对话框中读取之前保存的"拉条"属性，然后单击"应用"按钮，如图3-107所示。

02 从图3-108所示的箭头位置开始绘制第1个斜拉条。选中该点并按住Ctrl键，同时将鼠标指针向右移动50mm，再向左移动70mm，如图3-109所示。

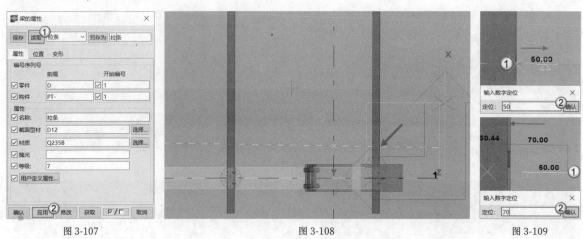

图 3-107　　　　　　　　　　　　图 3-108　　　　　　　　　　　　图 3-109

03 根据步骤02绘制的辅助线，在左边的檩条上找到最下面的辅助线与它的交点。选中该点并按住Ctrl键，同时将鼠标指针向右移动20mm，再向左移动70mm，如图3-110所示。按鼠标中键结束选择，斜拉条就创建完成了，效果如图3-111所示。

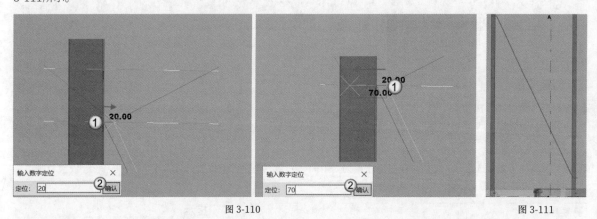

图 3-110　　　　　　　　　　　　　　　　　　图 3-111

创建直拉杆

单击"创建梁"按钮 ，根据图3-112所示的箭头位置，连接辅助线的两个端点，效果如图3-113所示。

图 3-112　　　　　　　　　　　　　　　　　　图 3-113

创建直拉杆上部的斜拉条

01 双击"创建折形梁"按钮 ，在"梁的属性"对话框中读取之前保存的"拉条"属性，单击"应用"按钮，如图3-114所示。

02 从图3-115所示的箭头位置开始绘制斜拉条，选中该点并按住Ctrl键，同时将鼠标指针向左移动50mm，再向右移动70mm，如图3-116所示。

图 3-114

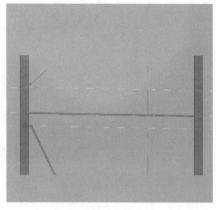

图 3-115

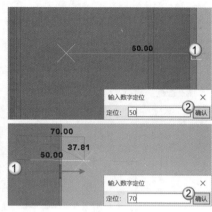

图 3-116

03 根据步骤02绘制的辅助线，在右边的檩条上找到3条辅助线中最下面的辅助线，如图3-117所示。选中该辅助线与檩条相交的右端的点，按住Ctrl键，将鼠标指针向左移动20mm，再向右移动70mm，如图3-118所示。按鼠标中键结束选择，斜拉条就创建完成了，效果如图3-119所示。

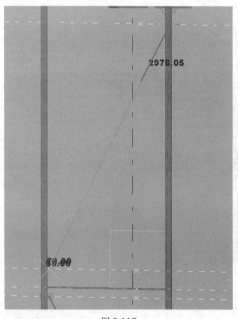

图 3-117

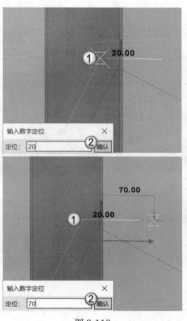

图 3-118

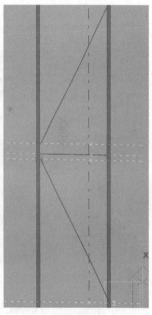

图 3-119

04 切换到3D视图，创建的拉条如图3-120所示。

图 3-120

3.4.5 创建门钢厂房的系杆

与本节对应的视频名称为"综合实例：创建完整的门钢厂房2（拉条、系杆）.mp4"。

图3-121所示为门钢厂房的系杆图纸，根据图纸创建的系杆如图3-122所示。

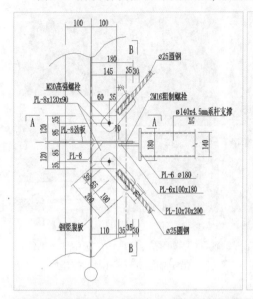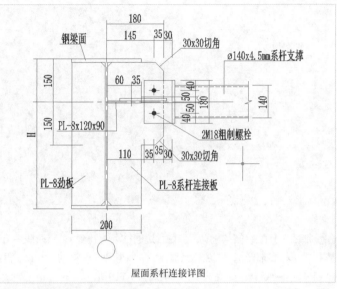

屋面系杆连接详图

图 3-121

图 3-122

⊡ 确定绘制连接板的平面

01 切换到"立面视图 轴1"视图，如图3-123所示。单击"在任意位置添加点"按钮 ，然后在B轴方向上创建连接板的起点和终点，创建的位置在变截面梁的腹板处，如图3-124所示。

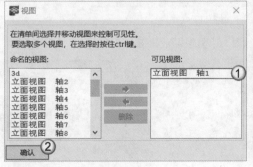

图 3-123

图 3-124

02 切换到"立面视图 轴B"视图，如图3-125
所示。可以看到创建好的两个关键点，然后单
击"增加辅助线"按钮 ✏️，创建两条与创建好
的点等高的辅助线，如图3-126所示，然后单击
"将工作平面设置为平行于视图平面"按钮 🖼️，
将视图平面设置为工作平面。

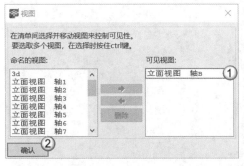

图 3-125

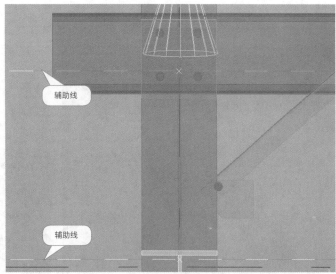

图 3-126

· 创建系杆连接板

01 双击"多边形板"按钮 ✏️，打开"多边形板
属性"对话框，设置"截面型材"为PL8，依次
单击"应用"按钮和"确认"按钮，如图3-127
所示。

02 单击"多边形板"按钮 ✏️，按照图3-128所
示的顺序编辑多边形板的轮廓，按鼠标中键完
成创建。

03 对创建好的板进行倒角。选中刚刚创建
的板，然后按住Alt键，框选需要倒角的部分，
再双击要倒角的点，打开"切角属性"对话

图 3-127

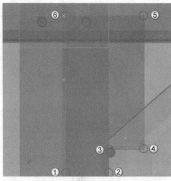

图 3-128

框，选择切角的"类型"为斜角，设置x为35、y为35，单击"修改"按钮，如图3-129所示。完成倒角后，效果如图
3-130所示。

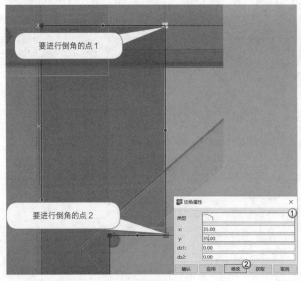

图 3-129

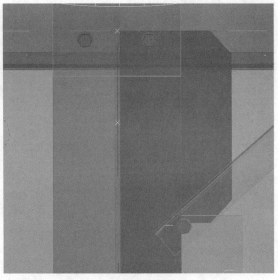

图 3-130

04 使用"多边形板"工具 ◢ 完成左边加劲板的创建。单击"多边形板"按钮 ◢，根据详图绘制多边形板的轮廓，如图3-131所示。按鼠标中键完成创建，3D效果如图3-132所示。

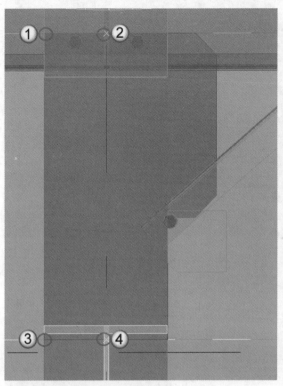

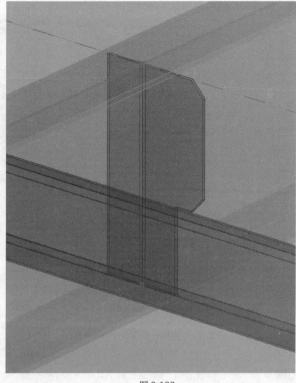

图 3-131　　　　　　　　　　　　　　　　　图 3-132

⊡ 创建系杆

01 切换到"立面视图 轴B"视图，如图3-133所示，然后单击"在线上增加点"按钮 ⠿，在梁顶面向下150mm的位置创建辅助点，如图3-134所示。

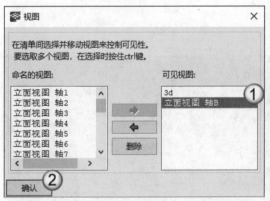

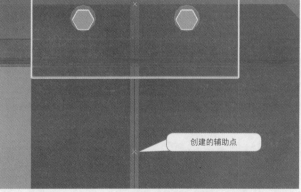

图 3-133　　　　　　　　　　　　　　　　　图 3-134

02 双击"创建梁"按钮 ▬，打开"梁的属性"对话框，设置"零件"的"前缀"为O、"构件"的"前缀"为XG-、"名称"为"系杆"、"截面型材"为PIP140×4.5、"材质"为Q235B、"等级"为7，依次单击"应用"按钮和"确认"按钮，如图3-135所示。

图 3-135

03 系杆的起点为刚刚创建好的辅助点。按住Ctrl键单击创建好的辅助点，将鼠标指针向右移动216mm，确定系杆的起点，再在另一条轴线同样的辅助点处，按住Ctrl键并向左移动216mm，确定系杆的终点，如图3-136所示。

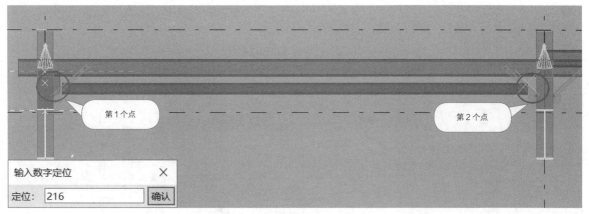

图 3-136

04 双击创建好的系杆，打开"梁的属性"对话框，设置"在深度"为"中间"，依次单击"修改"按钮和"确认"按钮，如图3-137所示。位置调整好后，效果如图3-138所示。

图 3-137

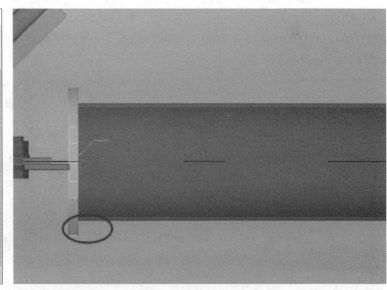

图 3-138

创建系杆前的端板

01 单击"用两点创建视图"按钮，选中圆管两端，使箭头方向指向圆管，然后创建端板所在的视图，效果如图3-139所示。

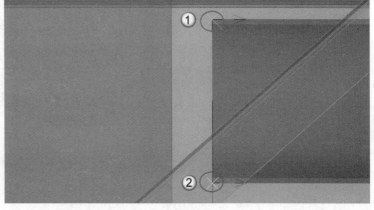

图 3-139

02 以圆管的圆心为圆心绘制端板。选中圆管，然后找到圆管的圆心，接着单击"辅助圆"按钮 ⊙，创建半径为 90mm 的辅助圆，如图3-140所示。

03 双击"多边形板"按钮 ◢，打开"多边形板属性"对话框，设置"截面型材"为PL6、"在深度"为"前面的"，依次单击"应用"按钮和"确认"按钮，如图3-141所示。

04 在辅助圆上任意选择4个点，然后按鼠标中键完成选择，如图3-142所示。

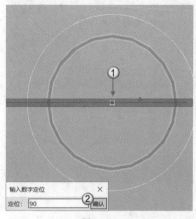
图 3-140

图 3-141

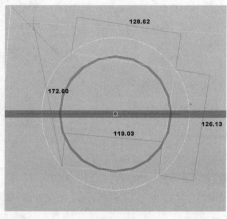
图 3-142

05 按住Alt键并框选创建的4个点，再双击要倒角的点，将切角的"类型"设置为圆角，如图3-143所示。完成端板的创建后，效果如图3-144所示。

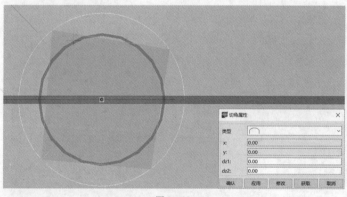
图 3-143

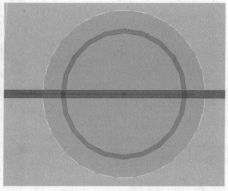
图 3-144

⊡ 创建已创建好的连接板与端板之间的连接板

01 切换到"立面视图 轴1"视图，如图3-145所示，单击"用两点创建视图"按钮 ▣，创建该连接板所在的视图，效果如图3-146所示。

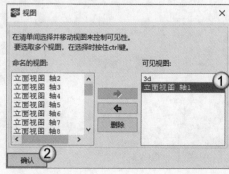
图 3-145

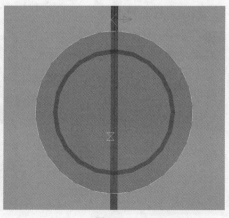
图 3-146

02 两点视图创建完成，确定方向后便进入该视图平面，如图3-147所示。

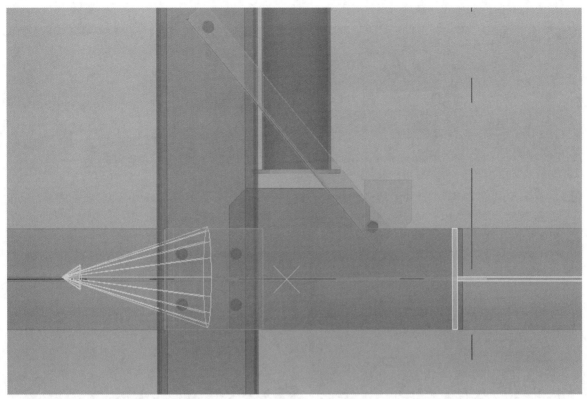

图 3-147

创建连接板

01 双击"多边形板"按钮 ▱，打开"多边形板属性"对话框，设置"截面型材"为PL6，然后调整该多边形板的关系，设置"在深度"为"前面的"，依次单击"应用"按钮和"确认"按钮，如图3-148所示。

02 根据详图编辑多边形板的轮廓，按鼠标中键完成创建，效果如图3-149所示。

图 3-148

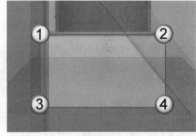

图 3-149

创建两个连接板上的螺栓

01 切换到"立面视图 轴B"视图，如图3-150所示。

02 双击"创建螺栓"按钮 ▨，打开"螺栓属性"对话框，设置"螺栓尺寸"为16、"螺栓标准"为C、"螺栓x向间距"为100、"螺栓y向间距"为0、Dx的"起始点"为40，依次单击"应用"按钮和"确认"按钮，如图3-151所示。

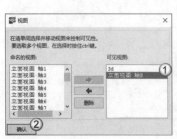

图 3-150

图 3-151

03 先选择要创建螺栓的第1块板，然后选择要创建螺栓的第2块板，按鼠标中键结束选择，接着依次选择创建螺栓的起点和终点，如图3-152所示。完成螺栓的创建后，效果如图3-153所示。

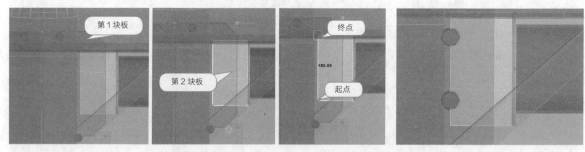

图 3-152   图 3-153

04 将创建好的螺栓向右移动35mm。选中创建好的螺栓，单击鼠标右键，在弹出的菜单中选择"选择性移动>线性的"选项，打开"移动-线性的"对话框，然后选择移动的方向，并设置d*x*为35，最后单击"移动"按钮，如图3-154所示。螺栓移动后，效果如图3-155所示。

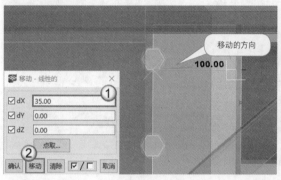
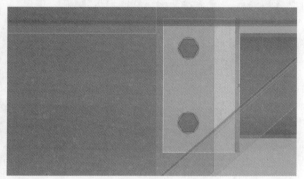

图 3-154   图 3-155

05 创建焊缝。单击"在零件间创建焊接"按钮，然后依次选择主零件与次零件，完成焊缝的创建，如图3-156所示。焊接完成后，3D效果如图3-157所示。

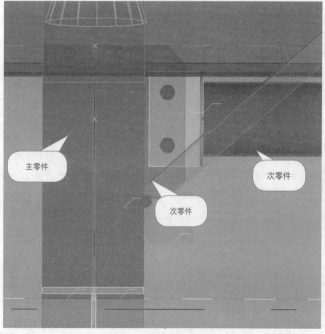

图 3-156   图 3-157

· 创建系杆右边的相关板

01 通过镜像完成系杆右边相关板的创建，由于没有现成的对称轴，因此需要创建辅助点。单击"在线上增加点"按钮 ，输入点的个数为1，然后选择线段的起点与终点，如图3-158所示。完成辅助点的创建后，效果如图3-159所示。

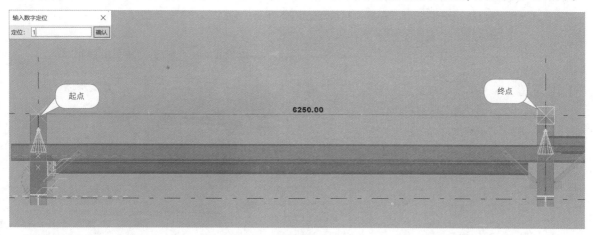

图 3-158

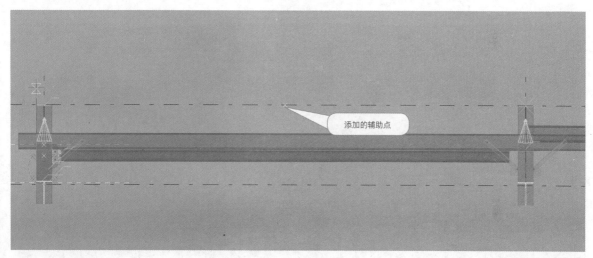

图 3-159

02 框选要镜像的板，然后单击鼠标右键，在弹出的菜单中选择"选择性复制>镜像（象）"选项，设置x_0为3125、y_0为6000，接着选择轴线的起点和终点，再单击"复制"按钮，如图3-160所示。这时板就创建完成了，效果如图3-161所示。

图 3-160

图 3-161

3.4.6 创建门钢厂房的屋面支撑

与本节对应的视频名称为"综合实例：创建完整的门钢厂房3（屋面支撑）.mp4"。

图3-162所示为门钢厂房的屋面支撑图纸，根据图纸创建的屋面支撑如图3-163所示。

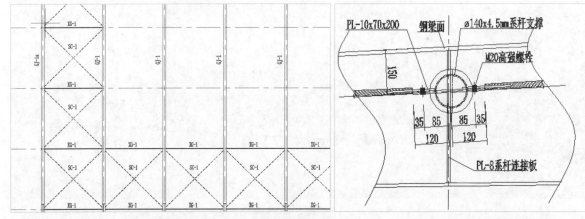

图 3-162

图 3-163

⊡ 创建水平支撑连接板

01 切换到"立面视图 轴1"视图，如图3-164所示。双击"增加与两个选取点平行的点"按钮 ，打开"点的输入"对话框并设置"距离"为150，然后单击"应用"按钮 ，接着在梁的上表面任取两个点，如图3-165所示。

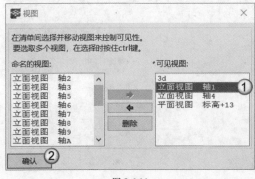

图 3-164

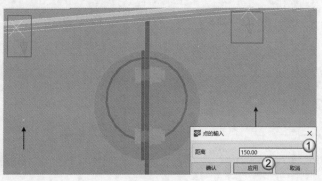

图 3-165

02 单击"增加辅助线"按钮 ✏️,通过已创建的辅助线将辅助点横向连接,即单击其中的一个辅助点后再单击另一个辅助点,如图3-166所示。

03 双击"创建梁"按钮 ➖,打开"梁的属性"对话框,设置"截面型材"为PL90×8、"材质"为Q345B、"等级"为4,依次单击"应用"按钮和"确认"按钮,如图3-167所示。

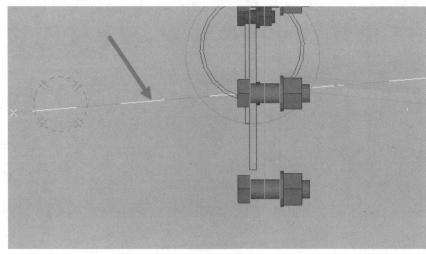

| 图 3-166 | 图 3-167 |

04 单击"创建梁"按钮 ➖,然后在两个辅助点之间找到中间一点,单击该点,向左移动鼠标指针并沿着辅助线的方向找到辅助点,如图3-168所示,单击该点可形成梁,效果如图3-169所示。

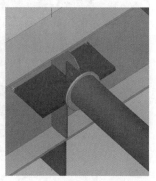

| 图 3-168 | 图 3-169 |

⊡ 确定绘制水平支撑的平面

01 切换到"立面视图 轴1"视图,如图3-170所示。双击"增加与两个选取点平行的点"按钮 ✏️,在打开的"点的输入"对话框中设置"距离"为5,然后单击"应用"按钮,接着在梁的上表面任取两个点,如图3-171所示。

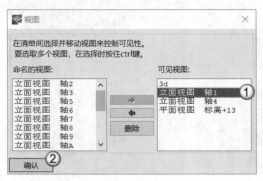
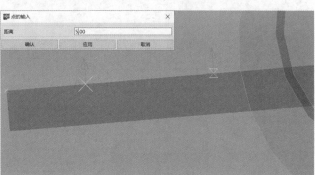

| 图 3-170 | 图 3-171 |

02 单击"增加辅助线"按钮 ，通过已创建的辅助线将其横向连接，如图3-172所示。

03 单击"用两点创建视图"按钮 ，创建图3-173所示的视图。

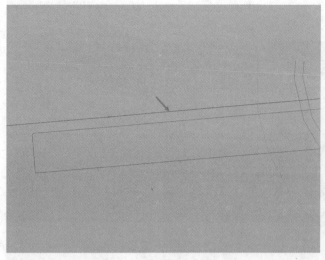

图 3-172   图 3-173

⊡ 创建水平支撑

01 选中板，单击"创建点"按钮 ，然后按住Ctrl键并单击板右下角的端点，接着将鼠标指针向上移动35mm，再向左移动35mm，如图3-174所示，3D效果如图3-175所示。

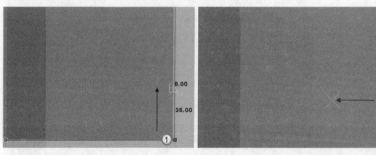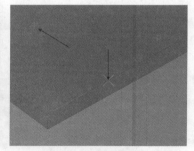

图 3-174   图 3-175

02 在与对角线相对应的板上也创建一个点，效果如图3-176所示。选中板后单击"沿着2点的延长线增加点"按钮 ，按住Ctrl键并单击板上的一点，接着将鼠标指针向下移动35mm，再向右移动35mm，如图3-177所示，3D效果如图3-178所示。

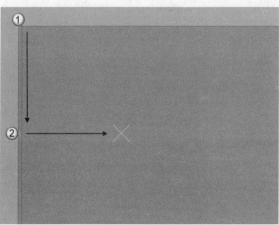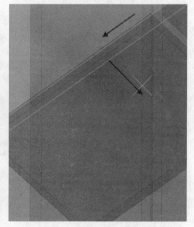

图 3-176   图 3-177   图 3-178

创建圆钢

01 双击"创建梁"按钮 ━，打开"梁的属性"对话框，设置"零件"的"前缀"为D、"构件"的"前缀"为SZC-、"名称"为"水平支撑"、"截面型材"为D25、"材质"为Q345B、"等级"为5，依次单击"应用"按钮和"确认"按钮，如图3-179所示。

02 找到之前创建的两个点（即上一页创建的两个点），然后单击"创建梁"按钮 ━，按住Ctrl键并单击其中一个点，待移动鼠标指针到另一个点后，输入65，如图3-180所示；再按住Ctrl键，单击此时鼠标指针所在的点，移动鼠标指针回到刚才的第1个点并输入65，按Enter键结束，如图3-181所示。至此，圆钢就创建完成了，效果如图3-182所示。

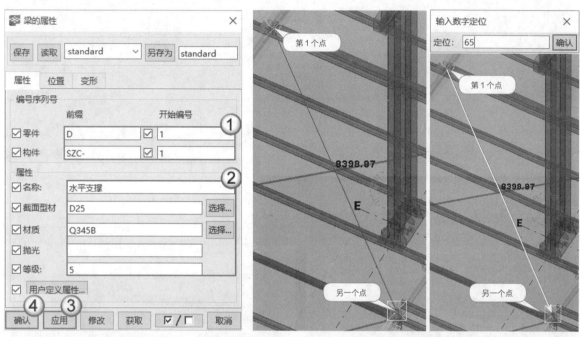

图 3-179　　　　　　　　　　　　　　图 3-180

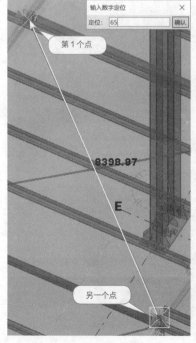

图 3-181

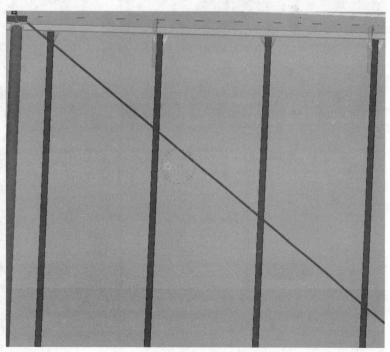

图 3-182

创建复合板

01 单击"创建梁"按钮 ▄▄，然后单击板上的一个点，按住Ctrl键移动鼠标指针并沿着圆钢的方向移动165mm，再单击该点，再次移动鼠标指针并沿着圆钢的反方向移动200mm，如图3-183所示。创建完成后，效果如图3-184所示。

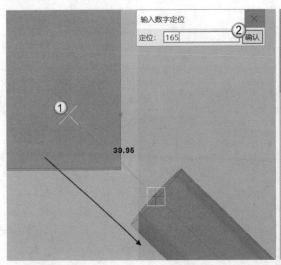
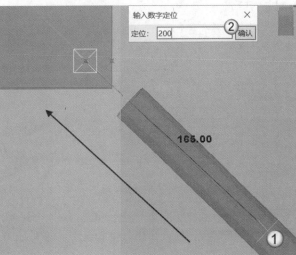

图 3-183

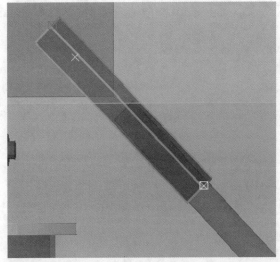

图 3-184

提示

这里单击的一点为之前创建水平支撑时创建的点，如图3-185所示。

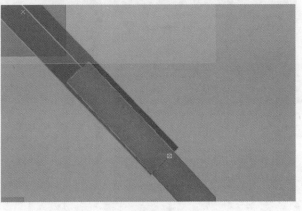

图 3-185

02 单击"切割"按钮 ▨，将梁和圆钢重合的部分进行切割，即单击圆钢的轮廓后，按鼠标中键结束切割，效果如图3-186所示。

提示

激活"切割"命令后，选择需要显示的零件的轮廓进行切割。例如，在梁和圆钢的重合部分，需要将圆钢部分显示出来，因此切割时就选择圆钢的轮廓。

图 3-186

为板 1 和板 2 添加螺栓

01 单击"创建螺栓"按钮 ▥，然后分别选择板1和板2，按鼠标中键结束选择，如图3-187所示。螺栓创建完成后，效果如图3-188所示。

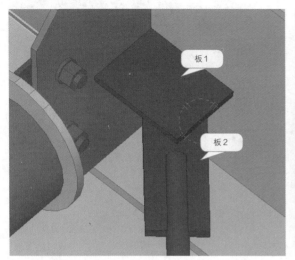
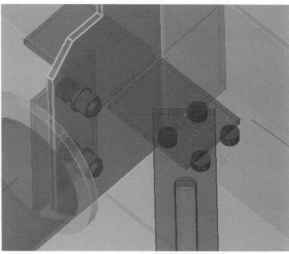

图 3-187 图 3-188

02 创建完成的门钢厂房如图3-189所示。

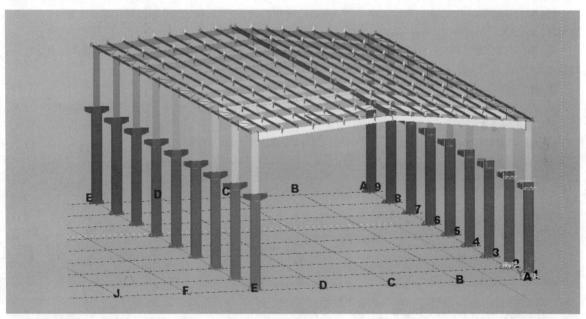

图 3-189

🏠 **课后练习：创建门钢厂房的抗风柱**

扫码观看视频

素材位置	无
实例位置	实例文件>CH03>课后练习：创建门钢厂房的抗风柱
视频名称	课后练习：创建门钢厂房的抗风柱.mp4
学习目标	掌握门钢厂房中抗风柱的创建方法

▫ **任务要求**

根据"素材文件>CH02>综合实例：创建半榀钢架>门钢厂房.dwg"文件，从"GJ-1a刚架详图"得到抗风柱立面图，从刚架连接节点详图（一）得到"E-E（抗风柱柱顶连接详图）"，如图3-190所示。根据图纸创建的抗风柱如图3-191所示。

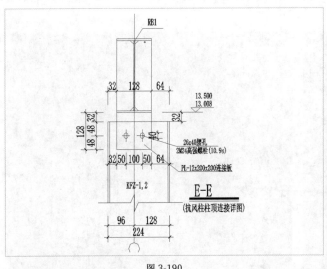

图 3-190

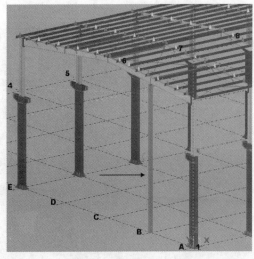

图 3-191

⊡ 创建思路

这是一个门钢厂房的抗风柱模型，其创建思路如图3-192所示。

第1步: 打开"实例文件>CH03>综合实例：创建完整的门钢厂房"文件，然后将"立面布置图 轴1"视图设置为工作平面。

第2步: 使用"创建梁"工具 ═，从B轴与标高的交点处开始向上创建梁。

第3步: 对所创建的梁的位置进行调整，然后使用"增加辅助线"工具 ╱ 添加交点。按住Ctrl键选择起点位置，再将鼠标指针向下移动50mm。

第4步: 使用"创建梁"工具 ═，在所标记的点的下方绘制距离为200mm的板。

第5步: 调整板在模型中的位置关系，然后将视图转换到"立面布置图 轴B"视图，接着使用"创建螺栓"工具 ╍，在柱和板之间创建螺栓。

第6步: 对螺栓孔进行调整（孔的尺寸大小=螺栓尺寸+允许误差+对应方向的长孔）。

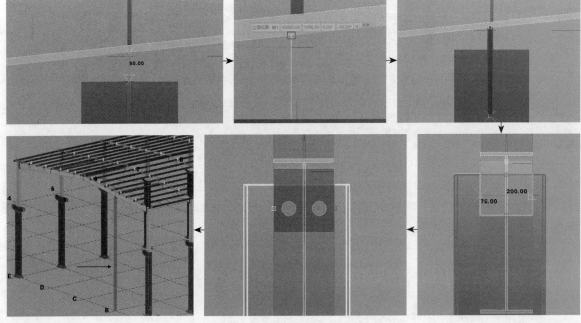

图 3-192

第 4 章

Tekla Structures
深化基础应用

4

本章概述

前一章的建模内容在整个项目中只是搭建了一个框
架，Tekla Structures这款软件还包括结构分析、钢
结构细部设计等功能，其中钢结构的细部设计属于
结构深化基础中的应用要点（主要对钢构件中的细部
进行细化和参数化）。因此对结构深化基础应用的熟
练掌握也就成为设计师在一个工程项目中的必备技
能，而对结构深化的灵活掌握同样也是学好Tekla
Structures的前提，同时也能大幅提高工作效率。

本章要点

» 简单节点的生成方法
» 节点的设置方式
» 框架结构梁柱中常用节点的设置
» 框架结构梁柱中常用节点的自动连接设置

4.1 引导实例：188 号系统节点的生成

素材位置	素材文件>CH04>引导实例：188号系统节点的生成
实例位置	实例文件>CH04>引导实例：188号系统节点的生成
视频名称	引导实例：188号系统节点的生成.mp4
学习目标	掌握系统节点（简单节点）的生成方法

打开"素材文件>CH04>引导实例:188号系统节点的生成>188号节点图纸.dwg"文件，得到188号节点的基础资料，如图4-1所示。根据图纸提供的信息，本例创建的节点如图4-2所示。

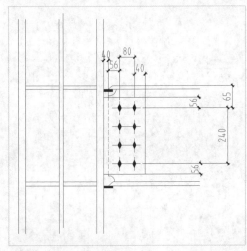

图 4-1

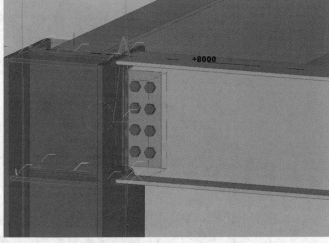

图 4-2

4.1.1 思路分析

本例的188号节点是系统节点，其参数的调整非常简单，因此只需完成定义属性和生成节点两个部分，以下是本例的思路分析。

第1步，确定需要创建的系统节点。

第2步，根据图纸的要求定义节点的属性，添加或调整相关参数。

第3步，找到合适的位置并创建节点（通常在梁柱、梁梁之间创建节点）。

4.1.2 定义属性

01 打开"实例文件>CH02>课后练习：创建简易框架梁柱"文件，得到的模型如图4-3所示，需要创建的模型节点的位置如图4-4所示。

图 4-3

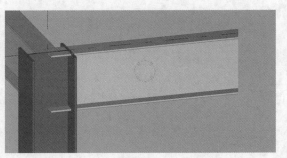

图 4-4

02 单击工具栏中的"打开应用和组件目录"按钮🏠（快捷键为Ctrl+F），打开"组件目录"对话框，在搜索栏中输入188，然后单击"查找"按钮，找到"有加劲肋的柱（188）"系统节点，如图4-5所示。

03 双击"有加劲肋的柱（188）"系统节点，在打开的对话框中对节点的参数进行设置。

• **设置步骤**

①在"图形"选项卡中，设置连接板及螺栓到腹板的距离为8，如图4-6所示。

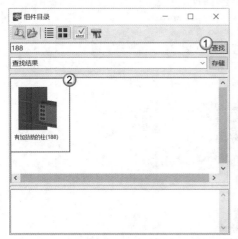

图 4-5

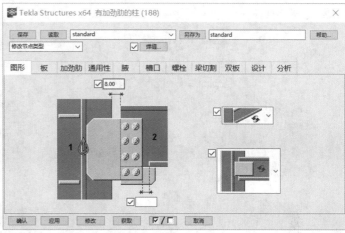

图 4-6

②切换到"梁切割"选项卡，设置衬垫板的厚度（t）为4、宽度（b）为30、下翼缘到柱的距离为9、坡口的上下距离均为30、梁的腹板到柱的间距为15、"装配类型"选择"默认"，如图4-7所示。

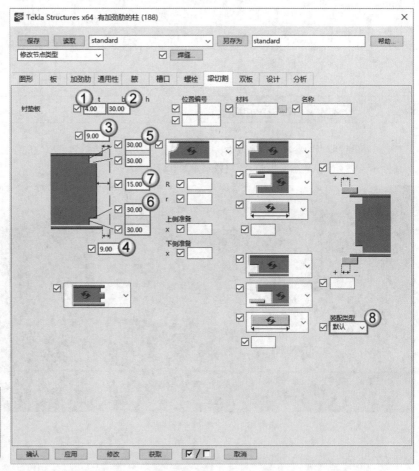

图 4-7

✎**提示**

"梁切割"选项卡中的装配类型是指垫板是否要焊在梁上，选择"默认"则将垫板焊在梁上，选择"工地"则垫板不焊在梁上。

③切换到"螺栓"选项卡，设置顶端螺栓到梁顶端的距离为105、螺栓到梁下边的距离为56、螺栓到梁上边的距离为56，同时设置4排螺栓，且各排螺栓的间距为80，再设置螺栓到梁左边的距离为40、螺栓到梁右边的距离为40，如图4-8所示。

④切换到"加劲肋"选项卡，设置顶端/底部NS和顶端/底部FS的厚度（t）均为14，然后依次单击"修改"按钮和"确认"按钮，如图4-9所示。

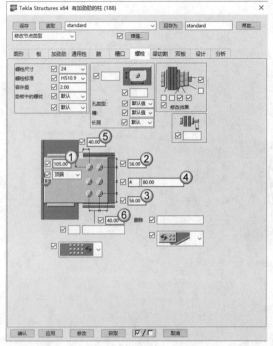

图 4-8

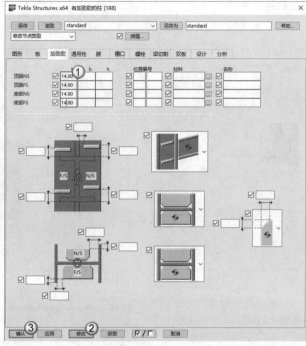

图 4-9

4.1.3 生成 188 号节点

188号梁柱节点的参数设置完成后，接下来需要将188号节点放置到模型的梁柱节点上。依次选中柱和梁，如图4-10所示，188号节点将自动生成，最终效果如图4-11所示。

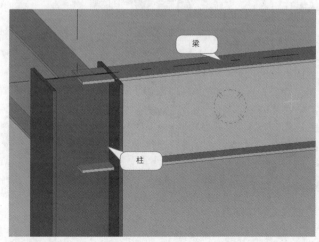

图 4-10

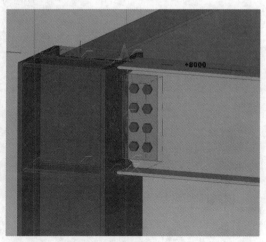

图 4-11

4.2 系统节点的基础知识

在钢结构中，钢杆件与另一个杆件的连接处为系统节点。系统节点在钢结构模型中的应用范围非常广泛。因为在各种零构件之间都需要相互联系，所以系统节点的存在起到了很好的连接作用。Tekla Structures通过系统节点将两个没有实质性联系的零构件连接起来，从而形成一个完整的组件，因此系统节点是构成组件的必要前提和关键之处。由此不难看出，系统节点的优势就是将模型中的零构件连接起来，使模型更加具有系统性。

4.2.1 系统中的组件

在钢结构建模中，用户创建的模型是由最基本的零构件（如梁、柱或螺栓）组成的，但是一个钢结构模型中的零构件是非常多的，这时就需要将这些零构件组合成一个整体（组合方式是焊缝和切割）。完成后的这个整体被称为组件，而这个组件便是钢结构模型的重要组成部分。

⊡　组件的分类

组件是由零件、螺栓通过焊缝和切割等编辑方式组合在一起的整体，类似于CAD中的块。根据开发组件的人员的不同，组件可分为系统组件和用户组件。

系统组件

系统组件是由软件开发商开发的系统自带组件，因此不能对其中的组件进行任何修改。系统中的常用组件详见表4-1。

表 4-1　常见系统组件

类别	代号	名称	图例	类别	代号	名称	图例
柱底节点	71	美国底板节点		加劲肋	1003	加劲肋	
	1014	加劲肋底板			1017	水平加劲肋	
	1016	腹板带有加劲肋的底板			1030	翼板处加劲肋	
	1042	底板			1034	加劲肋	
	1047	美国底板			1041	加劲肋	

续表

类别	代号	名称	图例	类别	代号	名称	图例
柱底节点	1048	美国支座细部		加劲肋	1060	腹板加劲肋	
	1052	圆形底板			1064	多重加劲肋	
梁梁连接	14	节点板		梁柱连接	29	端头板 / 不等间距复制	
	17	带加劲肋的垂直连接板			37	支座帽 / 全高剪切板	
	25	两侧角钢夹板			51	接合腋 / 简易中心支撑	
	27	带加劲板的端板			128	有加劲的焊接柱	
	30	支座			131	有抗剪板的柱	
	77	美国拼接节点			187/188	特殊有加劲肋的柱	

用户组件

　　用户组件是当系统所提供的组件不能满足用户的工作需求时，用户自行开发的一些特殊组件。用户组件创建完成后，会保存到"组件目录"中。用户需要再次使用用户组件时，同样需要单击"打开应用和组件目录"按钮 🅰 对组件进行搜索（用户只需将过滤条件选择为"用户"即可），如图4-12所示，其中的组件即为自定义用户组件。

图 4-12

□ 组件类型

组件的类型比较多样，根据组件创建的方法不同，可分为细部、节点、零件和接合共4种形式，这在创建用户单元选择创建类型时可以见到，如图4-13所示。

图 4-13

· 重要类型介绍

细部： 先选择一个主零件再选择一个定位点创建的组件，如1003、1047和1052，如图4-14所示。

节点： 先选择一个主零件再选择次零件创建的组件，如77号梁梁连接节点、1号檩条节点等，如图4-15所示。选择的次零件数大于1时，按鼠标中键结束选择。

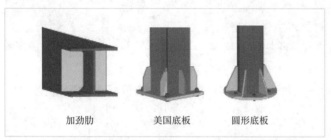

| 加劲肋 | 美国底板 | 圆形底板 |

图 4-14

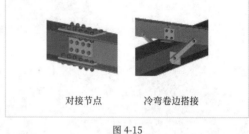

| 对接节点 | 冷弯卷边搭接 |

图 4-15

零件： 先选择一个起点，再选择一个终点得到的组件。

接合： 先选择主零件，再选择次零件，接着选择起点和终点得到的组件。

4.2.2 系统节点的设置

系统节点的设置是在钢结构模型搭建完成之后，根据各项要求来完成各项节点的创建和深化。Tekla Structures提供了"打开应用和组件目录"功能 🔧 ，该功能自带了各种系统组件节点，可在其中选择需要添加的节点，并对该节点进行参数化编辑。当进行连接时，系统将提示选择主零件（次零件连接到的零件）和次零件，选择好所需的零件后，系统节点便成功连接了。

□ 设置步骤

下面以用77号节点将圆管柱和梁连接为例介绍系统节点的设置步骤，需要设置的节点如图4-16所示。

图 4-16

第1步： 按快捷键Ctrl+F，打开"组件目录"对话框，在搜索框中输入77，然后单击"查找"按钮，找到"对接节点（77）"系统节点，如图4-17所示。

第2步： 要想使用对接节点，需要先使图中箭头所指部分变成两根梁，即将一根梁切割成两根梁。回到工作区域，按快捷键Ctrl+P切换到平面视图，然后执行"编辑>拆分"菜单命令。执行"拆分"命令后，先单击要拆分的梁（序号1），再按住Ctrl键单击圆管柱与梁的交点（序号2），然后确定鼠标指针移动的拆分方向（水平向右），在"输入数字定位"对话框中输入700后按Enter键，如图4-18所示。拆分完成后，效果如图4-19所示。

第3步： 生成节点。选中77号节点，依次单击刚才拆分的两个梁，使之生成节点，如图4-20所示。

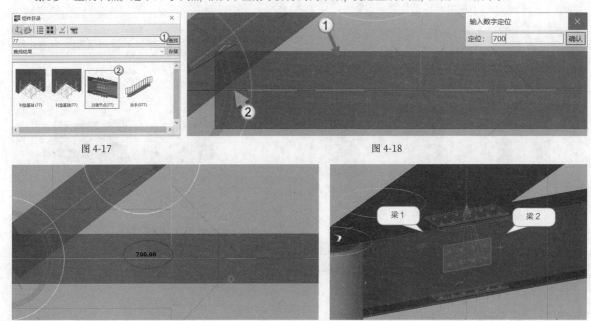

图 4-17   图 4-18

图 4-19   图 4-20

⊡ 符号显示

节点设置完成后，由于操作不当等问题，并不一定能得到连接成功的系统节点，因此系统提供了不同颜色的连接符号，使用户可以直观地查看连接和细部状态，详细说明见表4-2。

表 4-2   连接和细部状态

颜色	状态	提示
绿色	已成功创建组件	无
黄色	组件已创建，但存在问题	通常在螺栓或孔的边距小于组件的默认值时出现
红色	组件创建失败	常见的原因是向上方向不合适

4.3 创建用户组件

用户组件不同于系统组件,用户组件的灵活性较高,因此可以根据用户的需求来自定义组件,这体现了Tekla Structures的可拓展性。

4.3.1 创建用户组件的重要性

在建模过程中经常会用到组件,但是所用的组件往往需要根据模型图纸的要求创建,而系统自带的组件类型不能满足建模的标准,这时就需要自行创建一些特殊类型的组件。这些组件在创建完成后会自动保存。

4.3.2 创建自定义节点

在创建用户组件的时候,经常创建的便是节点。节点的创建符合大部分用户的需求,接下来为读者讲解自定义节点的创建流程。

第1步: 执行"细部>组成>定义用户单元"菜单命令,打开"用户单元快捷方式-1/4"对话框,输入要创建的用户组件的名称(自定义),然后单击"下一步"按钮,如图4-21所示。

第2步: 进入"用户单元快捷方式-2/4-对象选择"对话框,根据提示选择组成用户对象的对象,然后单击"下一步"按钮,如图4-22所示。

第3步: 进入"用户单元快捷方式-3/4-主零件选择"对话框,根据提示选择用户需要用于组成节点的主零件,然后单击"下一步"按钮,如图4-23所示。

第4步: 进入"用户单元快捷方式-4/4-次零件选择"对话框,根据提示按次序选择用户需要用于组成节点的次零件,最后单击"结束"按钮,完成自定义节点的创建,如图4-24所示。

图 4-21

图 4-22

图 4-23

图 4-24

第5步: 使用用户定义的组件。单击"打开应用和组件目录"按钮,打开"组件目录"对话框,设置搜索过滤的条件为"用户",便会出现用户之前定义的组件,如图4-25所示。

图 4-25

功能实战：创建自定义梁柱节点

素材位置	素材文件>CH04>功能实战：创建自定义梁柱节点
实例位置	实例文件>CH04>功能实战：创建自定义梁柱节点
视频名称	功能实战：创建自定义梁柱节点.mp4
学习目标	掌握自定义节点的生成方法

本例创建的自定义节点如图4-26所示。

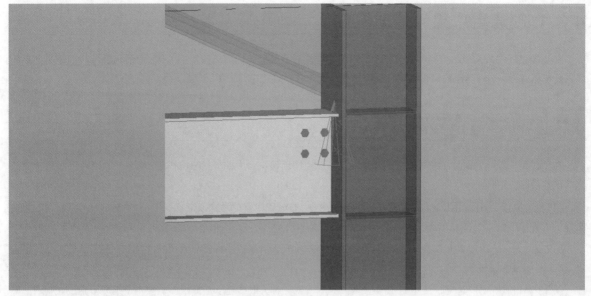

图 4-26

· 绘制梁柱节点

打开"素材文件>CH04>功能实战：创建自定义梁柱节点"文件，得到的模型如图4-27所示，需要创建模型节点的位置如图4-28所示。

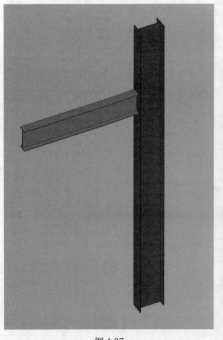

图 4-27

节点位置

图 4-28

绘制板

01 双击"创建多边形板"按钮 ，打开"多边形板属性"对话框，调整多边形板的位置参数。设置"在深度"为"中间"，然后依次单击"应用"按钮和"确认"按钮，如图4-29所示。

02 在梁上画一个闭合的矩形框，并形成板。先向下画50mm，按住Ctrl键的同时单击箭头所指的点，将鼠标指针从梁的上翼缘向下移动，并输入50为高度值，按Enter键完成，然后依次向左画200mm、向下画200mm、向右画200mm、向上画200mm，如图4-30所示。这时绘制的图形就形成了一个闭合的矩形框，单击鼠标左键就会自动生成一块板，效果如图4-31所示。

图 4-29

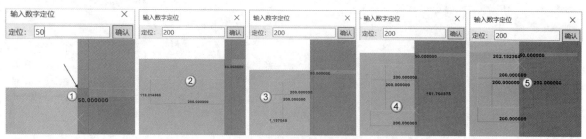

图 4-30

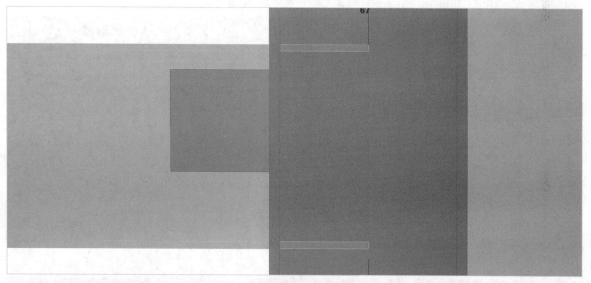

图 4-31

03 按组合键Ctrl+P切换到平面视图，然后单击"打开视图列表"按钮 ，将"平面布置图 标高+8000"设置为可见视图，单击"确认"按钮，如图4-32所示。

04 调整板的位置使它与梁的腹板贴合。选中板后单击鼠标右键，在弹出的菜单中选择"移动"选项，然后单击图4-33(左)所示的点，再单击图4-33(右)所示的点，移动后的效果如图4-34所示。

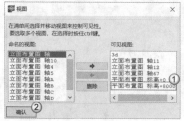

图 4-32

图 4-33   图 4-34

在板上绘制螺栓

01 定义螺栓属性。双击"创建螺栓"按钮 ，打开"螺栓属性"对话框，设置"螺栓尺寸"为24、"螺栓标准"为 HS10.9、"切割长度"为100、"螺栓x向间距"为100、"螺栓y向间距"为100、"容许误差"为2、Dx的"起始点"为 50，然后依次单击"应用"按钮和"确认"按钮，如图4-35所示。

图 4-35

02 创建螺栓。依次选择板和梁，如图4-36所示，按鼠标中键结束选择，然后根据提示在板上选择两个点，这里选择 板上下边缘的两个中点，如图4-37所示。螺栓创建完成后，效果如图4-38所示。

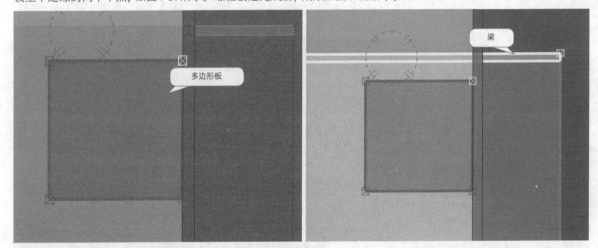

图 4-36

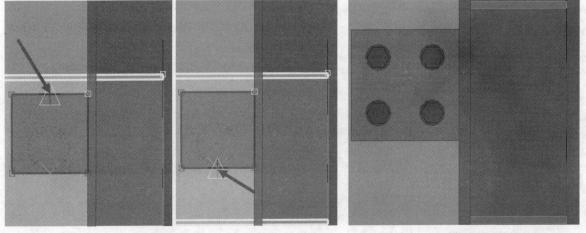

图 4-37 图 4-38

03 切换到3D视图，效果如图4-39所示。螺栓的作用是将连接板和梁连接起来，为创建自定义节点提供变量基础。

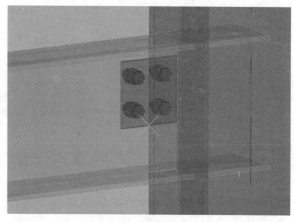

图 4-39

创建 4 块加劲板

01 因为梁到柱的翼缘有一定的距离，所以设置梁与柱的间距为15mm。单击"切割"按钮，选中要切割的零件，开始绘制尺寸为15×400的矩形，如图4-40所示。切换到3D视图，效果如图4-41所示。

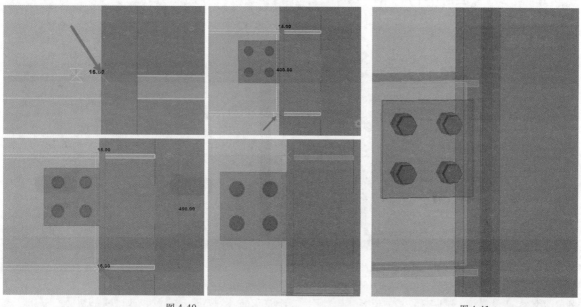

图 4-40   图 4-41

02 因为加劲肋与梁翼缘是平齐的关系，所以要先创建一个合适的视图来完成移动。单击"用两点创建视图"按钮，然后回到模型视图中。先单击图4-42（左）所示的点，再单击图4-42（右）所示的点。这时视图就创建成功了，效果如图4-43所示。

图 4-42

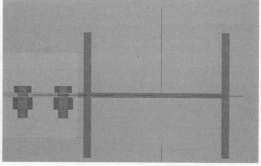

图 4-43

✎提示

在平面视图中，出现图4-44所示的图标后，即表示两点视图创建完成了。

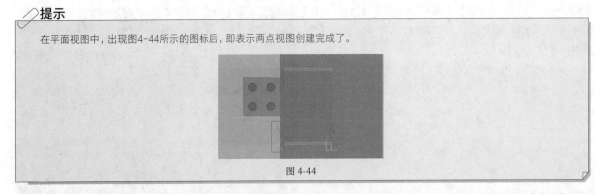

图 4-44

03 双击"创建多边形板"按钮 ，打开"多边形板属性"对话框，设置"在深度"为"后部"，然后依次单击"修改"按钮和"确认"按钮，如图4-45所示。开始创建第1块板，单击"创建多边形板"按钮 并依次选择4个点，如图4-46所示。

04 按照同样的方式创建第2块板，创建完成后的效果如图4-47所示。

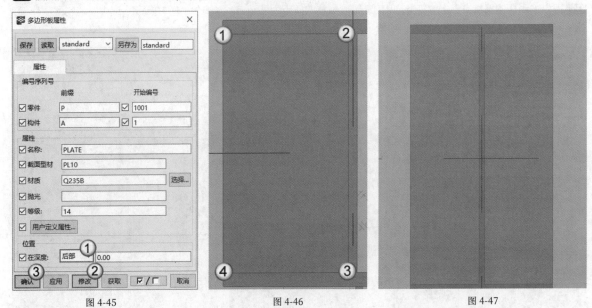

图 4-45　　　　　　　图 4-46　　　　　　　图 4-47

05 进行倒角。选中两块板后会出现图4-48所示的4个点，然后双击其中一个点，打开"切角属性"对话框，接着选择倒角的类型，再设置x为15、y为15，最后依次单击"应用"按钮和"确认"按钮，完成倒角，如图4-49所示。

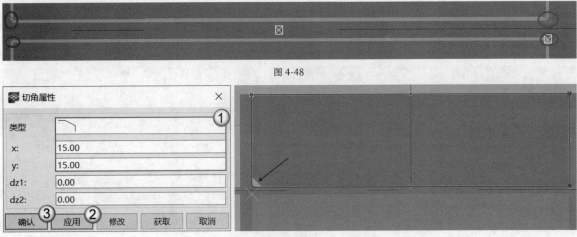

图 4-48

图 4-49

06 按照同样的方式对其余3个点进行倒角，效果如图4-50所示。

07 单击"打开视图列表"按钮🔲，将3D视图设置为可见视图，单击"确认"按钮，如图4-51所示。

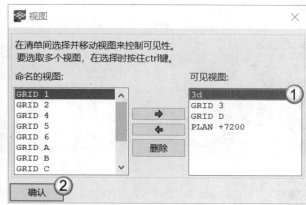

图 4-50　　　　　　　　　　　　　　　　　　　　　图 4-51

08 将刚才创建的两个板复制到另一端。先选中一个板，按住Ctrl键的同时，再选中另一个板，接着单击鼠标右键，在弹出的菜单中选择"复制"选项，然后选择板上的一点作为复制的基点，再向下选中一点（梁的另一端点），如图4-52所示。复制完成后，效果如图4-53所示。

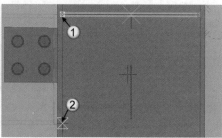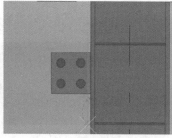

图 4-52　　　　　　　　　　　　　　图 4-53

添加焊缝

单击工具栏中的"在零件间创建焊接"按钮🔲，然后选中柱，再框选其他零件，如图4-54所示。焊接完成后，效果如图4-55所示。

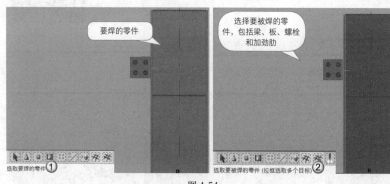

图 4-54　　　　　　　　　　　　　　图 4-55

· 定义组件

01 执行"细部>组成>定义用户单元"菜单命令，打开"用户单元快捷方式-1/4"对话框，然后设置"类型"为"节点"、"名称"为1001，再单击"下一步"按钮，如图4-56所示。

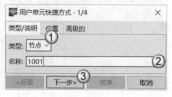

图 4-56

02 进入"用户单元快捷方式-2/4-对象选择"对话框，然后回到工作区域，框选所有零件，接着单击"下一步"按钮，如图4-57所示。

03 进入"用户单元快捷方式-3/4-主零件选择"对话框，然后回到工作区域，根据提示选择用户需要用于组成节点的主零件，接着单击"下一步"按钮，如图4-58所示。

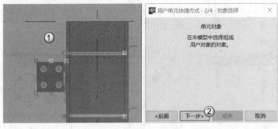
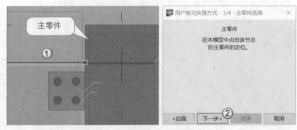

图 4-57   图 4-58

04 进入"用户单元快捷方式-4/4-次零件选择"对话框，然后回到工作区域，根据提示按次序选择用户需要用于组成节点的次零件，最后单击"结束"按钮，完成梁柱组件的用户组件的创建，如图4-59所示。

05 用户组件创建完成后，出现的绿色符号表示节点定义完成，3D效果如图4-60所示。

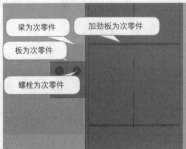
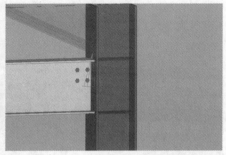

图 4-59   图 4-60

📝 **拓展习题：** 创建自定义杆件节点

素材位置	无
实例位置	实例文件>CH04>拓展习题：创建自定义杆件节点
视频名称	拓展习题：创建自定义杆件节点.mp4
学习目标	掌握自定义杆件节点的生成方法

▫ **任务要求**

在梁和柱的连接处创建的自定义节点如图4-61所示。

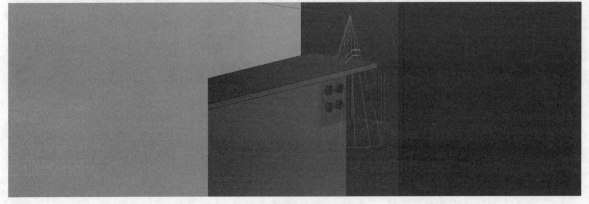

图 4-61

⊡ 创建思路

这是一个自定义杆件节点的创建，创建思路如图4-62所示。

第1步： 打开"素材文件>CH04>功能实战：创建自定义梁柱节点"文件，然后使用"创建多边形板"工具 ✎ ，在梁和柱的连接处（顶部）创建两块尺寸为120×140的矩形板。

第2步： 使用"创建螺栓"工具 ▰ 在矩形板上创建螺栓。

第3步： 使用"在零件间创建焊接"工具 ▮ 为梁、柱、矩形板和螺栓添加焊缝。

第4步： 为节点定义用户单元，并创建节点符号。

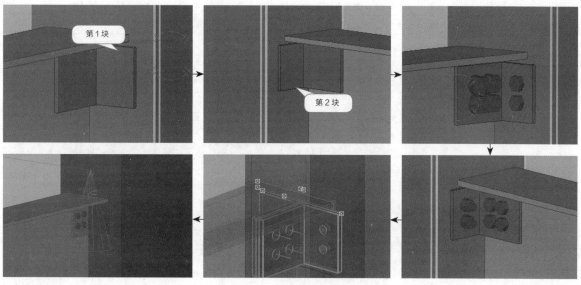

图 4-62

4.4 自动连接

自动连接是用户在创建数量庞大的节点时使用的一种方式，通常在面对几千吨，甚至是几万吨的大构件项目中会用到。使用自动连接来创建节点时只需提前设置好连接不同构件所需要的节点，再用自动连接让系统自动判断并创建节点，模型中所需的节点便会自动生成，因此大大缩短了建模的时间。对于大型钢结构模型，钢柱连接节点众多而且繁杂，需要通过自动连接来创建梁柱节点。

4.4.1 自动默认设置

"自动默认设置"命令可以创建不同预定义连接属性的节点。在修改连接（如修改梁的尺寸）时，系统将根据自动默认设置自动重新定义连接属性。

⊡ 自动连接默认设置的树结构

自动连接默认设置的树结构显示了各种情况下使用的连接类型，它可以连接各种类型的系统节点。执行"细部>自动连接>自动默认设置"菜单命令，打开"自动默认设置"对话框，在这里用户能找到需要的自动连接的节点类型，并为其设置连接规则，如图4-63所示。

图 4-63

> ✐ **提示**
>
> 执行"自动默认设置"命令修改标准的连接属性，并保存修改后的属性，以备在特定情况下使用。

□ **树结构中各个图标的含义**

在"自动默认设置"对话框的树结构中，各个图标的类型及说明详见表4-3。

表 4-3　图标的类型及说明

图标	类型	说明
✓	规则组	树的第1级结构包含规则组，用户可以定义规则组，并根据不同标准、工程、制造商和模型将规则分组
↑↑	连接页	下两级显示工具栏上所有可用的连接。这些连接已预定义，无法对其进行更改
▲	连接	
◢	规则集	当模型的指定条件满足时，可以为每一个连接创建规则集来指定使用哪些连接属性
⊡	连接属性文件	树的每一个分支都以连接属性文件（如 standard.j144）结束，可以保存以后仍需使用的连接属性

4.4.2　自动连接的默认规则

当对零件执行自动连接和自动默认命令时，可以根据以下规则来准确选择连接和连接属性。根据这些规则可以创建自己的标准，并用于工程或公司的默认设置。

□ **方向规则**

创建自动连接的过程中各种构件之间的节点连接形式往往有很多种，如杆件连接的相对角度，本节根据梁柱或梁梁连接相对角度的不同，列出以下3种类型的连接方式，如图4-64所示。

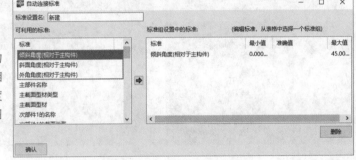

图 4-64

偏斜角（相对主零件的横截面）

偏斜角是指次零件的纵轴沿着主零件纵轴的倾斜方向放置连接的角度，如图4-65所示。

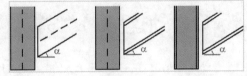

图 4-65

倾斜角（相对主零件的纵轴）

倾斜角是指零件的纵轴根据主零件的横截面偏斜，与主零件纵轴所形成的夹角。该角是次零件的纵轴和主零件的z轴或y轴之间的夹角中角度最小的一个，如图4-66所示。

图 4-66

斜置角

斜置角是指旋转后的次部件与主零件的纵截面所形成的夹角，如图4-67所示。

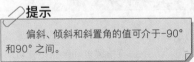

✎ **提示**

偏斜、倾斜和斜置角的值可介于-90°和90°之间。

图 4-67

□ **合并性和重复性**

自动连接的默认规则包含合并和重复两大功能，其功能及说明详见表4-4。

表 4-4　合并和重复功能说明

功能	说明
合并	可以保存包含有不同属性组的连接属性文件，然后用这些文件定义规则。例如，可以为螺栓属性使用一个文件，而为截面属性使用另一个文件。Tekla Structures 在运行自动默认命令时会合并这两个文件
重复	Tekla Structures 将测试属性，直至连接符号变为黄色或绿色。如果连接失败，那么即使规则匹配，重复功能也会自动更改连接属性；如果打开了连接校核，那么重复过程将产生已经通过校核的连接属性

要将这两种功能中的任意一种用于规则集，需执行"细部>自动连接>自动默认设置"菜单命令，然后选择需要创建自动连接的节点，接着单击鼠标右键，在弹出的菜单中选择"创建附加的标准设置"选项，如图4-68所示。这时下一级结构将出现"新建"选项，选中并单击鼠标右键，在弹出的菜单中选择"编辑标准设置"选项，如图4-69所示。

打开"自动默认标准"对话框，可在下方设置重复与合并的内容，如图4-70所示。

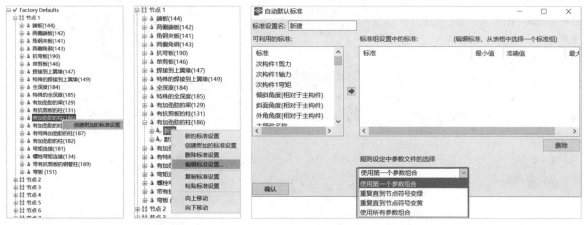

图 4-68　　　　　　图 4-69　　　　　　　　　　图 4-70

· 重要选项介绍

　　使用第一个参数组合： 使用它在第1个匹配的子规则集中找到的属性文件，不检查其他规则集。

　　重复直到节点符号变为绿色： 检查子规则集直至找到将连接符号变为绿色的匹配属性为止。

　　重复直到节点符号变为黄色： 检查子规则集直至找到将连接符号变为黄色的匹配属性为止。

　　使用所有参数组合： 检查所有规则集并使用在所有匹配的规则集中的属性文件；属性文件的顺序很重要，因为最后一个属性文件会覆盖前面的属性文件。

提示

> 在树结构中文件的顺序是非常重要的，当Tekla Structures组合属性文件时，最新的文件（树中最底处）将覆盖以前的文件。如果将属性留空，那么Tekla Structures将不会使用空属性覆盖以前的属性。

4.4.3 自动连接的完整创建

在模型中创建自动连接时，首先确定创建自动连接要使用哪些节点，其次选择自动连接形式（自动连接设置），最后创建规则（自动连接默认设置）。

· 创建自动连接设置

创建自动连接之前需要在节点和零构件之间先进行设置，下面大致介绍自动连接的创建流程。

第1步： 执行"细部>自动连接>自动连接设置"菜单命令，打开"自动连接设置"对话框，找到要连接的位置并单击鼠标右键，这里以端板（144）为例，在弹出的菜单中选择"选择连接类型"选项来选择连接节点的类型，其余不选择的树结构，全部选择"没有连接"选项，如图4-71所示。

图 4-71

第2步： 执行"细部>自动连接>自动默认设置"菜单命令，打开"自动默认设置"对话框，找到要创建自动连接的节点，然后单击鼠标右键，在弹出的菜单中选择"创建附加的标准设置"选项，待子结构中出现"新建"选项后，选中并单击鼠标右键，再在弹出的菜单中选择"编辑标准设置"选项，如图4-72所示。

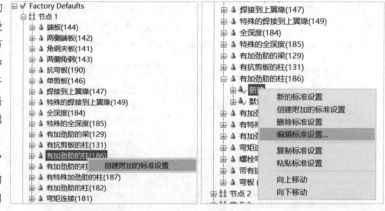

图 4-72

第3步： 在打开的"自动默认标准"对话框中，选择与节点连接的次部件的类型并添加参数，单击"确认"按钮，如图4-73所示。

第4步： 执行"细部>自动连接>创建连接"菜单命令，打开"自动连接"对话框，单击"创建连接"按钮，完成自动连接设置的创建，如图4-74所示。

图 4-73

图 4-74

· 设置自动连接的前提

自动连接命令不是所有情况下都可以使用，它需要构件满足一定的条件。使用自动连接时应该遵循以下两点条件。

第1点：被连接的构件要有合适的节点。

第2点：梁与柱要相交（即控制点的位置），如图4-75所示。

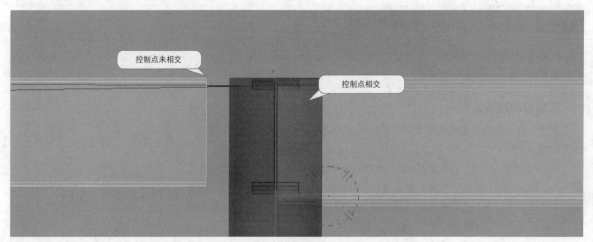

图 4-75

✎ **提示**

使用自动连接可以大大提高建模的效率，即使出现错误，也能方便用户进行查看和修改。

功能实战：184 号节点的自动连接

素材位置	无
实例位置	实例文件>CH04>功能实战：184号节点的自动连接
视频名称	功能实战：184号节点的自动连接.mp4
学习目标	掌握创建梁柱间自动连接的方法

本例为节点创建的自动连接如图4-76所示。

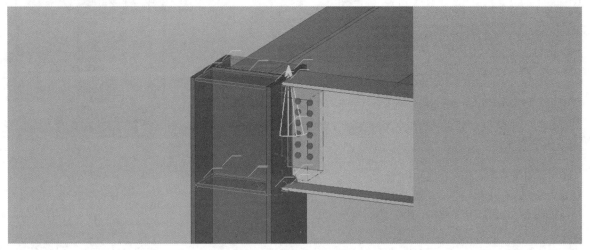

图 4-76

⊡ 自动连接设置

01 打开"实例文件>CH02>课后练习：创建简易框架梁柱"文件，得到的模型如图4-77所示，需要创建模型节点的位置如图4-78所示。

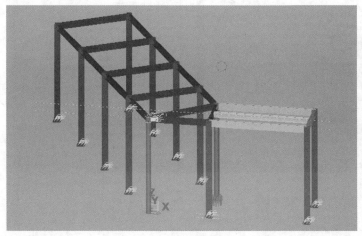

图 4-77

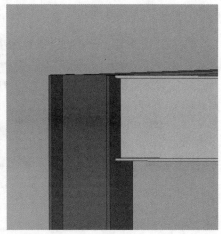

图 4-78

02 184号节点属于梁柱之间的全深度有加劲肋的梁柱节点，执行"细部>自动连接>自动连接设置"菜单命令，打开"自动连接设置"对话框，在树结构中找到"梁到柱的翼缘"选项并展开，选中"角钢夹板（141）"，然后单击鼠标右键，在弹出的菜单中选择"选择连接类型"选项，如图4-79所示。

图 4-79

📎 **提示**

系统默认的梁柱构件之间的初始连接的节点是"角钢夹板（141）"，如图4-80所示。

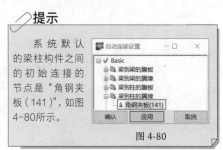

图 4-80

03 在打开的"选择构件"对话框中，找到"全深度（184）"节点，单击"确认"按钮，如图4-81所示。这时"全深度（184）"已连接到"梁到柱的翼缘"上，如图4-82所示。

04 将其他构件的连接方式设置为"没有连接"，然后依次单击"应用"按钮和"确认"按钮，如图4-83所示。

图 4-81　　　　　　　　　　　图 4-82　　　　　　　　　　　图 4-83

▫ 自动默认设置

01 执行"细部>自动连接>自动默认设置"菜单命令，在"节点1"中选中要设置的"全深度（184）"节点，然后单击鼠标右键，在弹出的菜单中选择"创建附加的标准设置"选项，如图4-84所示。

02 待"全深度（184）"节点的子结构中出现"新建"选项后，选中并单击鼠标右键，然后在弹出的菜单中选择"编辑标准设置"选项，如图4-85所示，在打开的"自动默认标准"对话框中，将"次部件1的截面型材"及其

参数添加到右侧列表框中，并将"标准设置名"设置为HN400，最后单击"确认"按钮，如图4-86所示。

03 回到"自动默认设置"对话框，展开184号节点，选中"standard.j184"选项并单击鼠标右键，然后在弹出的菜单中选择"选择连接参数"选项，在打开的"文件列表属性"对话框中，选中"standard.j184"，单击"确认"按钮，该属性就添加完成了，如图4-87所示。

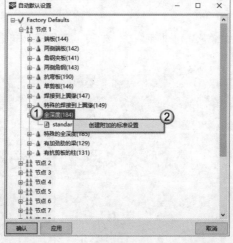

图 4-84　　　　　　　　　　　图 4-85

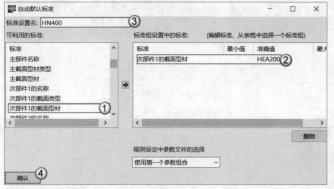
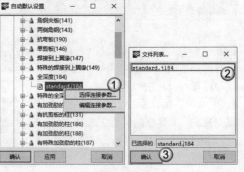

图 4-86　　　　　　　　　　　图 4-87

创建连接

框选要创建自动连接的所有构件，然后执行"细部>自动连接>创建连接"菜单命令，打开"自动连接"对话框，单击"创建连接"按钮，如图4-88所示，这时184号节点的自动连接就创建完成了，效果如图4-89所示。

图 4-88

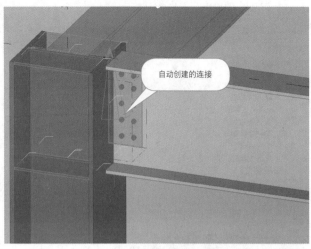

图 4-89

📝 **拓展习题：** 使用自动连接创建节点

素材位置	无
实例位置	实例文件>CH04>拓展习题：使用自动连接创建节点
视频名称	拓展习题：使用自动连接创建节点.mp4
学习目标	掌握创建自动连接的方法

任务要求

根据截面型材HN496×199×9×14，本例创建的节点如图4-90所示。与创建梁梁节点的自动连接方式相同，其连接规则详见表4-5。

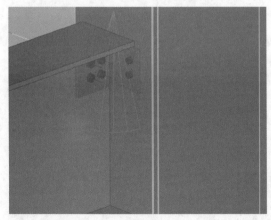

图 4-90

表 4-5 梁柱连接规则

自动连接规则 / 自动默认值	节点组件
简支梁柱翼缘	141#
悬臂梁	144#
梁柱腹板梁	144#
悬臂梁柱腹板	85# 或者自定义节点

创建思路

这是一个使用自动连接设置创建的梁柱节点，其创建思路如图4-91所示。

第1步： 打开"素材文件>CH04>功能实战：创建自定义梁柱节点"文件，然后确定连接部位和方式，将不创建连接的项目更改为"没有连接"。

第2步：选择要创建的节点进行自动连接设置，并选择连接类型为"角钢夹板（141）"。

第3步：在自动设置里找到要使用的节点，设定在次部件截面型材等于多少时选择哪种参数连接，并新建标准设置。

第4步：编辑要连接的构件的截面型材类型。

第5步：自动连接并创建梁柱节点。

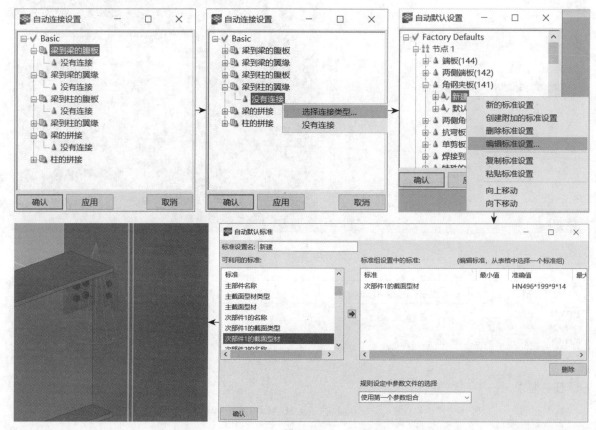

图 4-91

本例用自动连接方法为框架结构中的梁梁构件创建的连接节点如图4-92所示。

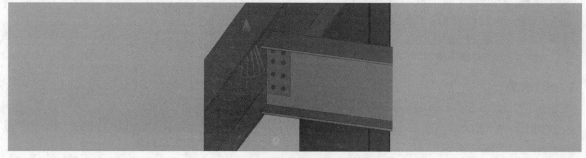

图 4-92

4.5.1 思路分析

　　使用自动连接来解决多个构件之间的连接问题，先将系统中的系统节点创建到钢构件中，然后根据需要为钢构件创建自动连接。本例分为创建梁梁节点（186号节点）和创建自动节点两部分。

4.5.2 创建梁梁节点

01 打开"实例文件>CH02>课后练习：创建简易框架梁柱"文件，得到的模型如图4-93所示，需要创建模型节点（186号节点）的位置如图4-94所示。

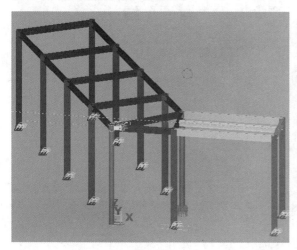
图 4-93

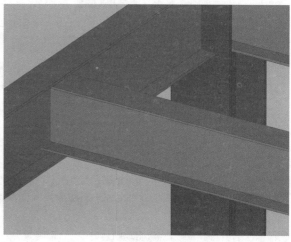
图 4-94

02 单击工具栏中的"打开应用和组件目录"按钮 🛎 （快捷键为Ctrl+F），打开"组件目录"对话框，在搜索框中输入186，找到"有加劲肋的柱（186）"系统节点，如图4-95所示。

03 双击"有加劲肋的柱（186）"节点，在打开的对话框中对节点的属性参数进行设置。

- **设置步骤**

①在"图形"选项卡中，设置连接板及螺栓到腹板的距离为15，如图4-96所示。

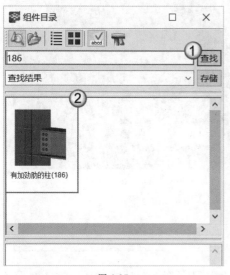
图 4-95

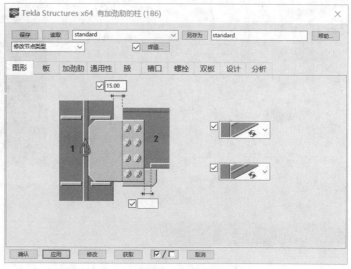
图 4-96

②切换到"板"选项卡，设置"接头板"的厚度（t）为6，如图4-97所示。

③切换到"槽口"选项卡，设置连接梁的开槽距离，这里设置横向开槽距离为100、竖向开槽距离为20，如图4-98所示。

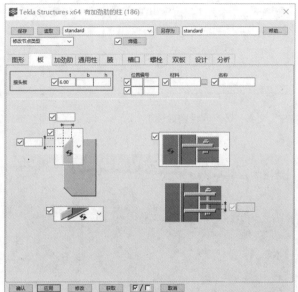

图 4-97

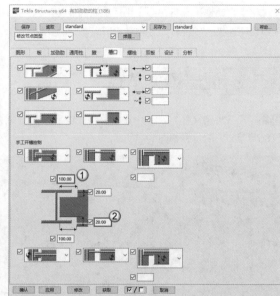

图 4-98

④切换到"螺栓"选项卡，设置"螺栓尺寸"为20、"螺栓标准"为C、"容许量"为2、螺栓到翼缘顶端的距离为65、螺栓到左翼缘的距离为45，同时设置螺栓排数为2、各排螺栓的间距为70，再设置螺栓到右板边的距离为45，然后依次单击"修改"按钮和"确认"按钮，如图4-99所示。

04 依次选中两个梁，节点就自动创建完成了，最终效果如图4-100所示。

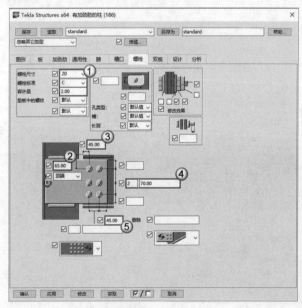

图 4-99

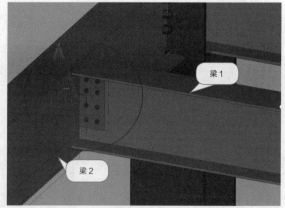

图 4-100

4.5.3 创建自动连接

01 执行"细部>自动连接>自动连接设置"菜单命令，打开"自动连接设置"对话框。在这里为梁到梁的腹板处设置自动连接，所以设置其他构件处的节点连接为"没有连接"，依次单击"应用"按钮和"确认"按钮，如图4-101所示。

02 执行"细部>自动连接>自动默认设置"菜单命令，打开"自动默认设置"对话框，找到"有加劲肋的柱（186）"号节点，选中并单击鼠标右键，在弹出的菜单中选择"创建附加的标准设置"选项，如图4-102所示。

03 待"有加劲肋的柱（186）"号节点的子结构中出现"新建"选项后，选中并单击鼠标右键，在弹出的菜单中选择"编辑标准设置"选项，如图4-103所示，在打开的"自动默认标准"对话框中，将"次部件1的截面型材"添加到右侧列表框中，如图4-104所示。

04 选择次部件1的截面型材（在本节内容中指的是与节点连接的梁构件）的参数属性。找到要连接的梁，如图4-105所示，双击打开"梁的属性"对话框，然后选中截面型材中的内容并单击鼠标右键，在弹出的菜单中选择"复制"选项（在创建模型的时候已经根据图纸需要设置好了梁的截面型材的数值），如图4-106所示。

图4-101

图 4-102

图 4-103

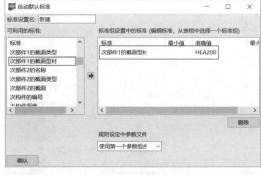

图 4-104

图 4-105

图 4-106

05 回到"自动默认标准"对话框，将上一步复制的截面型材数值粘贴到"次部件1的截面型材"的"准确值"中，如图4-107所示。

06 框选要创建自动连接的所有构件，如图4-108所示，然后执行"细部>自动连接>创建连接"菜单命令，打开"自动连接"对话框，单击"创建连接"按钮，如图4-109所示。

07 最后观察模型，可见在梁梁的连接处已创建了自动连接的节点，效果如图4-110所示。

图 4-107

图 4-108

图 4-109

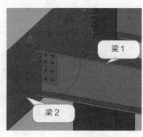

图 4-110

课后练习：框架结构梁梁间的自动连接设置

素材位置	素材文件>CH04>课后练习：框架结构梁梁间的自动连接设置
实例位置	实例文件>CH04>课后练习：框架结构梁梁间的自动连接设置
视频名称	课后练习：框架结构梁梁间的自动连接设置.mp4
学习目标	掌握框架结构中梁梁连接节点的自动连接方法

· 任务要求

根据截面型材WI500-10-16×200，本例创建的节点如图4-111所示。

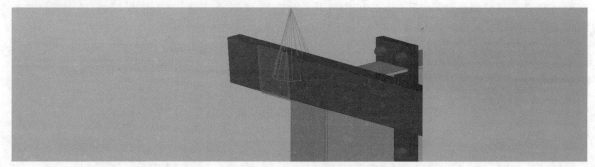

图 4-111

· 创建思路

这是一个使用自动连接设置创建的梁柱节点，其创建思路如图4-112所示。

第1步： 打开"素材文件>CH04>课后练习：框架结构梁梁间的自动连接设置"文件，然后确定连接部位和方式，将不创建连接的项目更改为"没有连接"。

第2步： 选择要创建的节点进行自动连接设置，并选择连接类型为"端板（144）"。

第3步： 在自动设置中找到要使用的节点，设定在次部件截面型材等于多少时选择哪种参数连接，并新建标准设置。

第4步： 编辑要连接的构件的截面型材类型。

第5步： 自动连接并创建梁柱节点。

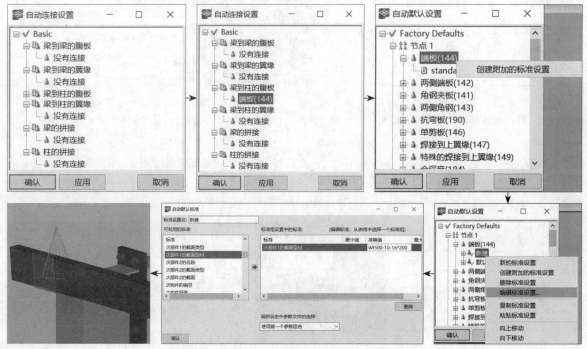

图 4-112

第 5 章

Tekla Structures 深化高级应用

本章概述

前几章内容讲解了Tekla Structures的一些基础应用，主要目的是让读者对这款软件有一个基本的了解。通过对软件的基础学习和简单应用，读者已经可以创建一些基本的钢构件模型。本章会将之前所讲解的技能点加以升级，进行进一步的深化，让读者对Tekla Structures的学习更加透彻。本章主要针对第4章中的节点创建相关应用，进一步开发并且深化。

本章要点

- » 自定义节点的设置方法
- » 为自定义节点添加属性变量
- » 自定义系统组件的参数化定义
- » 自定义组件的适用范围

5.1 引导实例：添加节点属性变量

扫码观看视频

素材位置	无
实例位置	实例文件>CH05>引导案例：添加节点属性变量
视频名称	引导实例：添加节点属性变量.mp4
学习目标	掌握加劲板的厚度变量的添加方法

本例选择"实例文件>CH04>功能实战：创建自定义梁柱节点"中的模型继续进行深化，为4块加劲板添加厚度，效果如图5-1所示。

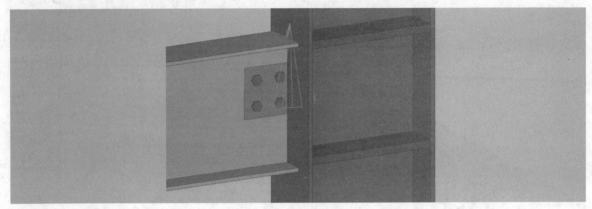

图 5-1

5.1.1 思路分析

为加劲板添加厚度，可分控制变量和编辑加劲板的厚度两个部分进行操作，以下是本例的思路。

第1步，找到需要深化的节点。

第2步，添加需要控制的变量。

第3步，根据图纸要求，自定义属性的变量值。

5.1.2 添加截面型材和材质属性变量

01 打开"实例文件>CH04>功能实战：创建自定义梁柱节点"文件，得到的模型如图5-2所示，需要深化的模型节点如图5-3所示。

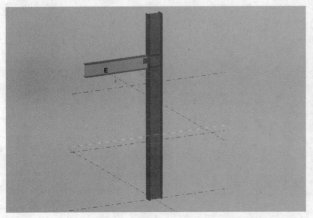

图 5-2

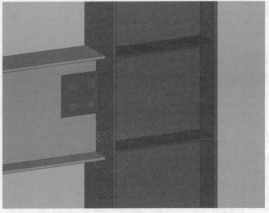

图 5-3

02 选中已创建成功的节点图标，然后单击鼠标右键，在弹出的菜单中选择"编辑用户单元"选项，这时同时出现了"用户单元浏览器"和"用户单元编辑器"对话框，在"用户单元编辑器"对话框中，单击"显示变量"按钮 ，如图5-4所示。

图 5-4

03 在打开的"变量"对话框中，单击"添加"按钮，完成两个变量的添加。设置P1的"公式"为PL10，"值"为PL10，"值类型"为"截面型材"，"对话框中的标签"为"加劲板的规格"；设置P2的"公式"为Q235B，"值"为Q235B，"值类型"为"材质"，"对话框中的标签"为"加劲板的材质"，最后单击"关闭"按钮，如图5-5所示。

图 5-5

04 回到模型视图中，单击连接板，如图5-6所示。这时"用户单元浏览器"对话框中会出现对应的"多边形板"选项。展开"多边形板"选项，选择需要添加变量的加劲板。选择"截面型材"选项，单击鼠标右键，在弹出的菜单中选择"添加等式"选项，这时"截面型材"变为"截面型材=P1"。同理，可为"材质"选项添加属性变量，得到"材质=P2"，如图5-7所示。

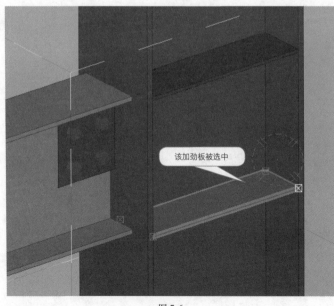

图 5-6

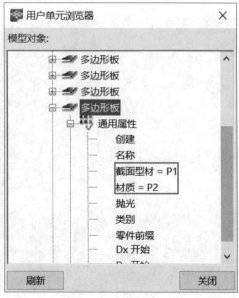

图 5-7

05 该节点中一共有4块加劲板，接下来为其余3块加劲板都添加变量等式，如图5-8~图5-10所示。

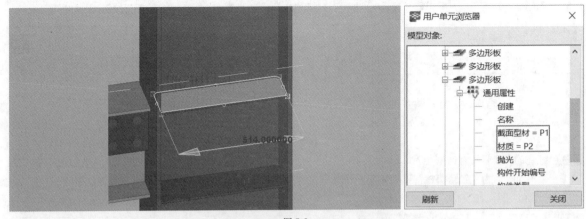

图 5-8

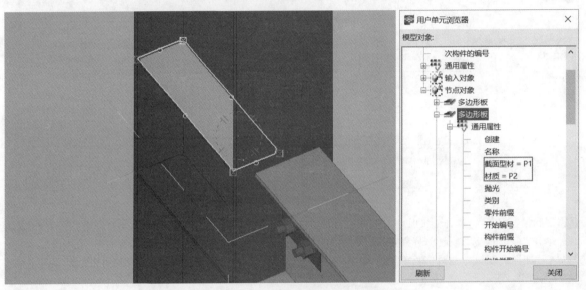

图 5-9

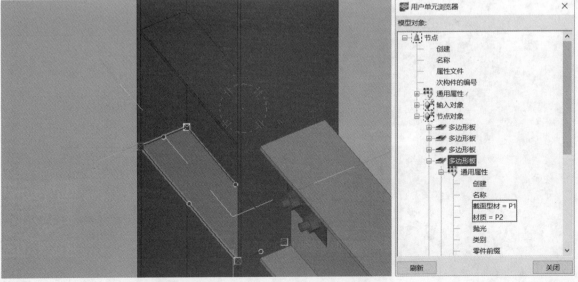

图 5-10

5.1.3 编辑加劲板的厚度

添加变量后，就可以自定义加劲板的厚度了。关闭节点编辑器，然后双击节点，即可编辑加劲板的厚度。在打开的对话框中，设置"加劲板的规格"为PL30，然后依次单击"修改"按钮和"确认"按钮，如图5-11所示。加劲板的厚度修改完成，其前后对比效果如图5-12所示。

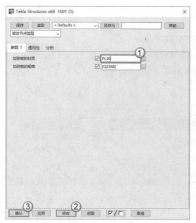

图 5-11

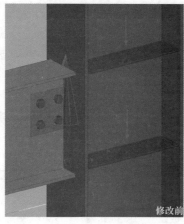

图 5-12

5.2 自定义节点的高级设置

在建模的过程中，完成了自定义节点的基本创建后（详见第4章），通常还需要根据要求对基础节点进行高级设置，如为节点添加属性变量。下面以对梁柱节点的属性变量的深化为例，对自定义节点的高级设置进行简单的介绍。

第1步：选中节点，然后单击鼠标右键，在弹出的菜单中选择"编辑用户单元"选项，如图5-13所示；在打开的"用户单元编辑器"对话框中，单击"显示变量"按钮，即可根据需要添加变量，如图5-14所示。

图 5-13

图 5-14

第2步：添加变量。在打开的"变量"对话框中，单击"添加"按钮，完成变量的添加。设置P1的"公式"为"PL10"、"值"为"PL10"、"值类型"为"截面型材"、"对话框中的标签"为"加劲板的规格"，如图5-15所示。

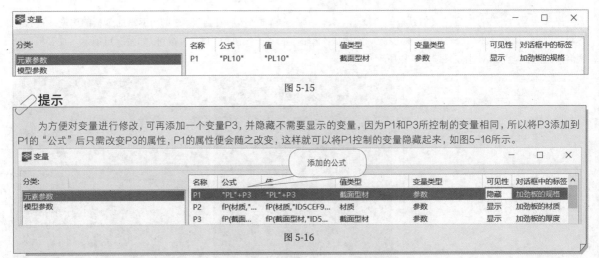

图 5-15

为方便对变量进行修改，可再添加一个变量P3，并隐藏不需要显示的变量，因为P1和P3所控制的变量相同，所以将P3添加到P1的"公式"后只需改变P3的属性，P1的属性便会随之改变，这样就可以将P1控制的变量隐藏起来，如图5-16所示。

图 5-16

第3步：添加完变量后，回到"用户单元浏览器"对话框，选中要添加变量的节点零构件，这时会出现对应的"多边形板"选项。由于P1属性所对应的为"截面型材"，因此展开"多边形板"选项，在"截面型材"属性上单击鼠标右键，在弹出的菜单中选择"添加等式"选项，然后将上一步中P1的变量公式复制到相应的属性中，如图5-17所示。

第4步：关闭编辑用户单元的所有对话框，双击模型视图中的节点符号，就可以找到所添加的变量，如图5-18所示（这里只要求添加变量，不要求输入具体值）。

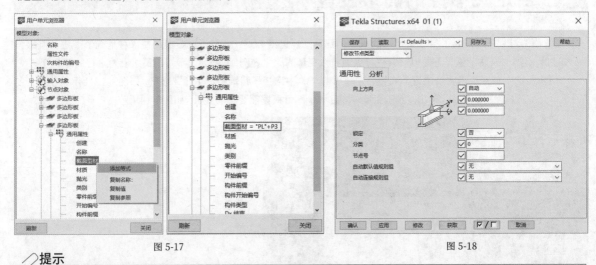

图 5-17　　　　　　　　　　　　　　　　　　　　　　图 5-18

在编辑的过程中，如果出现节点修改不成功的情况，那么只需删除现有节点，然后重新放置即可。

🔧 **功能实战：** 梁柱节点的高级开发

素材位置	无
实例位置	实例文件>CH05>功能实战：梁柱节点的高级开发
视频名称	功能实战：梁柱节点的高级开发.mp4
学习目标	掌握连接板的厚度变量的添加方法

本例选择第4章的"功能实战：创建自定义梁柱节点"中的模型继续进行深化，为连接板添加厚度，效果如图5-19所示。

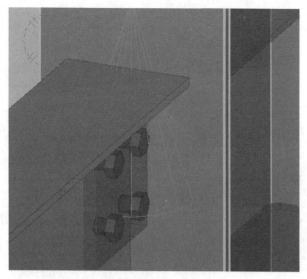

图 5-19

提示

梁柱节点往往由多个构件构成,如连接板、加劲肋和螺栓,本例是为节点中的连接板添加变量。

· 添加截面型材和材质属性变量

01 打开"实例文件>CH04>功能实战:创建自定义梁柱节点"文件,得到的模型如图5-20所示,需要深化的模型节点如图5-21所示。

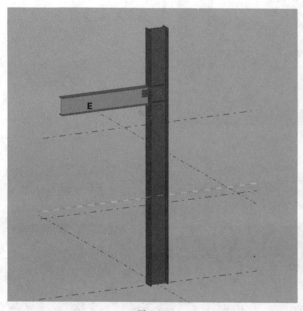

图 5-20

图 5-21

02 选中节点图标,单击鼠标右键,在弹出的菜单中选择"编辑用户单元"选项,会同时弹出"用户单元浏览器"和"用户单元编辑器"对话框,如图5-22所示。

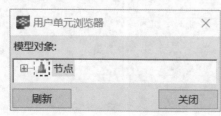

图 5-22

03 在"用户单元编辑器"对话框中,单击"显示变量"按钮 ⬚,打开"变量"对话框,然后单击"添加"按钮,完成3个变量的添加。设置P4的"公式"为""PL"+P6","值"为""PL"+P6","值类型"为"截面型材","对话框中的标签"为"连接板的规格";设置P5的"公式"为Q235B,"值"为Q235B,"值类型"为"材质","对话框中的标签"为"连接板的材质";设置P6的"值"为10,"值类型"为"长度","对话框中的标签"为"连接板的厚度",最后单击"关闭"按钮,如图5-23所示。

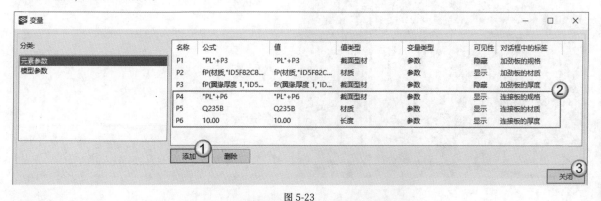

图 5-23

04 回到模型视图中,选中图5-24所示的连接板。这时"用户单元浏览器"对话框中会出现对应的"多边形板"选项。展开"多边形板"选项,在"截面型材"和"材质"上添加公式。依次单击鼠标右键,在弹出的菜单中选择"添加等式"选项,然后分别添加P4和P5,最后单击"关闭"按钮,如图5-25所示。

图 5-24

图 5-25

· 修改连接板的厚度

连接板的变量添加完成。双击节点图标,就可以找到所添加的变量,然后设置"加劲板的厚度"为50,依次单击"修改"按钮和"确认"按钮,如图5-26所示。连接板的厚度修改完成,前后对比效果如图5-27所示。

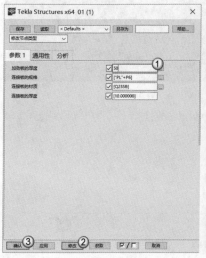

图 5-26

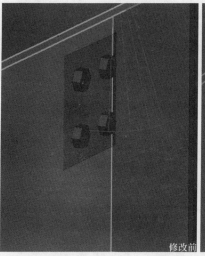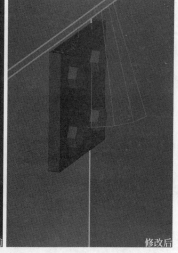

图 5-27

拓展习题：为自定义用户节点添加加劲板的材质变量

素材位置	无
实例位置	实例文件>CH05>拓展习题：为自定义用户节点添加加劲板的材质变量
视频名称	拓展习题：为自定义用户节点添加加劲板的材质变量.mp4
学习目标	掌握加劲板的材质变量的添加方法

· 任务要求

根据自定义用户节点，添加材质Q345，如图5-28所示。

图 5-28

· 创建思路

这是一个自定义用户节点中加劲板材质变量的添加，创建思路如图5-29所示。

第1步： 打开"实例文件>CH04>功能实战：创建自定义梁柱节点"文件，然后同时打开"用户单元浏览器"和"用户单元编辑器"对话框。

第2步： 选中柱构件，在"用户单元浏览器"对话框中找到"主部件"选项，在"主部件"中找到柱的材质，然后复制其参数并将复制的参数粘贴到"变量"对话框的P2一栏中。

第3步： 将连接板的材质由Q235B改为Q345，材质修改完成。

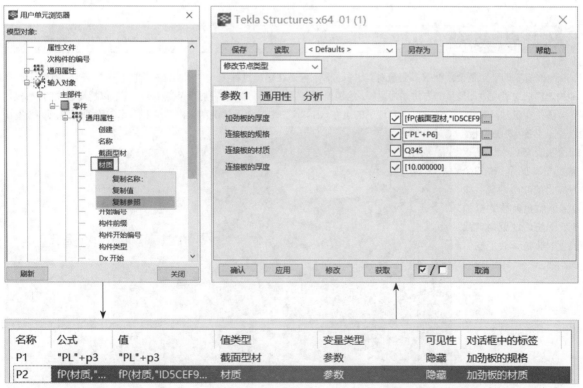

图 5-29

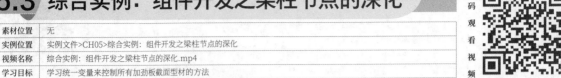

5.3 综合实例：组件开发之梁柱节点的深化

素材位置	无
实例位置	实例文件>CH05>综合实例：组件开发之梁柱节点的深化
视频名称	综合实例：组件开发之梁柱节点的深化.mp4
学习目标	学习统一变量来控制所有加劲板截面型材的方法

本例选择第4章的"功能实战：创建自定义梁柱节点"中的模型继续进行深化，为4块加劲板添加厚度（改变截面型材来完成节点变量的批量处理），效果如图5-30所示。

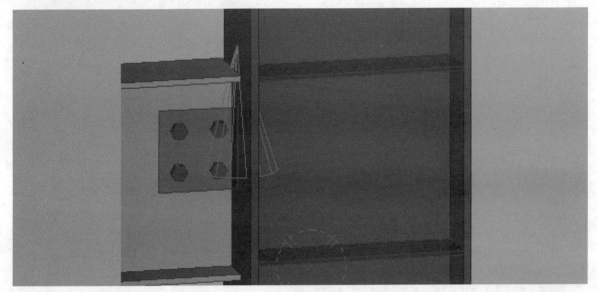

图 5-30

5.3.1 思路分析

一个完整的节点需要添加很多变量对其进行控制，但是在建模过程中一个钢构件模型中有很多节点，因此找到一种快速简洁为节点添加变量的方法尤为重要，这需要利用钢构件中现有的附加于节点中的变量，以提高建模的效率。

添加变量时，重点是控制节点中零件上的点在 x、y、z 这3个方向上的距离。由图5-31所示的模型可知，该梁柱节点上一共有4块加劲板，每个板上有4个点，所以需要控制16个点在3个方向上的48个距离。如果4个加劲板被完全控制，就能通过更换其截面型材来统一改变它们的距离。

图 5-31

💡 **提示**

本例需要控制的加劲板上的点在 x、y、z 三个方向上的距离，可以通过控制柱在长度、宽度和高度的方向来完成，最后完成变量的调节。

5.3.2 控制柱在高度方向上的距离

01 打开"实例文件>CH04>功能实战：创建自定义梁柱节点"文件，得到的模型如图5-32所示，需要深化的模型节点如图5-33所示。

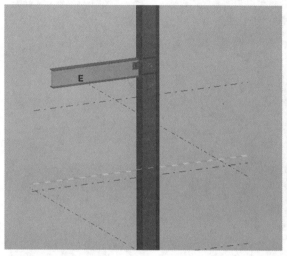
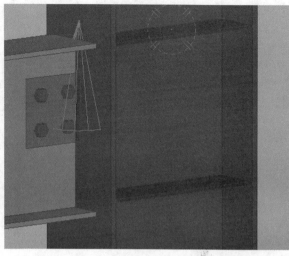

图 5-32　　　　　　　　　　　　　　　　图 5-33

02 选中已创建成功的节点，然后单击鼠标右键，在弹出的菜单中选择"编辑用户单元"选项，这时同时出现了"用户单元浏览器"和"用户单元编辑器"对话框，如图5-34所示。

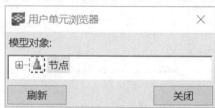

图 5-34

03 让正视图中两块板的4个靠近柱的点都合并到柱的翼缘内表面上，如图5-35所示。

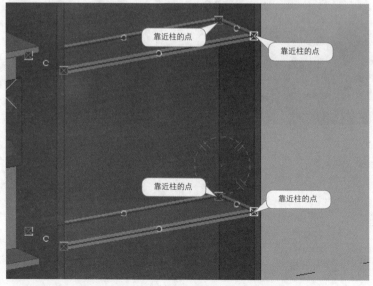

图 5-35

提示

控制柱在高度方向上的距离，柱的高度方向如图5-36所示。

图 5-36

04 选中其中一个板，被选中的板上会出现4个端点，按住鼠标左键框选其中的两个点，待两个点全部框选完成后，选中其中一个点并单击鼠标右键，在弹出的菜单中选择"合并到平面"选项，效果如图5-37所示。合并后的平面即为主要平面，如图5-38所示。

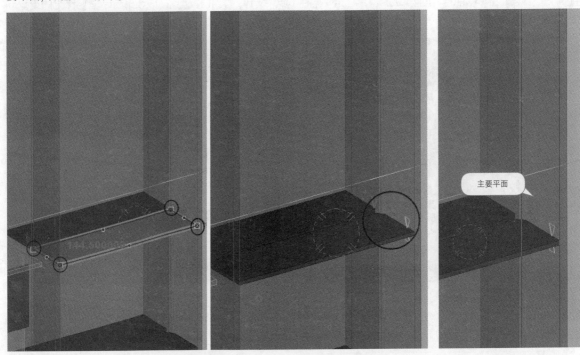

图 5-37　　　　　　　　　　　　　　　　图 5-38

> **提示**
>
> 其他分步与该操作完全相同，之后不再赘述。

05 在"用户单元编辑器"对话框中，将"变量平面"设置为"主要平面"，如图5-39所示，依次选择柱的腹板面和翼缘面，合并到平面的命令就完成了，如图5-40所示。

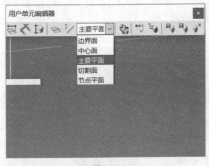

图 5-39

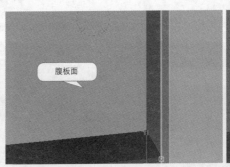

图 5-40

06 确定了两个方向上的控制点后，效果如图5-41所示。

分类：	名称	公式	值	值类型	变量类型	可见性	对话框中的标签
元素参数	P5	Q235B	Q235B	材质	参数	显示	连接板的材质
模型参数	P6	10.0000...	10.000000	长度	参数	显示	连接板的厚度
	D1	0.000000	0.000000	长度	距离	隐藏	D1.PLATE.COLU...
	D2	0.000000	0.000000	长度	距离	隐藏	D2.PLATE.COLU...

图 5-41

07 由于其他14个控制点的设置同上述步骤一致，因此这里不再一一操作，所有控制点都设置完成后的效果如图5-42所示。

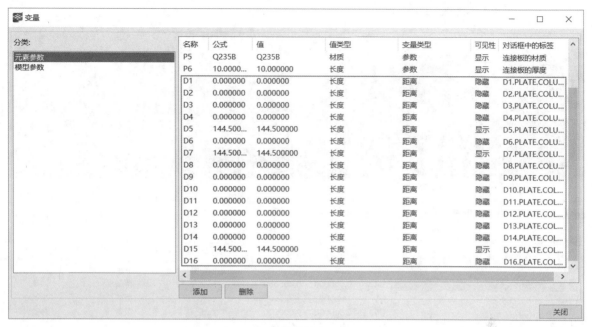

图 5-42

提示

控制点与主要平面的合并一定要灵活处理，根据该点连接的平面选择合适的主要平面，避免按照视频演示盲目选择主要平面。

5.3.3 控制柱的腹板在宽度方向上的距离

01 将节点中上下两块板上的与柱腹板贴合的两个点都合并到柱的腹板面上，如图5-43所示。先选中其中一个板，被选中的板上会出现4个端点，按住鼠标左键并框选其中的两个点，待两个点全部框选完成后，选中其中一个点并单击鼠标右键，在弹出的菜单中选择"合并到平面"选项。

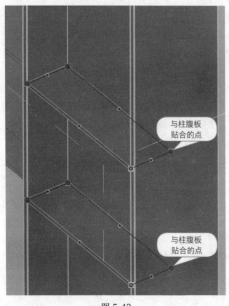

图 5-43

提示

柱的宽度方向如图5-44所示。

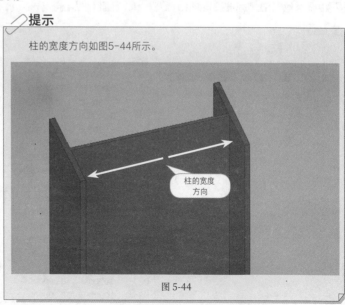

图 5-44

02 在"用户单元编辑器"对话框中，将"变量平面"设置为"主要平面"，如图5-45所示，然后选择柱的腹板面，合并到平面的命令就完成了，如图5-46所示。

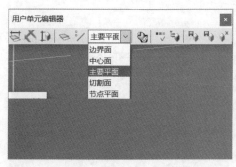

图 5-45　　　　　　　　　　　　　　　　　　图 5-46

03 确定了两个方向上的控制点后，效果如图5-47所示。

名称	公式	值	值类型	变量类型	可见性
D4	0.000000	0.000000	长度	距离	隐藏
D5	144.500...	144.500000	长度	距离	显示
D6	0.000000	0.000000	长度	距离	隐藏
D7	144.500...	144.500000	长度	距离	显示
D8	0.000000	0.000000	长度	距离	隐藏
D9	0.000000	0.000000	长度	距离	隐藏
D10	0.000000	0.000000	长度	距离	隐藏
D11	0.000000	0.000000	长度	距离	隐藏
D12	0.000000	0.000000	长度	距离	隐藏
D13	0.000000	0.000000	长度	距离	隐藏
D14	0.000000	0.000000	长度	距离	隐藏
D15	144.500...	144.500000	长度	距离	显示
D16	0.000000	0.000000	长度	距离	隐藏
D17	0.000000	0.000000	长度	距离	隐藏
D18	0.000000	0.000000	长度	距离	隐藏

分类：元素参数　模型参数

图 5-47

04 由于其他6个控制点的设置同上述步骤一致，因此这里不再一一操作，所有控制点都设置完成后的效果如图5-48所示。

名称	公式	值	值类型
D8	0.000000	0.000000	长度
D9	0.000000	0.000000	长度
D10	0.000000	0.000000	长度
D11	0.000000	0.000000	长度
D12	0.000000	0.000000	长度
D13	0.000000	0.000000	长度
D14	0.000000	0.000000	长度
D15	144.500...	144.500000	长度
D16	0.000000	0.000000	长度
D17	0.000000	0.000000	长度
D18	0.000000	0.000000	长度
D19	0.000000	0.000000	长度
D20	0.000000	0.000000	长度
D21	0.000000	0.000000	长度
D22	0.000000	0.000000	长度
D23	0.000000	0.000000	长度
D24	0.000000	0.000000	长度

分类：元素参数　模型参数

图 5-48

5.3.4 控制柱的翼缘在宽度方向上的距离

01 将节点中上下两块板上的与翼缘侧面贴合的两个点都合并到柱的翼缘侧面上，如图5-49所示。先选中其中一个板，被选中的板上会出现4个端点，按住鼠标左键并框选其中的两个点，待两个点全部框选完成后，选中其中一个点并单击鼠标右键，在弹出的菜单中选择"合并到平面"选项。

02 在"用户单元编辑器"对话框中，将"变量平面"设置为"主要平面"，如图5-50所示，然后选择柱的翼缘侧面，合并到平面的命令就完成了，如图5-51所示。

图 5-50

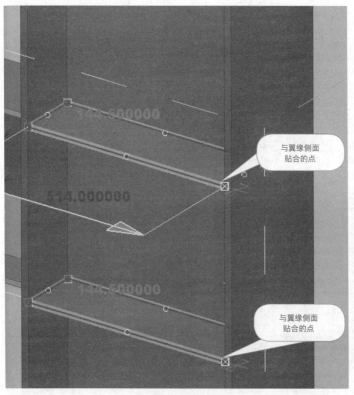

图 5-49

图 5-51

03 确定了两个方向上的控制点后，效果如图5-52所示。

分类:	名称	公式	值	值类型
元素参数	D8	0.000000	0.000000	长度
模型参数	D9	0.000000	0.000000	长度
	D10	0.000000	0.000000	长度
	D11	0.000000	0.000000	长度
	D12	0.000000	0.000000	长度
	D13	0.000000	0.000000	长度
	D14	0.000000	0.000000	长度
	D15	144.500...	144.500000	长度
	D16	0.000000	0.000000	长度
	D17	0.000000	0.000000	长度
	D18	0.000000	0.000000	长度
	D19	0.000000	0.000000	长度
	D20	0.000000	0.000000	长度
	D21	0.000000	0.000000	长度
	D22	0.000000	0.000000	长度
	D23	0.000000	0.000000	长度
	D24	0.000000	0.000000	长度
	D25	0.000000	0.000000	长度
	D26	0.000000	0.000000	长度

图 5-52

04 由于其他6个控制点的设置同上述步骤一致，因此这里不再一一操作，所有控制点都设置完成后的效果如图5-53所示。

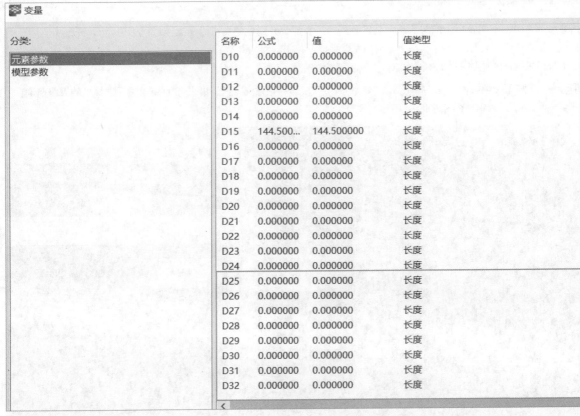

图 5-53

5.3.5 控制柱与梁在上下方向上的距离

01 将上边两块板的上表面与梁的上表面对齐，如图5-54所示。先选中其中一个板，被选中的板上会出现4个端点，按住鼠标左键并框选其中的两个点，待两个点全部框选完成后，选中其中一个点并单击鼠标右键，在弹出的菜单中选择"合并到平面"选项。

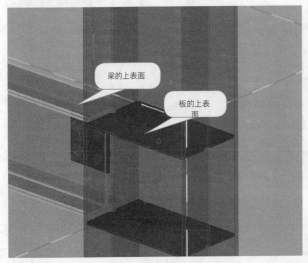

图 5-54

💡**提示**

柱与梁的上下方向如图5-55所示。

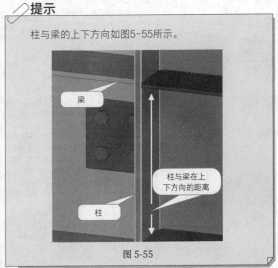

图 5-55

02 在"用户单元编辑器"对话框中，将"变量平面"设置为"主要平面"，如图5-56所示，然后选择梁的上表面，合并到平面的命令就完成了，如图5-57所示。

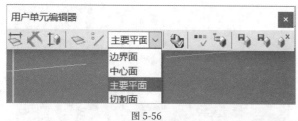

图 5-56

图 5-57

✏️ 提示

由于视角问题，因此可能从视觉上看到的板和梁不在同一平面上，如图5-58所示。

板和梁实际上在同一平面

图 5-58

03 确定了两个方向上的控制点后，效果如图5-59所示。

04 由于其他4个控制点的设置同上述步骤一致，因此这里不再一一操作，所有控制点都设置完后的效果如图5-60所示。

变量				
分类：	名称	公式	值	值类型
元素参数	D12	0.000000	0.000000	长度
模型参数	D13	0.000000	0.000000	长度
	D25	0.000000	0.000000	长度
	D26	0.000000	0.000000	长度
	D27	0.000000	0.000000	长度
	D28	0.000000	0.000000	长度
	D29	0.000000	0.000000	长度
	D30	0.000000	0.000000	长度
	D31	0.000000	0.000000	长度
	D32	0.000000	0.000000	长度
	D33	0.000000	0.000000	长度
	D34	0.000000	0.000000	长度

图 5-59

变量				
分类：	名称	公式	值	值类型
元素参数	D18	0.000000	0.000000	长度
模型参数	D19	0.000000	0.000000	长度
	D31	0.000000	0.000000	长度
	D32	0.000000	0.000000	长度
	D33	0.000000	0.000000	长度
	D34	0.000000	0.000000	长度
	D35	0.000000	0.000000	长度
	D36	0.000000	0.000000	长度
	D37	0.000000	0.000000	长度
	D38	0.000000	0.000000	长度
	D39	0.000000	0.000000	长度
	D40	0.000000	0.000000	长度

图 5-60

05 将下边两块板的下表面与梁的下表面对齐，如图5-61所示。先选中其中一个板，被选中的板上会出现4个端点，按住鼠标左键并框选其中的两个点，待两个点全部框选完成后，选中其中一个点并单击鼠标右键，在弹出的菜单中选择"合并到平面"选项。

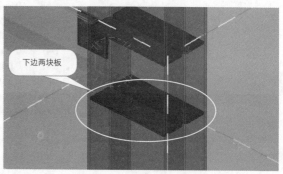

下边两块板

图 5-61

06 在"用户单元编辑器"对话框中，将"变量平面"设置为"主要平面"，如图5-62所示，然后选择梁的下表面，合并到平面的命令就完成了，如图5-63所示。

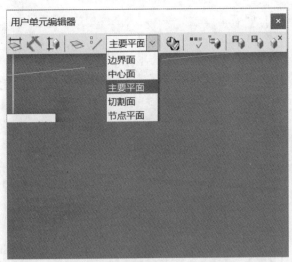

图 5-62

图 5-63

07 确定了两个方向上的控制点后，效果如图5-64所示。

D41	0.000000	0.000000	长度	距离
D42	0.000000	0.000000	长度	距离

图 5-64

08 由于其他6个控制点的设置同上述步骤一致，因此这里不再一一操作，所有控制点都设置完成后的效果如图5-65所示。

变量

分类：		名称	公式	值	值类型
元素参数		D26	0.000000	0.000000	长度
模型参数		D27	0.000000	0.000000	长度
		D28	0.000000	0.000000	长度
		D29	0.000000	0.000000	长度
		D30	0.000000	0.000000	长度
		D31	0.000000	0.000000	长度
		D32	0.000000	0.000000	长度
		D33	0.000000	0.000000	长度
		D34	0.000000	0.000000	长度
		D35	0.000000	0.000000	长度
		D36	0.000000	0.000000	长度
		D37	0.000000	0.000000	长度
		D38	0.000000	0.000000	长度
		D39	0.000000	0.000000	长度
		D40	0.000000	0.000000	长度
		D41	0.000000	0.000000	长度
		D42	0.000000	0.000000	长度
		D43	0.000000	0.000000	长度
		D44	0.000000	0.000000	长度
		D45	0.000000	0.000000	长度
		D46	0.000000	0.000000	长度
		D47	0.000000	0.000000	长度
		D48	0.000000	0.000000	长度

图 5-65

5.3.6 添加截面型材

01 在视图中双击梁，打开"梁的属性"对话框，然后单击"截面型材"后的"选择"按钮，打开"选择截面"对话框，选择"截面型材"为HN450×200×9×14，单击"确认"按钮，如图5-66所示。

02 这时可以看到加劲板随着梁的截面型材的改变，其距离也发生了改变，前后对比效果如图5-67所示。

图 5-66

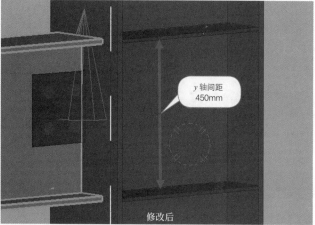

图 5-67

🏠 课后练习：继续为梁柱节点的连接板添加距离变量

素材位置	无
实例位置	实例文件>CH05>课后练习：继续为梁柱节点的连接板添加距离变量
视频名称	课后练习：继续为梁柱节点的连接板添加距离变量.mp4
学习目标	掌握连接板距离变量的添加方法

扫码观看视频

⊡ 任务要求

根据"综合实例：组件开发之梁柱节点的深化"文件，继续添加图5-68所示的连接板距离变量，水平方向的变量值见表5-1，连接板水平方向的距离为"梁到柱的间距＋螺栓到梁端的距离＋（螺栓的列数－1）×螺栓的间距＋螺栓的左边距"；竖直方向的变量值见表5-2，连接板竖直方向的距离为"连接板到梁上表面的距离＋螺栓的上边距＋（螺栓的排数－1）×螺栓的竖直间距＋螺栓的下边距"。

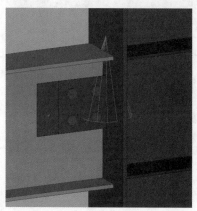

图 5-68

表 5-1　水平方向的变量值

连接板水平方向变量	值
梁到柱的间距	15
螺栓到梁端的距离	50
螺栓的列数	2
螺栓的间距	100
螺栓的左边距	50

表 5-2　竖直方向的变量值

连接板竖直方向变量	值
连接板到梁上表面的距离	50
螺栓的上边距	20
螺栓的排数	2
螺栓的竖直间距	100
螺栓的下边距	50

· 创建思路

这是一个用户自定义节点中连接板距离变量的添加，创建思路如图5-69所示。

第1步： 打开"实例文件>CH05>综合实例：组件开发之梁柱节点的深化"文件，然后同时打开"用户单元浏览器"和"用户单元编辑器"对话框。

第2步： 为连接板添加水平方向上的参数。

第3步： 合并连接板在水平方向的距离；框选连接板的4个端点，使其合并到柱的翼缘面上。

第4步： 使用"显示变量"工具 ，待出现新的变量时，让"值"为零的变量一直为零，让"值"大的变量值等于"连接板的宽度"。

第5步： 为连接板添加竖直方向上的参数。

第6步： 修改"螺栓的左边距"为50，使连接板的距离发生变化。

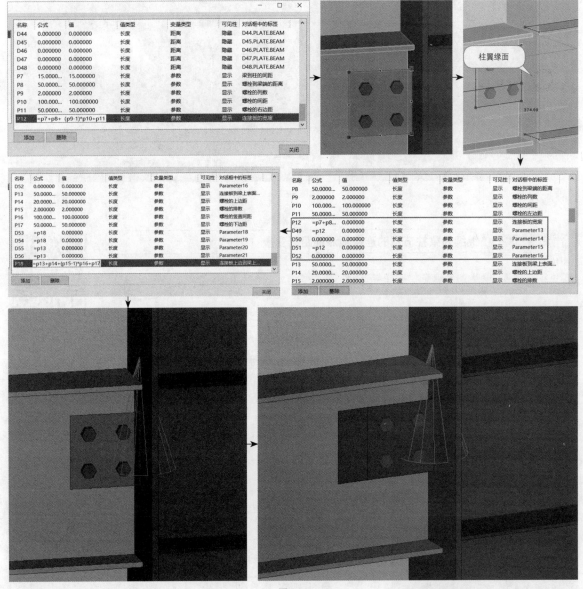

图 5-69

第 6 章

Tekla Structures
图纸基础应用

本章概述

本章介绍的是Tekla Structures的图纸基础应用。图纸是该软件中的一大应用点，在日常工作中，经常会用到Tekla Structures完成出图操作，所以出图功能是每个钢结构专业人员必须学习的内容。

本章要点

» 设置并编辑图纸
» 熟悉创建报表功能
» 导出图纸及报表
» 了解图纸的特点

6.1 引导实例：创建"牛腿柱"构件图纸

扫
码
观
看
视
频

素材位置	素材文件>CH06>引导实例：创建"牛腿柱"构件图纸
实例位置	实例文件>CH06>引导实例：创建"牛腿柱"构件图纸
视频名称	引导实例：创建"牛腿柱"构件图纸.mp4
学习目标	掌握图纸的创建方法

本例创建的构件图纸如图6-1所示。

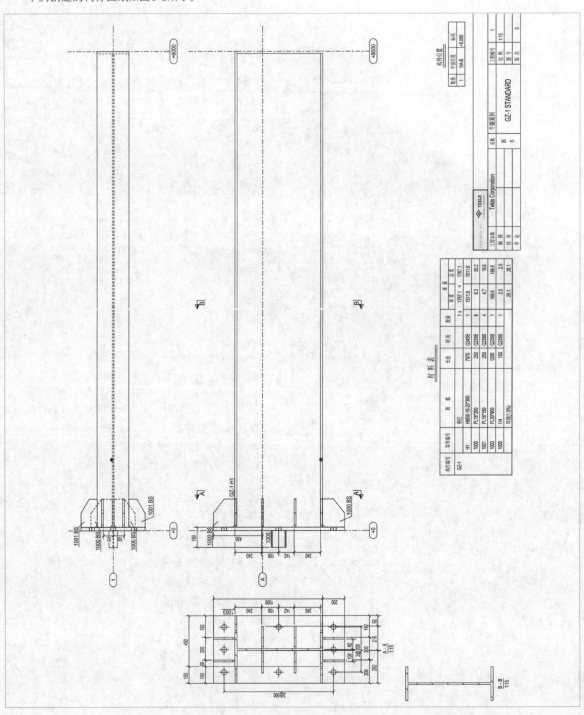

图 6-1

6.1.1 思路分析

在Tekla Structures中创建好模型后，生成图纸是很容易的（分为图纸编号和创建图纸两部分），以下是本例的思路。

第1步，按照要求创建标准模型，注意数据、模型的准确度与精度。

第2步，选择需要创建图纸的构件并创建图纸。

6.1.2 图纸编号

01 打开"素材文件>CH06>引导实例：创建'牛腿柱'构件图纸"文件，框选整个牛腿柱模型，如图6-2所示。

02 执行"图纸和报告>编号>对所选对象的序列编号"菜单命令，对模型进行编号处理，如图6-3所示。

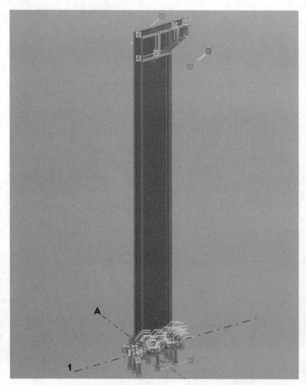

图 6-2

图 6-3

6.1.3 创建图纸

01 对图纸编号完成后，执行"图纸和报告>创建构件图"菜单命令，即可创建构件图纸，如图6-4所示。

图 6-4

✎提示

在执行此命令前，一定要在视图中选中要创建图纸的相关零构件并编号。另外每次创建图纸时尽量分批进行，避免全部框选后因模型较大而使计算机出现卡顿。

02 创建好的图纸便在图纸列表中了，执行"图纸和报告>图纸列表"菜单命令，打开"图纸列表"对话框，双击图纸可对图纸进行查看，如图6-5所示，打开后的图纸如图6-6所示。

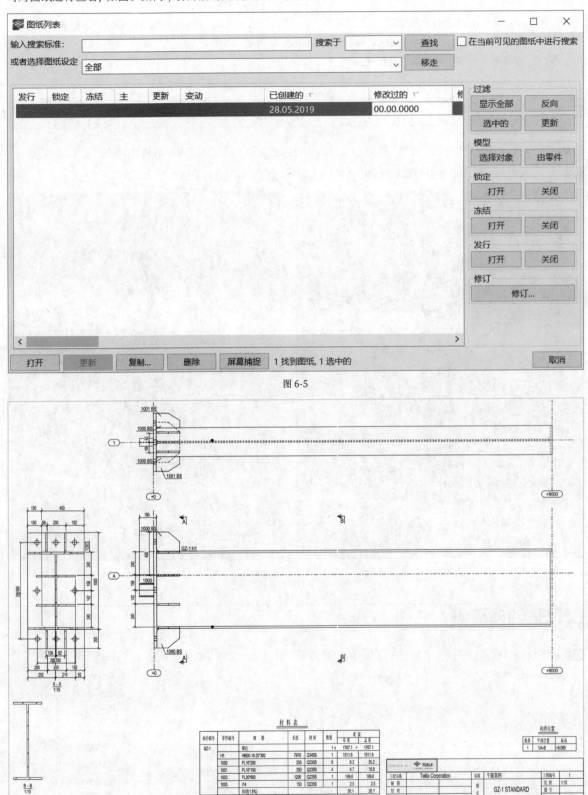

图 6-5

图 6-6

6.2 认识图纸

图纸是用标注尺寸的图形和文字来说明工程建筑、机械和设备等的结构、形状、尺寸及其他要求的一种技术文件。

6.2.1 图纸的特点

不同软件生成的图纸有不同的特点,下面介绍用Tekla Structures生成的图纸的主要特点。

第1点,图纸中的所有信息均可从模型中直接得到,从而较大限度地减少了要做的工作。在很多情况下,需要做的全部工作就是检查预定义的设置或进行少量的编辑。

第2点,使用的图纸能始终保持最新状态。图纸实际上是模型的一部分,如果修订了模型,那么Tekla Structures将更新图纸,使其始终保持最新状态。

第3点,主图纸目录是一种使用主图纸在集中的位置快速、有效且随心所欲地创建图纸的方式。

第4点,用户可以根据布置、视图、尺寸、标记和建筑对象的预定义设置来自动创建所选零件的工厂零件图、构件图和浇筑体图纸。

第5点,用户可以自动创建所选视图的整体布置图和锚栓平面图。

第6点,图纸具有复制功能。

第7点,图纸能够被修订和控制。

第8点,用户可以使用交互式的编辑工具,在图纸中添加尺寸、各种形状、文本、附加注释、符号和链接等内容。

第9点,Tekla Structures中包含很多标准图纸布置,用户也可以创建自己的布置。

第10点,图纸能够被输出。

6.2.2 查找并打开图纸

查找图纸的方式十分简单,当查找创建好的图纸时,只需进行几步操作即可。在工具栏中单击"打开图纸列表"按钮📄后,针对模型创建的所有图纸都会显示在打开的"图纸列表"对话框中,如图6-7所示,在其中双击任意一张图纸即可查看图纸细节。

图 6-7

- **重要功能介绍**

图纸的过滤: 可以进行各种图纸的过滤。

模型和图纸的互选: 可以完成模型中零构件和图纸列表中图纸的互选。

图纸的锁定和打开: 可以进行图纸的锁定与打开。

图纸的冻结和解冻: 可以进行图纸的冻结与解冻。

6.2.3 图纸编号

如果模型最终需要出图，那么就必须对模型进行编号。Tekla Structures为模型中的每个零件和构件分配了一个标记，该标记包括零件或构件的前缀、位置编号和其他元素（如截面型材和材料等级）。

⊡ 注意事项

Tekla Structures在很多任务中都需要为模型编号，如使图纸与正确的零件、浇筑体或构件相关联，报告相同零件、浇筑体和构件的属性，将零件输出到其他软件时识别零件信息等情景中。模型编号在构件的制造、运输和安装阶段至关重要（必须对模型进行编号）。在编号的过程中，要注意以下事项。

①编号是由一个前缀和一个具体的流水号组成的（如编号P6，其中的P为前缀，6为具体的流水号），在实际工作中最好设置前缀，但并不表示必须要设置前缀。

②主零件和次零件都需要有零件前缀，如果没有前缀，那么零件编号为纯数字。

③主零件要有构件前缀，次零件可以有，也可以没有（因为次零件不参与构件的编号，它的前缀和开始编号都不会影响构件的编号）。

④所有与零件前缀相同的零件，它们的起始编号必须相同，一般为1。

⑤所有与构件前缀相同的零件，它们的起始编号必须相同，一般为1。

⑥创建清单报告、图纸前必须对所有零件进行编号。

⊡ 编号设置

图纸的应用是出图的重要意义，在出图之前要对模型中的零构件进行编号设置，以保证图纸的正确性。

执行"图纸和报告>编号>编号设置"菜单命令，打开"编号设置"对话框，可对模型进行编号设置，如图6-8所示。

• 重要选项介绍

跟老的比较：零件会获得与之前已编号的相似零件相同的编号。

全部重编号：所有零件都获得一个新编号，之前所有的编号信息都丢失。

> 💡 **提示**
>
> 如果图纸没有下发到车间，那么"新建"零件与"修改过的"零件的图纸都与"老的"进行比较，以避免编号断号；如果图纸已经下发到车间，那么"新建"零件将采用新编号，以防止发生错误。

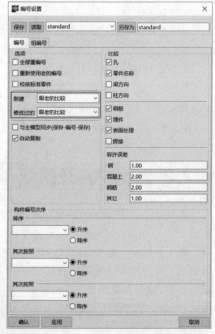

图 6-8

⊡ 创建编号

创建编号可以增加图纸之间的逻辑性，方便图纸的查询及应用。在创建图纸时，创建编号的操作并不复杂，先要选中需要创建图纸的模型部分，然后执行"图纸和报告>编号>对所选对象的序列编号"菜单命令，即可完成对模型的编号。编号后的模型不发生变化，只对构件进行了序号的排列，如图6-9所示。

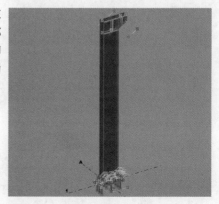

图 6-9

6.2.4 创建图纸

对需要创建的图纸进行好前期准备后，经检验无误，即可创建所需图纸。

· 基本原则

在开始创建或修改图纸之前，需要了解Tekla Structures中创建图纸的5点基本原则。

第1点，模型是图纸的唯一信息源。图纸只是模型的另一种视图，通常为2D视图，这可以确保图纸和报告中的信息总是最新的。

第2点，Tekla Structures将图纸和模型集成在一起。

第3点，图纸对象与模型对象相关联，如果模型发生更改，那么图纸对象同时也会更新。

第4点，若需要更改某些属性，则需要重新创建图纸。

第5点，可以在图纸、视图和对象3个级别上修改图纸属性，具体取决于需要的结果。

· 图纸的制作流程

图纸分为零件图、构件图和布置图3个部分，其中每一部分又与各个小部分关联。图纸的制作流程如图6-10所示。

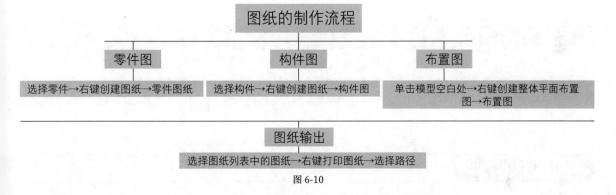

图 6-10

· 创建零件图纸

下面以创建零件图纸为例介绍创建图纸的方式。

查看图纸

选中任意一个零件，然后执行"图纸和报告>创建零件图"菜单命令，创建该零件的零件图纸。单击"打开图纸列表"按钮，打开"图纸列表"对话框，其中展示出了当前创建的图纸列表，如图6-11所示。双击需要创建的图纸，可对之前创建的零件图纸进行查看。

图 6-11

图纸编号

回到视图中，框选该零件的模型，执行"图纸和报告>编号>对所选对象的序列编号"菜单命令，编号完成后，执行"图纸和报告>创建构件图"菜单命令，即可完成图纸的创建。

创建模板

创建好图纸后，可将这张图纸作为模板进行保存，使其他零件图均以此为模板进行创建。在图纸界面空白处双击，打开"构件图属性"对话框，可在其中对图纸的各个属性进行修改，在保存时重命名，如设置"名称"为STANDARD，这样便能在创建其他零件时选择此模板进行创建，如图6-12所示。

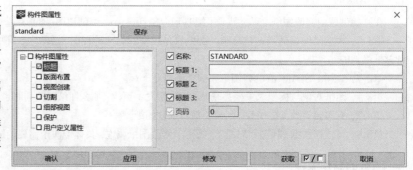

图 6-12

6.3 编辑图纸

模型所出的图纸是要交付给施工方的，图纸交给施工方后可以直接使用，因此所建的模型、所做的模型节点深化都是在为实际施工提供便利。在图纸中，一定要明确地展示模型的细部内容或根据出图要求设置图纸，将图纸修改为需要的图纸。

6.3.1 图纸属性

在Tekla Structures中，可对图纸的属性进行设置，以满足工作中对图纸的需求。下面以钢梁的构件图为例对图纸属性进行更改，并讲解出图过程中会用到的属性。

⊡ 布置

在"构件图属性"对话框中，选择"版面布置"选项，激活"版面布置"的设置界面。下面对"版面布置"的设置进行介绍。

图纸尺寸

在"图纸尺寸"选项卡中，可将"尺寸定义模式"设置为"指定的尺寸"，这样便可根据实际情况，对图纸的尺寸（长、宽）进行修改，如图6-13所示。

图 6-13

- **重要属性介绍**

图纸尺寸：设置创建图纸的具体尺寸，不同型号图纸的尺寸不同（A4为297mm×210mm，A3为420mm×297mm）。

尺寸定义模式：分为"指定的尺寸"和"自动设置尺寸"，其中"自动设置尺寸"不可更改。

比例

在"比例"选项卡中，可对图纸的比例进行设置，如图6-14所示。如果在"自动设置比例"中选择了"是"，那么图纸中的各部件图便会在设置好的比例中进行选择。除此之外，还可以通过"模式改变比例"来改变主视图和剖面图的关系，进而改变视图比例。系统会根据选择的不同尺寸大小的构件来进行比例的调节，并放置在图纸中。

图 6-14

- **重要属性介绍**

主视图=剖面图：主视图和剖面视图的比例相等，效果如图6-15所示。

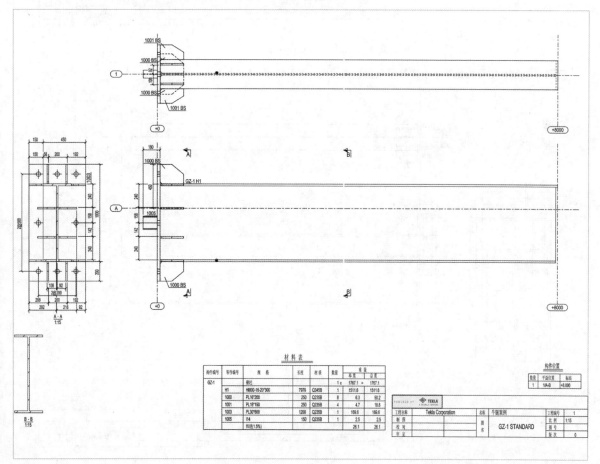

图 6-15

视图<切割： 主视图比例小于剖面视图比例，效果如图6-16所示。

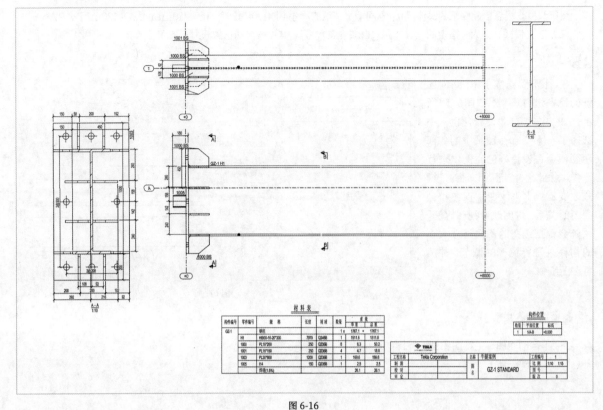

图 6-16

视图<=切割： 主视图比例小于或等于剖面视图比例，效果如图6-17所示。

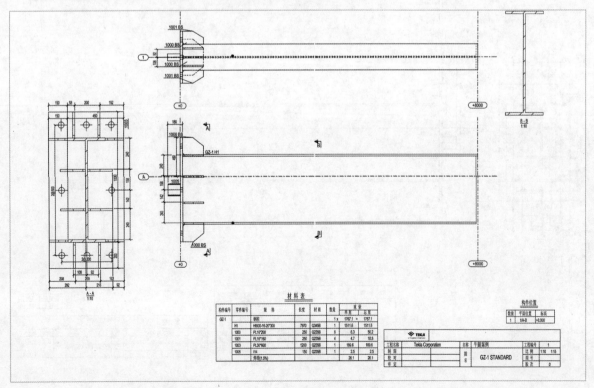

图 6-17

其他

在"其他（它）"选项卡中，可以对几个参数进行设置来控制及调整图纸中模型的投影类型、构件的布置方式和是否显示零件图等内容，以满足实际需求，如图6-18所示。

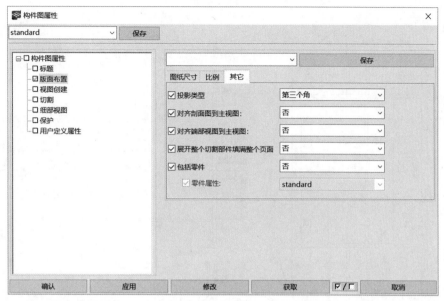

图 6-18

- **重要属性介绍**

投影类型：在我国环境中只能选择"第三个角"选项（记住便可）。

对齐剖面图到主视图：将"否"改为"是"，便可将剖面图与主视图对齐，效果如图6-19所示。

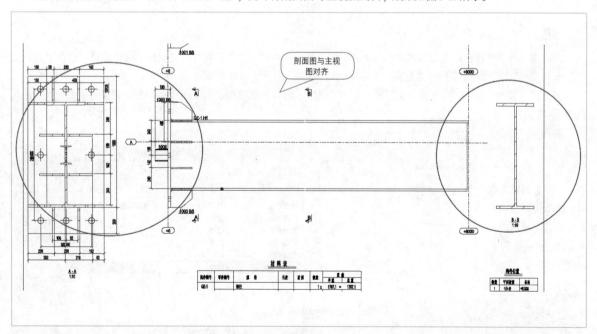

图 6-19

对齐端部视图到主视图：将"是"改为"否"，Tekla Structures会将剖面图和端部视图放置在任何可用位置。

展开整个切割部件填满整个页面：将"否"改为"是"，则不管构件在视图中被切割得多短，都会尽量将构件铺满整个图纸。

包括零件： 设置是否要在构件图中创建所带零件的零件图，若选择"是"，便会创建出零件图，效果如图6-20所示。

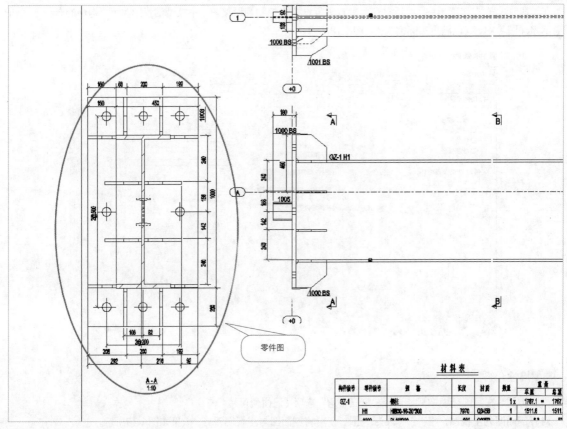

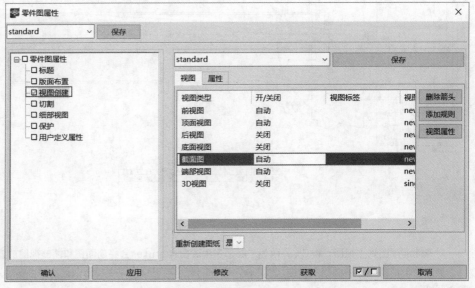

图 6-20

⊡ 视图

在出图之前要考虑图纸上应该放置哪些视图，这些视图可以在"零件图属性"对话框中进行设置。选择"视图创建"选项，激活"视图创建"的设置界面，下面对"视图创建"的设置进行介绍。

图纸的内容通常以主视图、顶面视图和剖面视图为主，因此其他视图都处于关闭的状态，如果有需要，那么将其打开即可。在"视图"选项卡中，"截面图"一般选择为"自动"，如图6-21所示，即当创建剖面时，图纸便会自动创建截面图（剖面图在对话框中显示为截面图）。

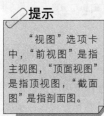

提示

"视图"选项卡中，"前视图"是指主视图，"顶面视图"是指顶视图，"截面图"是指剖面图。

图 6-21

6.3.2 设置图纸

创建图纸后，可以修改图纸中已包含的布置图、视图和建筑对象，并关联注释对象的属性。此外，还可以进行添加更多的视图、关联独立的注释对象和附加图纸对象等操作。

· 重命名图纸

图纸名称由图纸属性所指定，并显示在图纸列表和图纸模板中。要重命名图纸，可在打开的"图纸列表"对话框的空白处单击鼠标右键，在弹出的菜单中选择"属性"选项，如图6-22所示。

图 6-22

在打开的"零件图属性"对话框中，勾选底部的"打开/关闭"复选框，取消勾选对话框中的所有复选框，然后勾选"名称"复选框，并在"名称"文本框中输入新名称，最后单击"修改"按钮，如图6-23所示，即可完成图纸的重命名。

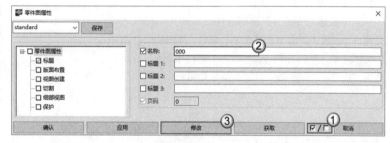

图 6-23

· 图纸属性的设置

图纸属性是指图纸的外观和包含的内容。在创建图纸之前和之后都可以修改图纸属性，其中包括3个级别的属性可供修改，即图纸属性、视图属性和对象属性。

图纸属性是指构件图、零件图等整张图纸的布局属性；视图属性是指零构件有不同的观看位置，因此会产生不同的视图，并对应其各自的视图属性，如图6-24所示。对象属性是指图纸中不同对象对应的各自的属性，如螺栓标记属性、标注属性等，如图6-25所示。每个视图的视图属性都可以根据具体情况进行设置，设置完成后单击"应用"按钮即可。

图 6-24   图 6-25

提示

Tekla Structures允许用户在图纸属性文件中保存图纸属性，以供将来使用。

⊡ **修改建筑对象的属性**

在Tekla Structures中，可以在打开的图纸中修改建筑对象（零件、螺栓、钢筋和表面处理）的属性。下面以螺栓为例介绍修改建筑对象属性的方式。

在视图中双击螺栓，打开"图形螺栓属性"对话框，然后勾选对话框底部的"打开/关闭"复选框▽/厂，取消勾选对话框中的所有复选框，接着仅勾选需要修改的属性的复选框。在"内容"选项卡中，勾选"螺栓表示"复选框来确定图纸中螺栓要显示的类型，勾选"符号内容"复选框来确定螺栓符号的显示类型，如图6-26所示。

切换到"外观"选项卡，勾选"颜色"复选框，然后按照项目要求设置线的颜色，最后单击"修改"按钮，如图6-27所示。

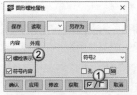

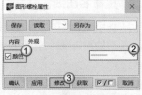

图 6-26　　　　　　　　图 6-27

⊡ **手动添加尺寸**

图纸导出后，可以继续对导出的图纸进行尺寸标注，使该图纸的表达更为明晰。

单击"尺寸标注"按钮，可选择一个尺寸标注命令（取决于要创建的标注类型），如图6-28所示。

以牛腿柱为例，为创建的构件图增加尺寸标注。打开构件图，选择"增加垂直尺寸"命令，再根据图6-29所示的标注依次单击这两点，按鼠标中键结束标注，完成手动垂直尺寸标注的创建，效果如图6-30所示。

〒 增加水平尺寸	⊿ 增加角度尺寸
亡 增加垂直尺寸	🐾 添加 COG 尺寸
宀 增加直角尺寸　　　　G	增加整体布置图属性　　▶
🗀 增加平行尺寸线	重新创建所有零件的尺寸
Ⅱ 增加正交尺寸	
✗ 增加自由尺寸　　　　F	编辑尺寸
	检查尺寸　　　　　　　▶
增加弯曲尺寸　　　　▶	
↖ 增加半径尺寸	尺寸属性…

图 6-28

图 6-29

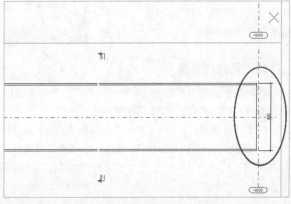

图 6-30

双击尺寸标注，打开"尺寸属性"对话框，即可按项目要求修改尺寸属性，如图6-31所示。

图 6-31

- **重要选项卡介绍**

　　通用性： 尺寸标注的一些通用数据，用于修改尺寸标注的类型、角度等一些基本属性。

　　外观： 修改尺寸标注的颜色、高度、字体和箭头类型等属性。

　　标记： 修改尺寸标注的标记属性，如前缀、后缀和定位等。

　　标签： 修改尺寸标注的标签属性，如是否显示零件数、是否过滤排查零件等。

- **修改图纸中的符号**

　　此外，还可以在从 Tekla Structures 中导出的图纸、报告和模板中添加符号。这里需要用到符号文件功能，符号文件浏览器可以更改正在使用的符号文件。它还提供对符号编辑器的访问，可以在其中创建新符号文件来创建和修改符号。

　　要在符号文件中创建和修改符号，或创建新符号文件，需要使用"符号编辑器"命令。执行"图纸和报告>符号编辑器"菜单命令，打开符号编辑器对话框，如图6-32所示，可在其中载入用户的自定义符号而无须在Tekla Structures的应用程序中进行修改。

　　用户可以在所有类型的图纸标记内以元素的形式添加符号，也可以在图纸中以单独对象的形式添加符号。其中，可以添加普通的符号、带引导线的符号、沿着线的符号和新定义的符号4种符号，如图6-33所示。

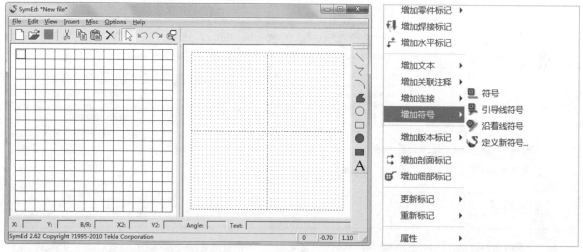

图 6-32　　　　　　　　　　　　　　　　　　　　　图 6-33

　　符号文件浏览器可以更改图纸中正在使用或已经放置好的符号，还可以创建新符号；符号文件浏览器还能够方便地更改正在使用的符号文件，为创建图纸符号带来了巨大的方便。在"高级选项-模板与符号"对话框中，选择"模板与符号"选项，在SYMEDHOME（在初始化文件teklastructures.ini中定义）所列的文件夹中可搜索符号文件，如图6-34所示。

　　在默认情况下，符号文件位于文件夹..\Tekla Structures\<version>\environments\common\symbols中，如图6-35所示。除此之外，还可以为符号定义新位置，如公司文件夹。

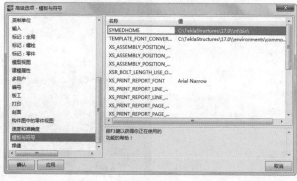

图 6-34　　　　　　　　　　　　　　　　　　　　　图 6-35

6.3.3 使用图纸

创建了相关图纸后，还可以根据用户需求修改和管理用户创建的图纸。

· 当模型更改后更新图纸

如果图纸保存后还需要更改零件图纸中的信息（或模型发生变动），那么就需要对原来的图纸进行更新，这时图纸列表中需要更新的图纸会带有"警告"标志！，如图6-36所示。

创建图纸后若对模型对象重新编号也可能会生成"警告"标志，这时将会弹出提示对话框，如图6-37所示。下面对更新图纸的方式进行介绍。

图 6-36

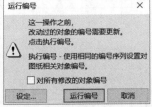

图 6-37

📝 提示

整体布置图不需要更新。

执行"图纸和报告>编号>对所选对象的序列编号"菜单命令，为所有具有相同编号序列设置的构件模型进行编号操作。接下来检查图纸列表中的状态标志，找出哪些零件受了影响，然后选中"图纸列表"对话框中每个带有"警告"标志！的图纸并单击"选择对象"按钮，如图6-38所示。这时系统将在模型中高亮显示受影响的零件，如图6-39所示。

图 6-38

图 6-39

执行"工具>显示日志文件>编号历史记录"菜单命令,打开"清单"对话框,可查看重新编号的零件的编号历史日志。编号历史日志中行首的Part或Assembly表示系统已经重新对零件或构件进行了编号,如图6-40所示。

要找出模型中重新编号的零件,需从编号历史日志中选中相关类目(零件中为高亮显示),再从图纸列表中选中受影响的图纸并单击鼠标右键,在弹出的菜单中选择"更新"选项,如图6-41所示。

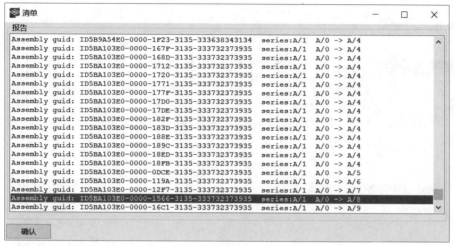

图 6-40   图 6-41

锁定和解锁图纸

如果希望某张图纸不会被意外修改,那么可以锁定图纸来指明该图纸不可编辑。由于图纸锁定后不会被意外修改,因此锁定功能可防止图纸被打开、更新、复制、删除或修改(即使模型发生了更改)。如果模型发生了更改,那么系统会对需要更新的锁定图纸设置标志。下面以导出的牛腿柱图纸为例,介绍图纸的锁定和解锁方式。

图 6-42

在"图纸列表"对话框中,选中要锁定的图纸,然后在"锁定"一栏中单击"打开"按钮,如图6-42所示。

若要解锁图纸,则选中被锁定的图纸,然后在"锁定"一栏中单击"关闭"按钮,如图6-43所示。

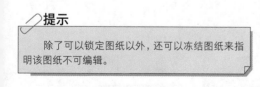

提示

除了可以锁定图纸以外,还可以冻结图纸来指明该图纸不可编辑。

图 6-43

模型和图纸互选

图纸和模型是可以互选的。可以在图纸中指明本张图纸在模型中所对应的零构件,也可以在模型中选择已经出图的零构件来查找图纸。下面以导出的牛腿柱图纸为例,实现模型和图纸的互选。

在"图纸列表"对话框中，选中要查找零构件的图纸，然后在"模型"一栏中单击"选择对象"按钮，这时模型中对应的零构件被选中，如图6-44所示。

在模型中，选中要查找对应图纸的零构件，然后在"模型"一栏中单击"由零件"按钮，这时图纸列表中对应的图纸被选中，如图6-45所示。

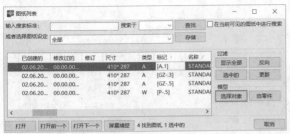

图 6-44

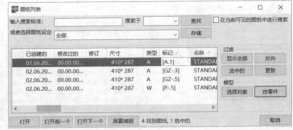

图 6-45

功能实战：创建钢棚支撑构件图纸

素材位置	素材文件>CH06>功能实战：创建钢棚支撑构件图纸
实例位置	实例文件>CH06>功能实战：创建钢棚支撑构件图纸
视频名称	功能实战：创建钢棚支撑构件图纸.mp4
学习目标	掌握构件图纸的创建方法

扫码观看视频

本例创建的构件图纸如图6-46所示。

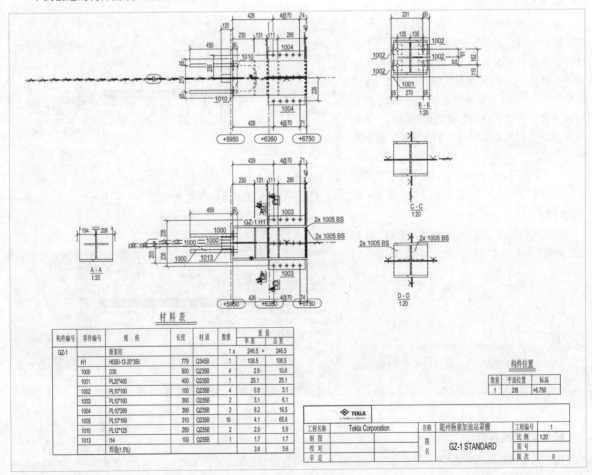

图 6-46

⊡ 编号并创建图纸

01 打开"素材文件>CH06>功能实战：创建钢棚支撑构件图纸"文件，得到的模型如图6-47所示，需要创建图纸模型的位置如图6-48所示，这里选择罩棚的一个支撑钢柱，包括其中的螺栓、锚钉杆和加劲板。

02 在模型中框选要创建图纸的支撑部分，将多选的4根钢梁去除，如图6-49所示。执行"图纸和报告>编号>对所选对象的序列编号"菜单命令，对模型进行编号处理。编号完成后，执行"图纸和报告>创建构件图"菜单命令，即可创建构件图纸。

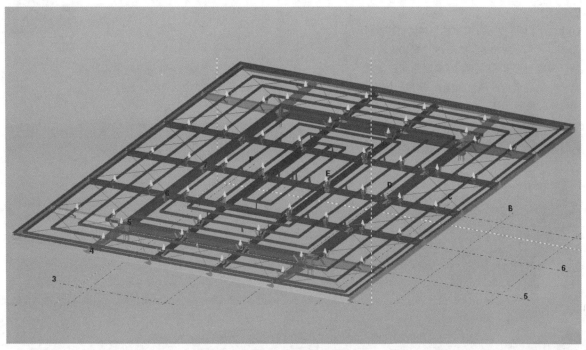

图 6-47

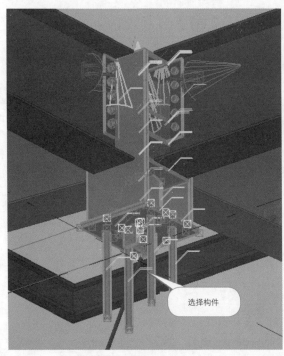

图 6-48

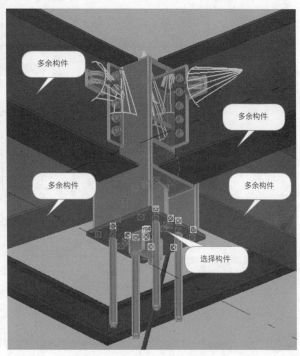

图 6-49

197

· 查看图纸并选择布局

01 单击"打开图纸列表"按钮 📰,打开
"图纸列表"对话框,然后双击图纸并进行查
看,如图6-50所示。

02 双击图纸,打开"构件图属性"对话
框,单击"视图"中的"布置"按钮,如图
6-51所示。

03 在"构件-视图布置属性"对话框中,切
换到"比例"选项卡,然后将"模式改变比
例"调整为"视图<切割"(根据需要进行调
整,在此处选择此项),单击"修改"按钮,
如图6-52所示。

图 6-50

图 6-51

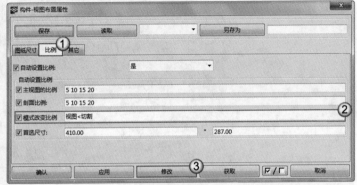

图 6-52

04 设置完成后,便更新了已创建的构件图,并完成了构件图的创建,效果如图6-53所示。

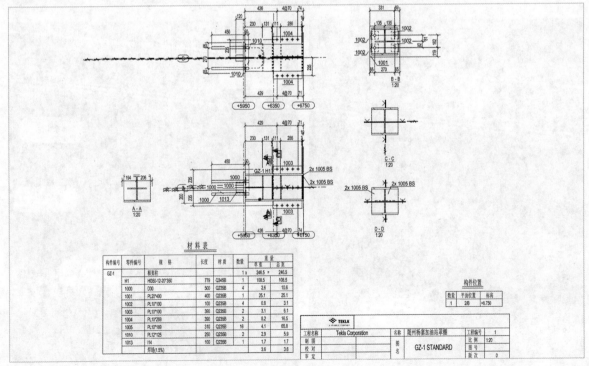

图 6-53

📝 **拓展习题：** 创建框架整体布置图

素材位置	素材文件>CH06>拓展习题：创建框架整体布置图
实例位置	实例文件>CH06>拓展习题：创建框架整体布置图
视频名称	拓展习题：创建框架整体布置图.mp4
学习目标	掌握整体布置图和立面布置图的创建方法

☑ **任务要求**

本例创建的3D布置图及轴1的立面布置图如图6-54所示。

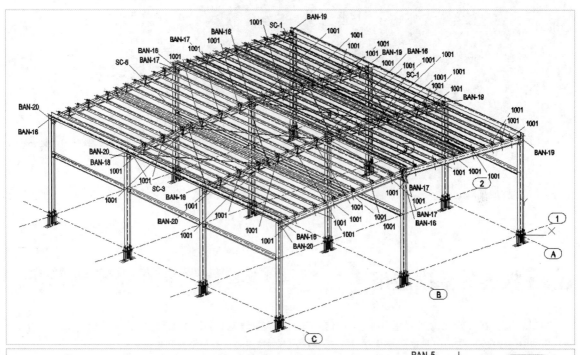

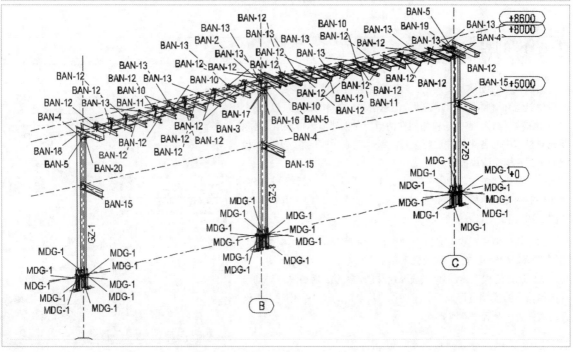

图 6-54

· **创建思路**

这是一个框架模型的轴1立面布置图和3D布置图的创建，创建思路如图6-55所示。

第1步：打开"素材文件>CH06>拓展习题：创建框架整体布置图"文件，框选所有的模型并进行编号。

第2步：编号完成后，对模型进行图纸的创建。

第3步：创建轴1的立面布置图，创建模型的3D整体布置图。

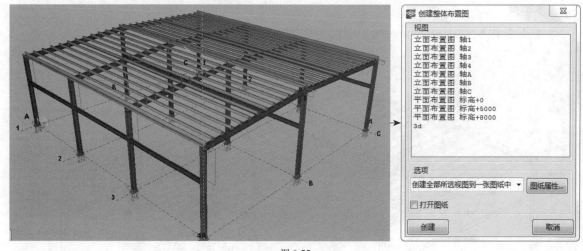

图 6-55

6.4 报表的基础应用

Tekla Structures可以创建模型中所包含的信息的报表，该信息可以是图纸、螺栓和零件的列表。除此之外，直接从模型中创建报表，它的信息总是准确的，并且报表包含有关所选零件或整个模型的信息。

6.4.1 创建清单报表

完成模型的创建及出图后，通常会创建各类清单报表，要创建的清单类型有材料汇总清单、螺栓汇总清单、材料明细表（以上3个表用于采购材料）、零件清单和构件清单。在创建清单报表前，必须要先对模型中的各个构件进行编号。编号完成后，下面以钢屋架模型为例创建构件清单报表。

在工具栏中单击"报告"按钮，打开"报告"对话框，选择系统给出的构件清单模板Assembly list，以此来创建构件清单报表，如图6-56所示。

创建构件清单报表的方式有两种：一种是"从全部的模型中创建"，选择这种创建方法，系统会创建整个模型的清单报表；另一种是"从已选定的模型中创建"，选择这种创建方法，需要先对要创建的清单报表的模型进行框选。下面以"从全部的模型中创建"为例介绍构件清单报表的创建方式。

图 6-56

单击"从全部的模型中创建"按钮，创建的报表如图6-57所示。

TEKLA STRUCTURES 列表: 构件				页: 1	
合同号:1				日期 08.10.2018	
标题: Tekla Corporation				时间: 22:53:42	
状态:					
构件位置 构件位置	数量	名称	截面型材	面积 [m²]	重量 [kg]
1000	78	板	PL12*80	0.0	1.5
1001	16	STAY	L60*6	0.2	4.1
1002	20	STAY	L60*6	0.1	2.8
1003	16	STAY	L60*6	0.2	4.9
1004	20	STAY	L60*6	0.1	3.2
1006	20	STAY	L60*6	0.2	3.6
1007	12	STAY	L60*6	0.2	4.0
A1	1	板	PL8*150	62.5	1030.6
A2	1	板	PL8*150	97.8	1976.4
A3	1	板	PL8*150	0.1	2.5
A4	1	板	PL8*150	57.5	841.6
A5	2	板	PL8*150	6.5	157.5
A6	1	板	PL8*150	30.3	371.1
A7	1	板	PL8*150	49.3	917.4
GL-1	2	框架梁	HI300-6-8*200	6.9	192.8
GL-2	2	框架梁	HI550-10-12*25	25.0	1056.7
GL-3	6	框架梁	HI300-6-8*200	6.9	192.8
GL-4	2	框架梁	HI550-10-12*25	42.1	1779.0
GL-5	2	框架梁	HI300-6-8*200	6.9	192.8
GZ-1	1	框架柱	HI350-12-20*35	4.9	242.8
GZ-2	1	框架柱	HI350-12-20*35	4.9	242.8
GZ-3	1	框架柱	HI350-12-20*35	290.5	7166.5
GZ-4	1	框架柱	HI350-12-20*35	62.4	1084.4
SC-1	3	框架梁	D20	0.4	15.3
SC-2	2	框架梁	D20	0.4	15.9
SC-3	2	框架梁	D20	0.4	14.3
SC-4	2	框架梁	D20	0.4	14.1
SC-5	2	框架梁	D20	0.4	14.3
SC-6	2	框架梁	D20	0.4	15.3
SC-7	7	框架梁	D20	0.4	15.7
SC-8	1	框架梁	D20	0.4	15.7
SC-9	4	框架梁	D20	0.4	15.4
SC-10	2	框架梁	D20	0.4	15.7
SC-11	2	框架梁	D20	0.4	15.7
SC-12	2	框架梁	D20	0.4	14.5
SC-13	2	框架梁	D20	0.4	14.3
SC-14	2	框架梁	D20	0.4	14.5
SC-15	1	框架梁	D20	0.4	15.9
SC-16	2	框架梁	D20	0.4	15.4
WLT-1	2	热镀锌檩	CC160-2.2-20-6	13.7	117.8
WLT-2	2	热镀锌檩	CC160-2.2-20-6	18.8	160.8
WLT-3	1	热镀锌檩	CC160-2.2-20-6	13.2	113.1

合计 249 构件: 990.1 m² 23505 kg

图 6-57

6.4.2 检查清单报表

查看得出的钢屋架模型的清单报表，检查清单报表是否有校正的需要。

· 编号出现问号

创建完清单后，检查构件清单中是否有零件编号出现问号的情况，如图6-58所示。若出现这种情况，就需要校正模型。

执行"工具>校核和校正模型>校正模型"菜单命令，再次创建清单便不会出现零件编号带问号的情况，如图6-59所示。

零件编号	截面型材	长度	材质	数量	共计面积(m²)	单重(kg)	总重(kg)
0(?)	HM390*300*10*16	7949	Q235B	1	15.58	831.48	831.48
1000	PL20*100	100	Q235B	120	3.36	1.57	188.40
1002	PL14*210	299	Q235B	22	2.72	6.08	133.70
1002(?)	PL14*210	299	Q235B	2	0.25	6.08	12.15
1003	PL14*96	95	Q235B	78	1.81	0.99	77.22
1005	PL30*470	680	Q235B	11	7.79	75.27	827.92
1005(?)	PL30*470	680	Q235B	1	0.71	75.27	75.27

图 6-58

1000	PL20*100	100	Q235B	120	3.36	1.57	188.40
1002	PL14*210	299	Q235B	24	2.97	6.08	145.86
1003	PL14*96	95	Q235B	78	1.81	0.99	77.22
1005	PL30*470	680	Q235B	12	8.50	75.27	903.19
1006	PD60*15	30	Q235B	120	1.00	0.49	58.40
1007	HI125-5.63-10*8	150	Q235B	12	1.10	2.70	32.37
1008	PL200*6	200	Q235B	52	4.41	1.88	97.97
1009	L50*4	526	Q235B	78	8.09	1.61	125.63

图 6-59

· 零件漏焊

编号确认无误后，再确认编号中有没有前缀或前缀比较特别的零件，这类零件一般为"散件"，它们很有可能在建模过程中被漏焊了，因此要多加注意。若出现漏焊，则构件处不会出现焊接符号，焊接符号如图6-60所示。

焊接符号

图 6-60

　　双击模型视图空白区域，打开"视图属性"对话框，然后单击"对象组"按钮，如图6-61所示。在打开的"对象组-显示过滤"对话框中，对零件进行过滤，找到所需零件，接着勾选"构件"复选框，在"属性"列选择"位置编号"，在"值"中输入前缀特别的构件编号（数字间用空格隔开），如1001 1002 1003 1004 1006 1006，最后单击"修改"按钮，如图6-62所示。这样便会使模型只显示这几个构件以供检查，如图6-63所示（实现筛选后的效果，需要再次创建焊接）。

图 6-61　　　　　　　　　　　　　　　　图 6-62

图 6-63

✎ **提示**

　　如果出现漏焊，那么需要对建模过程中漏焊的零件进行焊接；如果出现命名错误，那么需对名称进行修改（根据需要进行修改或不修改）。

6.5　图纸及报表的导出

　　按照导出图纸的工作流程，报表和图纸创建完成后，还需要将其导出以便在实际工作中加以应用。

6.5.1　图纸的导出

　　下面以底部支撑图为例介绍导出图纸的方式。

在图纸界面中，执行"图纸文件>输出"菜单命令，打开"输出图纸"对话框，对名称和保存位置进行设置，并将"类型"设置为DWG格式，最后单击"输出"按钮，如图6-64所示。输出完成后，双击输出的文件即可打开DWG格式的图纸，如图6-65所示。

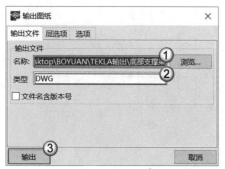

图 6-64

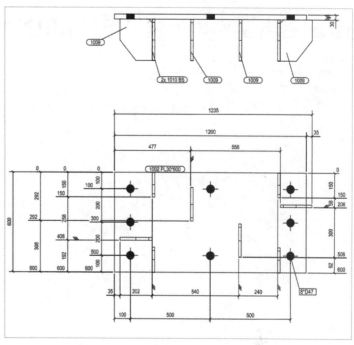

图 6-65

6.5.2 报表的导出

要想导出报表，需要单击"报告"按钮 ▣，在打开的"报告"对话框中，选择系统给出的构件清单模板Assembly list，以此为模板创建构件清单，如图6-66所示。

创建完清单报表后，文件将自动保存到Tekla Structures模型文件中的Reports文件中，打开Reports文件，便可看到自动导出的清单文件A_Assembly_List.xsr，如图6-67所示。但是这份文件需要在Excel中打开，因此将文件的后缀名改为.xls，该文件便会以Excel文件的形式重新生成，如图6-68所示。双击打开生成的文件，便得到了导出的清单报表，如图6-69所示。

图 6-66

	A	B	C	D	E	F	G	H
22	GZ-2	1	框架柱	HI350-12-	4.9	242.8		
23	GZ-3	1	框架柱	HI350-12-	290.5	7166.5		
24	GZ-4	1	框架柱	HI350-12-	62.4	1084.4		
25	SC-1	3	框架梁	D20	0.4	15.3		
26	SC-2	2	框架梁	D20	0.4	15.9		
27	SC-3	2	框架梁	D20	0.4	14.3		
28	SC-4	2	框架梁	D20	0.4	14.1		
29	SC-5	2	框架梁	D20	0.4	14.3		
30	SC-6	1	框架梁	D20	0.4	15.3		
31	SC-7	7	框架梁	D20	0.4	15.7		
32	SC-8	1	框架梁	D20	0.4	15.7		
33	SC-9	4	框架梁	D20	0.4	15.4		
34	SC-10	2	框架梁	D20	0.4	15.7		
35	SC-11	2	框架梁	D20	0.4	15.7		
36	SC-12	2	框架梁	D20	0.4	14.5		
37	SC-13	2	框架梁	D20	0.4	14.3		
38	SC-14	2	框架梁	D20	0.4	14.5		
39	SC-15	1	框架梁	D20	0.4	15.9		
40	SC-16	1	框架梁	D20	0.4	15.8		
41	WLT-1	2	热镀锌檩	CC160-2.2	13.7	117.8		
42	WLT-2	2	热镀锌檩	CC160-2.2	18.8	160.8		
43	WLT-3	1	热镀锌檩	CC160-2.2	13.2	113.1		
44								
45	合计	249		构件:	990.1m2	23505kg		
46								
47								
48								

A_Assembly_List

📄 A_Assembly_List.xsr   📄 Assembly_list(EXCEL).xls

图 6-67   图 6-68   图 6-69

6.6 综合实例：创建门钢厂房图纸

素材位置	无
实例位置	实例文件>CH06>综合实例：创建门钢厂房图纸
视频名称	综合实例：创建门钢厂房图纸.mp4
学习目标	掌握门钢厂房图纸的创建方法

本例创建的图纸如图6-70所示。

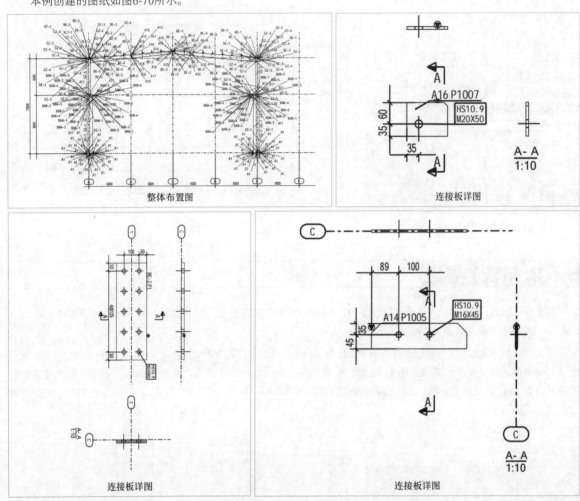

图 6-70

6.6.1 思路分析

创建门钢厂房的图纸时，可以先对需要创建图纸的零构件进行框选，然后进行图纸的创建。除此之外，也可以对全部模型进行选择，然后对所有零构件进行图纸的创建。本例先创建该模型的整体布置图，再创建单个构件图纸（其中包括构件图纸及连接件图纸）。

6.6.2 创建整体布置图

01 打开"实例文件>CH03>综合实例：创建完整的门钢厂房"文件，得到的模型如图6-71所示。

02 按快捷键Ctrl+P切换到平面视图，在工作区域的空白处单击鼠标右键，在弹出的菜单中选择"创建整体布置图"选项。打开"创建整体布置图"对话框，然后选择"立面布置图 轴1"视图，并选择"每个视图一张图纸"选项，如图6-72所示。

03 "立面布置图 轴1"视图打开后，效果如图6-73所示。

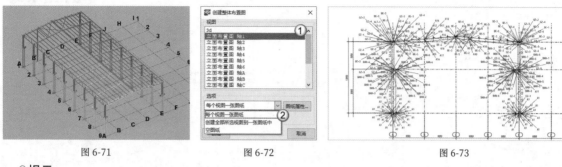

图 6-71   图 6-72   图 6-73

✎ 提示

"每个视图一张图纸"是指把每个视图的图纸分开，各放在一张图纸上，"创建全部所选视图到一张图纸中"是指将所选中的所有图纸都放到一张图纸上。

6.6.3 创建构件图

01 选中需要创建图纸的构件，然后执行"图纸和报告>创建构件图"菜单命令，如图6-74所示。

02 创建完成后，单击"打开图纸列表"按钮 ，打开"图纸列表"对话框，可看到创建的4张图纸，如图6-75所示，分别对图纸进行查看，打开后的图纸如图6-76所示。

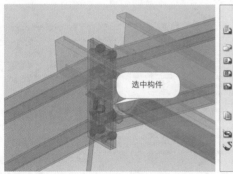

图 6-74

图 6-75

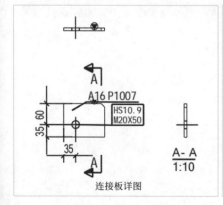

连接板详图

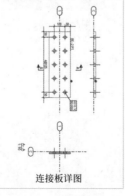

连接板详图

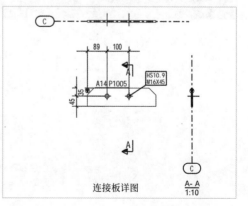

连接板详图

图 6-76

课后练习：创建门钢厂房中的隔撑图纸

素材位置	无
实例位置	实例文件>CH06>课后练习：创建门钢厂房中的隔撑图纸
视频名称	课后练习：创建门钢厂房中的隔撑图纸.mp4
学习目标	掌握构件图纸的创建方法

扫码观看视频

任务要求

本例创建的图纸如图6-77所示。

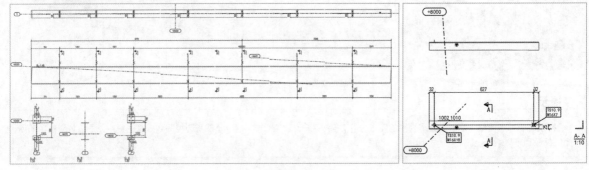

图 6-77

创建思路

这是门钢厂房的隔撑图纸的创建，创建思路如图6-78所示。

第1步：打开"实例文件>CH03>综合实例：创建完整的门钢厂房"文件，然后选择需要创建图纸的构件创建构件图。

第2步：分别对图纸进行查看。

图 6-78

第 7 章

Tekla Structures 模板和报表应用

7

本章概述

本章介绍Tekla Structures模板和报表的高级应用
(图纸模板和报表模板)。对报表模板的讲解及实际操
作,可将模型的相应数据(如钢结构材料及重量清单)
导出并进行实际应用,为项目工程带来巨大的便捷,
这是Tekla Structures的特点之一。

本章要点

» 图纸模板
» 报表模板
» 模板的创建方法
» 模板的实际应用

7.1 引导实例：制作导出报表模板的页眉

素材位置	无
实例位置	无
视频名称	引导实例：制作导出报表模板的页眉.mp4
学习目标	掌握制作页眉的方法

本例制作的报表模板（零件清单的页眉）如图7-1所示。

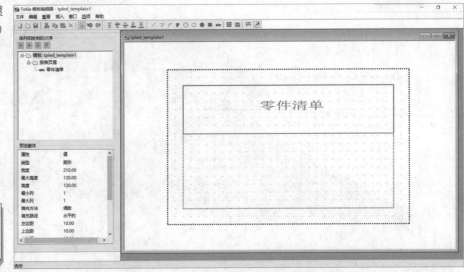

提示

报表的页眉出现在第1页的第1行，一份文件中只会出现一次。

图 7-1

7.1.1 思路分析

在新建模板之前，需要先判断模板的类型，再根据报表的内容，在选定的模板中设置文本或数值域（需以公式的方法写入）。

7.1.2 新建模板

执行"图纸和报告>模板编辑器"菜单命令，打开"Tekla模板编辑器"对话框，开始进行模板的绘制。单击"新模板"按钮（或执行"文件>新建"命令），创建一个新模板。在打开的"新"对话框中，选择"模板类型"为"图形模板"，然后单击"确定"按钮，视图中将出现新的图纸模板，如图7-2所示。

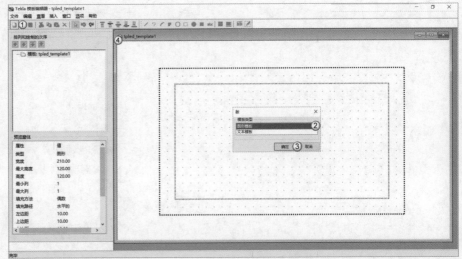

图 7-2

7.1.3 插入页眉

01 单击"报表页眉"按钮 ▓，模板界面中将出现红色实线框，如图7-3所示。

02 在报表的页眉中插入文本。单击"文本"按钮 abc，打开"输入文字"对话框，然后输入"零件清单"，单击"确定"按钮，如图7-4所示。

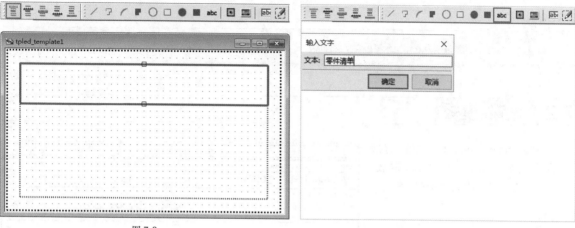

图 7-3　　　　　　　　　　　　　　　　　　　　　　图 7-4

03 在报表的页眉区域中移动十字光标，可控制文字的放置位置，单击鼠标左键将文字放置在红框内，如图7-5所示。报表名为"零件清单"的页眉就设置完成了。

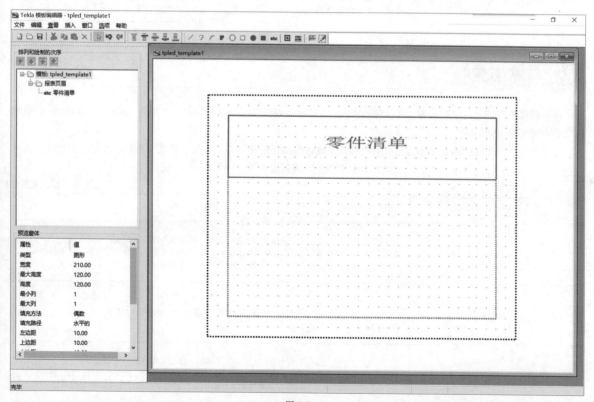

图 7-5

✎ **提示**

页眉是在每页的最前面显示的标号。

7.2 模型模板的应用

模板是包括在Tekla Structures中的表单和表格的说明，它既可以是图形的形式，也可以是文本的形式。图形模板可作为表格、文本块和图纸标题被包括在图纸中；文本模板可用作报告，在Tekla Structures运行时将填充模板字段的内容。

> **提示**
>
> 图形模板定义文件的扩展名为.tpl，文本模板定义文件的扩展名为.rpt。

7.2.1 标准模板

Tekla Structures准备了常用的标准模板供用户使用，用户可根据实际情况进行选择。图7-6所示为图纸模板的示例。

> **提示**
>
> 使用模板编辑器可修改现有的模板，也可以创建满足需要的新模板。

ASS_POS	PROFILE		MATER	NUM	LENGT	AREA	WEIGHT
Mark	Main part profile		Grade	Qty.	Length(mm)	Area(m²)	Weight(kg)
MATERIAL LIST FOR DRAWING					TOTALS:	AREA_	WEIGH

BUILDER
PROJECT_ADDRES
PROJECT_D

TEKLA Structures ®

DRAWING TITLE	TITLE		
CONTRACT	PROJECT_NAME		
MODELLED BY	DESIGNER	ISSUED	ISSUE_DAT
CONTRACT NO	PROJECT	SCALE SCALE1	SCALE2 SCALE3
DRAWING No	BASE_NAME	REVISION No.	REV

图 7-6

7.2.2 模板属性

模板属性表示的是对象的属性，可以在值字段、公式和行规则中使用模板属性，以便从Tekla Structures的数据库中获取所需的数据。

输出模板时，Tekla Structures会用相应的对象属性的实际值来替换该属性。例如，如果报告模板中包括了属性WEIGHT，那么系统将在报告中显示该模型对象的重量。模板属性详见表7-1。

表 7-1 模板属性

文件名	说明
contentattributes.lst	这是一个容器文件，其中列出了实际属性定义的所有文件 当用户安装更新版本的 Tekla Structures 时，此文件将在安装过程中被覆盖。在更新之前，务必要保留此文件的副本
contentattributes_global.lst	此文件包括硬编码到程序中的属性（切勿编辑此文件）
contentattributes_userdefined.lst	此文件与 objects.inp 文件相同，都包括用户定义的属性 当用户安装更新版本的 Tekla Structures 时，此文件将在安装过程中被覆盖。要在模板和报告中使用自己的属性，请创建此文件的副本并在该副本文件中添加必要的属性

> **提示**
>
> 表格中所说明的3个文件都保存在\Tekla Structures\<version>\environments\<environment>\template\settings文件夹中。

7.2.3 内容类型

在模板中创建新行时,必须选择该行的内容类型。内容类型决定了用户在该行中使用的模板属性,可用的内容类型详见表7-2。

表 7-2 模板的内容类型

内容类型	说明
ASSEMBLY	用于创建装配件和单个部件的列表,包括含有所选部件和螺栓的所有装配件
BOLT	用于创建螺柱和螺栓列表,包括与所选部件相连的所有螺栓
CAST_UNIT	用于创建浇注单元列表
CHAMFER	用于创建折角长度列表
COMMENT	用于在模板中的任意位置创建空行或仅包括文本数据或文本的行
CONNECTION	用于创建连接列表
DRAWING	用于创建不带修订历史记录信息的图纸列表,用于报告和包括的图纸中
HISTORY	用于检索模型的历史记录信息,可以与 PART、REBAR、CONNECTION 和 DRAWING 行配合使用 以下模板属性可与此内容类型配合使用 TYPE: 历史操作的类型,如更新或编号 USER: 进行更改的用户 TIME: 更改的时间 COMMENT: 单击保存时输入的评注 REVISION_CODE: 单击保存时输入的修改代码
HOLE	用于创建孔列表
LOAD	用于创建荷载列表
LOADGROUP	用于创建荷载组列表
MESH	用于创建钢筋网列表
NUT	用于创建螺母列表,包括与所选部件关联的所有螺栓的螺母
PART	用于创建零件列表
REBAR	用于创建钢筋列表
REFERENCE_MODEL	用于列出参考模型
REFERENCE_OBJECT	用于创建相似部件列表
SINGLE_REBAR	用于创建各个预应力钢筋绳的列表
STRAND	用于创建预张力绞线的列表
STUD	用于创建栓钉列表
SURFACING	用于创建表面处理列表
TASK	用于创建任务列表
WASHER	用于创建垫圈列表,包括与所选部件关联的所有螺栓的垫圈
WELD	用于创建焊缝列表

7.3 图纸模板

图纸模板包括图形模板和文本模板。图形模板是插入图纸中的表格模板，如构件图中的构件材料表和标题栏，而文本模板是用于创建各类清单的模板，如材料汇总清单，跟图纸没有直接关系。下面介绍图纸模板的创建方式。

第1步： 执行"图纸和报告>模板编辑器"菜单命令，打开"Tekla模板编辑器"对话框，可开始进行模板的绘制。在这个界面中，提供了绘制图像的多种工具，如图7-7所示。但是这个界面中没有图纸模板（右侧的绘制区域为灰色），也没有激活工具栏，因此不能对图形或文本进行编辑，这时需要创建一个模板。

第2步： 单击"新模板"按钮 ，打开"新"对话框，选择"图形模板"选项，单击"确定"按钮，视图中将出现新的图形模板，如图7-8所示。

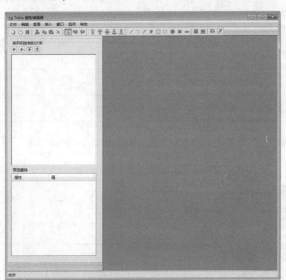

图 7-7

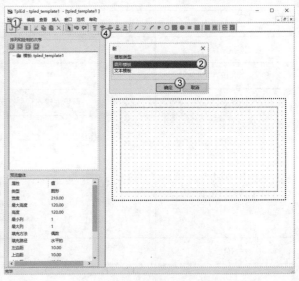

图 7-8

- **重要选项介绍**

排列和绘制的次序： 包含了所创建的模板的名称，如图7-9所示；双击可对模板的尺寸参数进行设置。

预览窗体： 当前模板的属性参数可在预览窗体中进行查看，若在模板属性设置中对属性参数做了修改，那么在预览窗体中也会随之进行更改。

图 7-9

7.3.1 编辑模板

在Tekla Structures的模板中，用户可以对其进行编辑，以创建所需要的模板。在编辑过程中，系统会自动捕捉到页面中的点，便于绘制各种形状及线条，在形状绘制完成后还可以添加文本框来输入所需要的文本内容，同时也可以对所创建的任何内容进行移动及更改。

- **捕捉网格**

执行"选项>网格>捕捉"命令，可以更精准地捕捉线、面到预定的位置，如图7-10所示。

图 7-10

提示

在图纸模板的任意一处单击鼠标右键, 在弹出的菜单中选择"捕捉"选项, 也可以进行捕捉, 如图7-11所示。

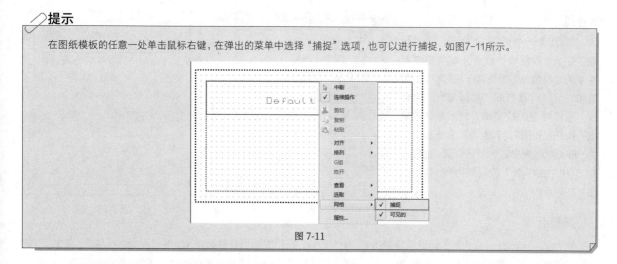

图 7-11

创建直线 / 圆 / 圆弧 / 矩形 / 填充区域

执行"查看>对象"命令, 这时工具栏被激活, 出现创建直线、圆、弧、矩形和填充区域等的绘制按钮, 如图7-12所示。用户可以单击这些按钮(也可以选择"插入"下拉菜单中的选项)来创建这些对象, 如图7-13所示。

图 7-12

图 7-13

提示

图形只能在模板框内才能绘制成功, 如图7-14所示。

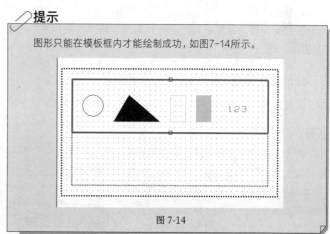

图 7-14

创建文本及文本域

在图纸中文本是必不可少的, 一般通过创建文本及文本域的方式来创建所需要的文本, 使图纸更符合实际要求。

文本

要创建一个新的文本, 需执行"插入>文本"命令(或单击工具栏中的"文本"按钮 abc), 在"输入文字"对话框中输入需要的字段, 然后单击"确定"按钮, 如图7-15所示。选中文本后, 再把文本置于需要的位置即可, 如图7-16所示。

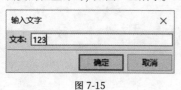

图 7-15

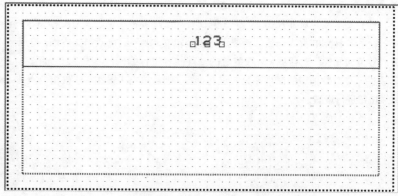

图 7-16

文本域

要创建一个新的文本域，只需执行"插入>数值域"命令（或单击工具栏中的"数值域"按钮 ），在需要的位置单击，这时将打开"选择属性"对话框，选择需要的数值域，然后单击"确定"按钮，如图7-17所示。选择数值域后，再把数值域放到需要的位置，这里以"ADDRESS-地址"数值域为例，效果如图7-18所示。

图 7-17

图 7-18

◨ **捕捉点**

同Tekla Structures的图纸编辑环境相类似，所有的线、圆和圆弧都有捕捉点（根据捕捉点进行移动、复制）。线和圆弧的捕捉点在它们的末端，矩形的捕捉点在它们的角点，圆的捕捉点在它们的中心，文本及文本域的捕捉点在它们的右下角。

◨ **移动对象**

如果要移动对象，那么可以先选中对象，然后通过它们的捕捉点将其拖曳到新的位置，但是这样只能将其以预先设置好的网格为单位进行移动。如果想要移动与网格大小的倍数不同的距离，那么可以通过"移动对象"对话框来进行。

◨ **修改对象属性**

设置完成后，可能会对文本及文本域进行属性更改，使文字的字体、大小及文本区域更符合标准。

文本

检查文本的字体和颜色，若要进一步编辑文本，则可双击文本，打开该文本的"文本属性"对话框，对文本的基础内容进行编辑。若要进一步对字体的样式进行编辑，则可单击"字体"后的"加载"按钮 ___，在"选择字体"对话框中对文本的颜色、字体风格和比例等样式进行修改，如图7-19所示。

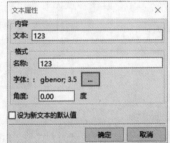
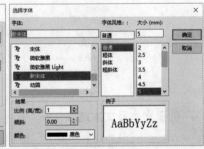

图 7-19

文本域

检查文本域的对齐方式、文本长度、小数位数、排序方式、类型、总和和小计是否与计划的报表一致。若要进一步编辑文本域，则可双击文本域，打开"数值域属性"对话框，对数值域的基础内容进行编辑，如图7-20所示。若要进一步对数值域的属性和公式进行编辑，则可单击"属性"按钮和"公式"按钮进行设置。

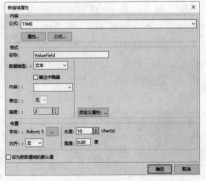

图 7-20

7.3.2 创建及修改模板成分

　　所有的模板都包括模板成分，模板成分是包围在所有的对象外面的。如果有任何一个插入的对象超出了模板成分的范围，那么在保存模板时会出现"警告"对话框，如图7-21所示。

　　出现这种情况时，用户有两种选择，一是把模板成分外面的对象移到里面，二是扩大模板成分的范围把所有的对象都包围进去。

图 7-21

功能实战： 制作图纸表格

素材位置	无
实例位置	无
视频位置	功能实战：制作图纸表格.mp4
学习目标	掌握制作图纸表格的方法

　　本例创建的图纸表格如图7-22所示（该表格为3行4列，设图纸中两点之间的距离为1，则表格总长度为19，宽为6）。

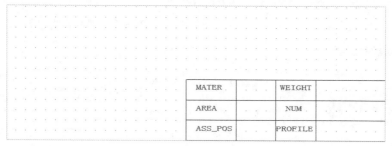

图 7-22

创建基础模板

　　执行"图纸和报告>模板编辑器"菜单命令，打开"Tekla模板编辑器"对话框，然后单击"创建页脚"按钮▦，如图7-23所示。

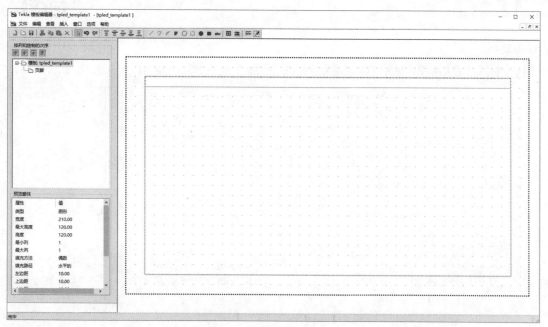

图 7-23

· 创建基本线条及文字

01 单击"直线"按钮 ✎，对线
条的控制点进行拖曳以绘制表
格的线条，效果如图7-24所示。

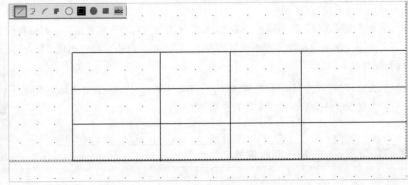

✏ 提示

通过自动捕捉功能绘制的线
条，其长度以能将数值刚好放入
为准。

图 7-24

02 单击"文本"按钮 abc，打开"输入文字"对话框，在"文本"文本框中输入MATER，然后单击"确定"按钮，
如图7-25所示。

03 将创建的文本放置在左上角的单元格中，如图7-26所示。

04 按照同样的方式，放置WEIGHT、AREA、NUM、ASS_POS和PROFILE，效果如图7-27所示。

图 7-25

图 7-26

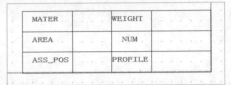

图 7-27

📝 拓展习题：制作简易图纸

素材位置	无
实例位置	无
视频名称	拓展习题：制作简易图纸.mp4
学习目标	掌握制作简易图纸的方法

扫码观看视频

· 任务要求

本例创建的简易图纸如图7-28所示(该表格为3行4列，设图纸中两点之间的距离为1，则表格总长度为16，宽为6)。

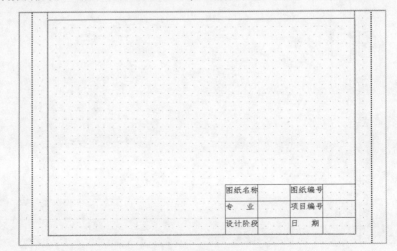

图7-28

⊡ **创建思路**

这里要创建的是一个简易图纸的模板，创建思路如图7-29所示。

第1步：执行"图纸和报告>模板编辑器"菜单命令打开模板界面，然后新建一个图形模板，再使用"创建页脚"工具编辑图纸，将绘图框拉至最大。

第2步：使用"创建直线"工具 ╱ 绘制图纸外边框，并将其线条颜色改为"黑色"。

第3步：绘制图纸表格，表格为3行4列，绘制完成后将表格的颜色改为"黑色"。

第4步：使用"文本"工具 ▥，将"图纸名称""图纸编号""专业""项目编号""设计阶段""日期"等文本信息放置在相应的位置，并设置文本为合适大小。

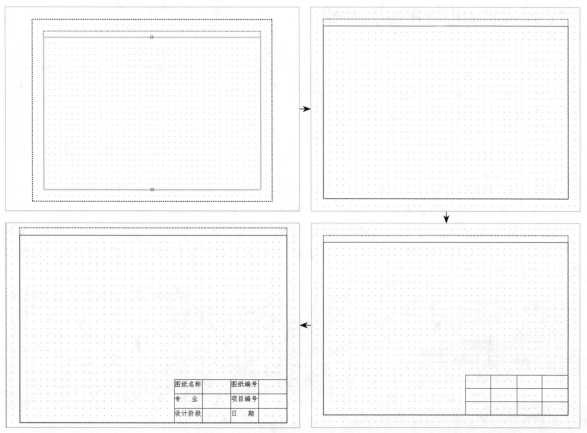

图 7-29

7.4 CAD 文件与模板

在实际的工程项目中，将做好的零构件图纸交付给工厂时，图纸的图签中需要有公司Logo或其他图标，这些图标可以在模板编辑器中画出来，但是公司通常会提供一个DWG格式的图标。

7.4.1 输出 DWG 文件

DXF文件在导入Tekla Structures的模板编辑器后就不能修改它的比例了，所以在导出DWG文件之前必须先在CAD中将图标的大小调整好。

模板编辑器中的单位是mm，并且是按1：1的比例工作的，所以必须事先量好图标的准确大小，还需在CAD中"炸开"所有的阴影和块，再把图标移到坐标为（0,0,0）的位置，最后才以DWG的格式输出文件，如图7-30所示。

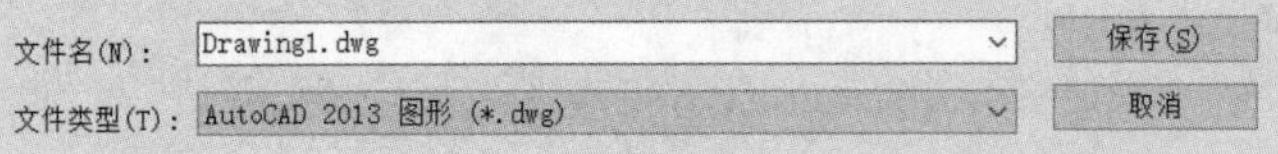

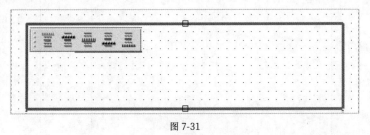

图 7-30

7.4.2 将 DWG 文件导入模板

下面以一个图标的导入为例，介绍将DWG文件导入模板的方式。

第1步：执行"图纸和报告>模板编辑器"菜单命令，然后新建一个图形模板，再插入一个页眉或一个行，这时模板截面出现区域框，如图7-31所示。

图 7-31

第2步：执行"插入>文件"命令，打开"输入文件"对话框，然后浏览文件存放的位置，选中已保存的DWG格式的文件，单击OK按钮，如图7-32所示。

第3步：待模板编辑界面中出现十字光标后，选择合适的位置，单击鼠标左键放置CAD图纸，打开"选择输入方式"对话框，可以调整CAD图纸中图形的比例和尺寸，如图7-33所示，设置完成后，单击"确定"按钮，完成CAD图纸的插入，效果如图7-34所示。

图 7-32

图 7-33

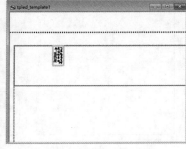

图 7-34

7.5 报表模板

报表模板与图纸模板非常相似，只有以下两点不同。

第1点，报表模板不能包含任何图形。如果从"设定值"下拉菜单打开"模板"对话框，那么可以看见"显示类型"选项，在这里可以选择模板中是否包含图形，而对于报表模板，这一项一定要设置成"文本"。

第2点，在图纸模板中，文本域的外面有一个框，如图7-35所示，这样就很容易跟文本区分开，而在报表模板中，文本域的外面是没有框的，如图7-36所示，所以除非双击它们以打开对话框，否则没有办法将它们与纯文本区分开。

ASSEMBLY_POS—

图 7-35

ASSEMBLY_POS

图 7-36

7.5.1 创建用于报表的模板

与图纸模板的创建方式相似，下面介绍报表模板的创建方式。

第1步： 执行"图纸和报告>模板编辑器"菜单命令，打开"模板编辑器"对话框；在"模板编辑器"对话框中，执行"文件>新建"命令，打开"新"对话框，选择"文本模板"选项后单击"确定"按钮，如图7-37所示。

第2步： 执行"插入>组件>行"命令，打开"选择内容类型"对话框，用户可以在"内容类型"下拉列表框中选择该行所需的内容类型。以"零件"为例，选择下拉列表框中的"零件"选项，然后单击"确定"按钮，如图7-38所示。这时绘制区域中会出现蓝色实线框，如图7-39所示。

第3步： 单击工具栏中的"文本"按钮 abc，在打开的对话框中输入文本内容123，然后单击"确定"按钮。这时鼠标指针变为十字光标，拖曳十字光标，将文本放至蓝色实线框内的合适位置后单击，该行内的文本信息就设置完成了，效果如图7-40所示。

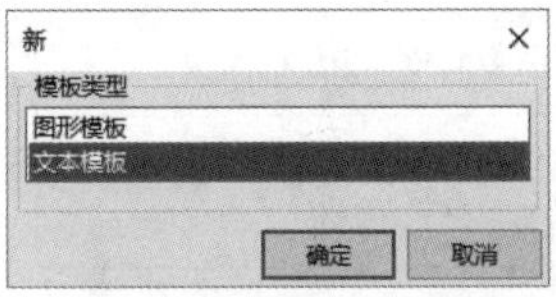

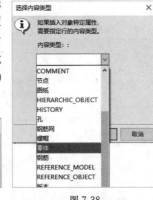

图 7-37　　　　图 7-38

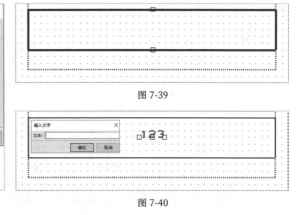

图 7-39

图 7-40

第4步： 按照同样的方法再新建一个数据值行。单击工具栏中的"数值域"按钮，鼠标指针变为十字光标。拖曳十字光标，将数值域放至蓝色实线框内的合适位置后单击，系统将打开"选择属性"对话框，如图7-41所示。选中一条属性，以"构件编号"为例，双击"属性"列表框中的"ASSEMBLY_POS-构件编号"，这时绘制区域中出现了ASSEMBLY_字样，表示图纸中的构件编号值设置完毕，如图7-42所示。

图 7-41

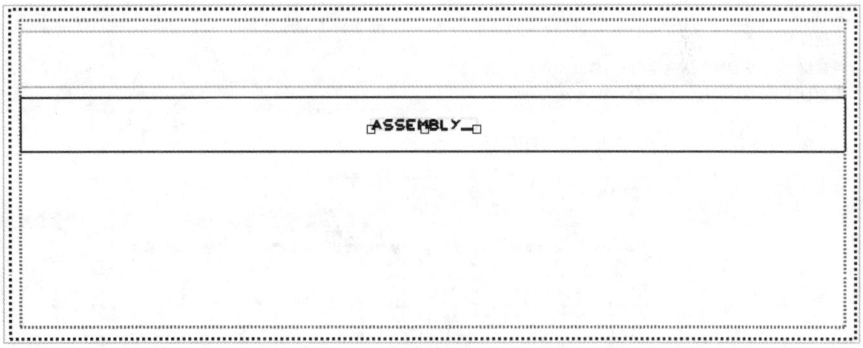

图 7-42

第5步： 按照同样的方法，在模板中添加所需数量的其他行，如图7-43所示，然后将其另存为新文件，文件扩展名为.rpt。软件默认的保存位置是\environment\<your_environment>\template文件夹。

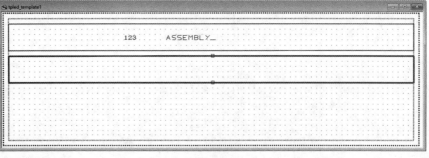

图 7-43

7.5.2 创建报告

执行"图纸和报告>创建报告"菜单命令，在列表中选择需要创建的报告模板，然后单击"从全部的目标中创建"按钮，将根据已保存的报告模板创建报告，如图7-44所示。

7.5.3 选择相应的对象

单击报告中包括零件编号的行，Tekla Structures将会在活动的模型视图中选择相应的对象。

图 7-44

提示

查看日志文件和报告中的项目时，可以使用以下快捷键，具体详见表7-3。

表 7-3 相关快捷键

要执行的操作	具体操作步骤
缩放至所选对象	按快捷键 Z，并单击包含 ID 编号的行 Tekla Structures 将在活动的模型视图中缩放到相应的对象
调整工作区，以仅包含所选对象	按快捷键 F，并单击包含 ID 编号的行 Tekla Structures 将在活动的模型视图中调整到相应的工作区域

7.6 综合实例：制作零件清单报表

素材位置	无
实例位置	无
视频位置	综合实例：制作零件清单报表.mp4
学习目标	掌握制作零件清单报表的方法

本例制作的零件清单报表如图7-45所示。

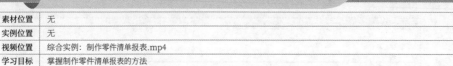

图 7-45

7.6.1 思路分析

制作一个完整的清单报表非常简单, 只需先思考清单所需要的信息 (如截面型材、长度、材质和重量等), 知道报表应有的信息在模板编辑器中所设置的报表格式, 再规划出清单的行数, 最后设置好每一行信息的附加属性, 保存好所制作的清单即可。

> ✎ **提示**
>
> 本例的制作分为修改页边距、设置页眉、为页眉插入值、设置页脚和为页脚插入值5个部分, 最后进行保存并应用。

7.6.2 修改页边距

01 执行 "图纸和报告>模板编辑器" 菜单命令, 打开 "Tekla模板编辑器" 对话框, 然后单击 "新模板" 按钮, 在打开的 "新" 对话框中选择 "模板类型" 为 "文本模板", 如图7-46所示。

02 在模板的空白处双击, 打开 "模板页属性" 对话框, 将 "页边" 到 "顶" "底" "左" "右" 的距离均改为0, 如图7-47所示。

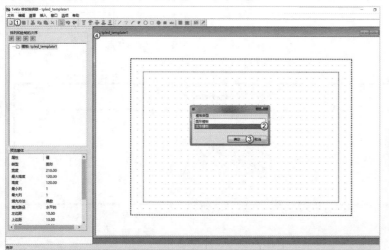

图 7-46

图 7-47

7.6.3 设置页眉

01 单击工具栏中的 "报表页眉" 按钮, 待模板界面中出现红色虚线框后, 在报表页眉中插入文字。单击 "文本" 按钮 **abc**, 打开 "输入文字" 对话框, 输入 "零件清单", 然后单击 "确定" 按钮。在报表页眉区域中确定文字的放置位置, 单击鼠标左键放置文字, 效果如图7-48所示。

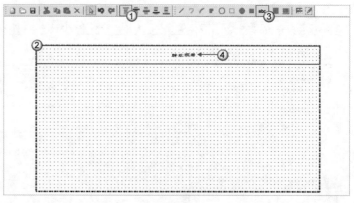

图 7-48

02 修改文字的大小和字体。双击左侧树状列表中的"零件清单"，打开"文本属性"对话框。单击"字体"后的"加载"按钮 <kbd>...</kbd>，打开"选择字体"对话框，然后设置文字的"字体"为"新宋体"、"颜色"为"黑色"，单击"确定"按钮，如图7-49所示。

图 7-49

03 这时模板报表的页眉字体将按照设置进行显示，效果如图7-50所示。

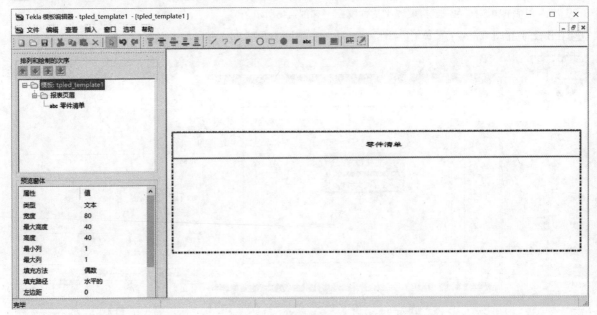

图 7-50

04 单击"报表页眉"按钮 <kbd>≣</kbd>，待模板界面出现绿色虚线框后，在报表页眉中插入文字。单击"文本"按钮 <kbd>abc</kbd>，打开"输入文字"对话框，输入"零件编号"，然后单击"确定"按钮。在页眉区域中确定文字的放置位置，单击鼠标左键放置文字，效果如图7-51所示。

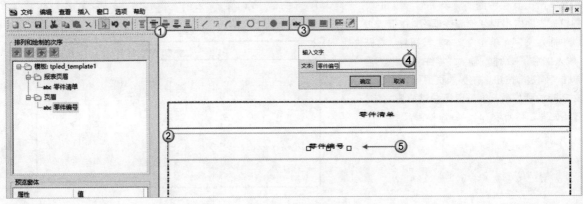

图 7-51

05 按照同样的方法，将"截面型材""长度""材质""数量""面积""单重（kg）""总重（kg）"文本放置在页眉中，其中"数量"可以汇总所有行的数量值，如图7-52所示。

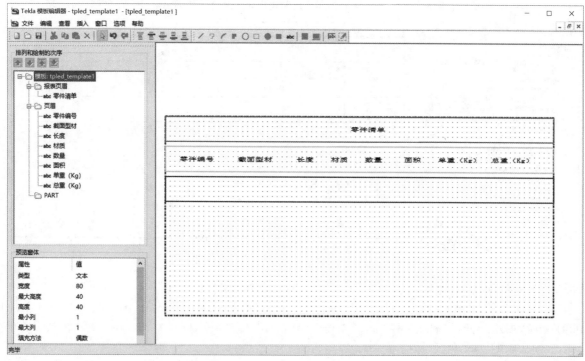

图 7-52

7.6.4 为页眉插入值

01 插入一个行。单击工具栏中的"行"按钮 ，打开"选择内容类型"对话框，为行添加属性。在"内容类型"下拉列表框中选择"零件"选项，单击"确定"按钮，如图7-53所示。这时模板界面中将出现蓝色实线框，如图7-54所示。

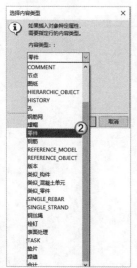

图 7-53

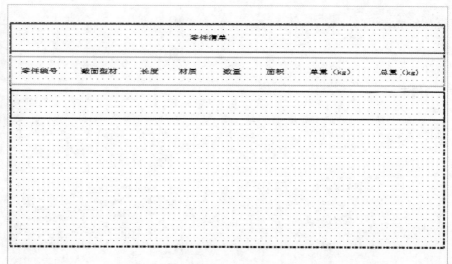

图 7-54

02 添加一个数值域。单击工具栏中的"数值域"按钮 ⏹，模板界面中会出现十字光标，将数值域放置在"零件编号"下方的蓝色框内，单击鼠标左键打开"选择属性"对话框。在"属性"树状列表中找到"零件编号"变量，选中"PART_POS–零件编号"，然后单击"确定"按钮，如图7-55所示。这时模板界面中将出现零件编号的值，如图7-56所示。

图 7-55

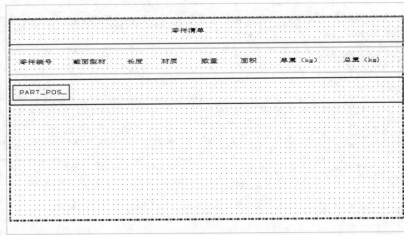

图 7-56

03 修改数值域的属性。双击刚刚创建的数值域，打开"数值域属性"对话框，设置"数据类型"为"文本"、字符的"长度"为7，然后单击"确定"按钮，如图7-57所示。

04 按照同样的方法，设置"截面型材""长度""材质""数量""面积""单重（kg）""总重（kg）"的数值域，并将其放置在行中，如图7-58所示。

图 7-57

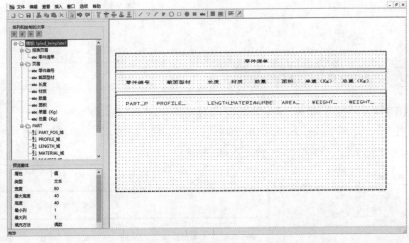

图 7-58

✎ **提示**

注意"单重"和"总重"的设置，在选择属性时均选择"WEIGHT–重量"，但在"单重"的"数值域属性"设置中，将"次序"选择为"无"、"当合并行的时候"选择为"不汇总"，而在"总重"的"数值域属性"设置中，将"次序"选择为"无"、"当合并行的时候"选择为"一行中进行汇总"，如图7-59所示。

图 7-59

7.6.5 设置页脚

插入一个页脚。单击工具栏中的"页脚"按钮 ▤，待模板界面中出现红色实线框后，在页脚中插入文字。单击"文本"按钮 abc，打开"输入文字"对话框，输入"合计"，然后单击"确定"按钮。在页眉区域中确定文字的放置位置，单击鼠标左键放置文字，效果如图7-60所示。

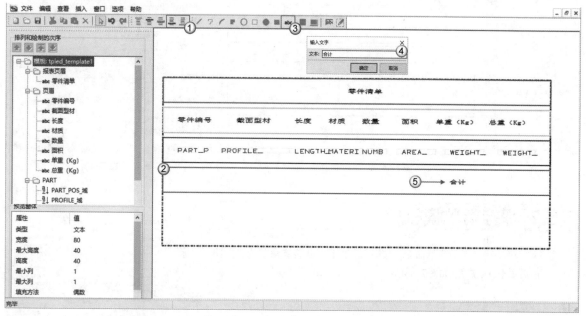

图 7-60

7.6.6 为页脚插入值

01 插入一个统计变量。单击"数值域"按钮 ▣，在页脚区域内将十字光标拖曳到"总重"下方，作为总重的统计值，单击鼠标左键，系统将打开"选择属性"对话框，不选择任何值，直接单击"公式"按钮，如图7-61所示。

02 在"函数"的下拉列表框中选择Total，下方的空白区域中将出现"Total("")"字样，将光标放置在两个引号之间，再单击"选择"按钮，可打开"选择数值域"对话框，然后选中"WEIGHT_域_1"，单击"确定"按钮，如图7-62所示。回到"公式内容"对话框，这时下方的空白区域中显示为"Total("WEIGHT_域_1")"，单击"校核"按钮，打开公式正确的提示对话框，单击"确定"按钮，即可回到"选择属性"对话框，如图7-63所示。

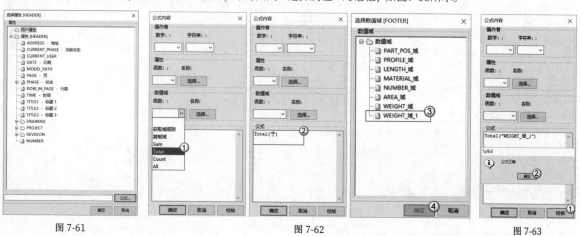

图 7-61 　　　　　　　　　　　　　　　　图 7-62 　　　　　　　　　　　　　　　图 7-63

03 这时创建的函数公式就出现在总重之下了，如图7-64所示。双击该数值域，打开"数值域属性"对话框，设置"数据类型"为"带小数的数字"，单击"确定"按钮，如图7-65所示。

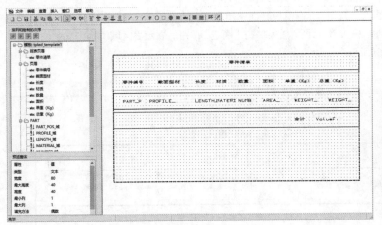

图 7-64　　　　　　　　　　　　　　　　图 7-65

7.6.7 保存清单模板

执行"文件>另存为"菜单命令，选择保存路径，并将其命名为"零件清单"，最后单击OK按钮，如图7-66所示。

图 7-66

7.6.8 在文件中使用新创建的清单模板

01 回到Tekla Structures中，单击工具栏中的"报告"按钮，打开"报告"对话框，报告模板栏中将出现刚刚创建的"零件清单"模板，接下来便可以此为模板输出项目的清单，单击"从全部的目标中创建"按钮，如图7-67所示。

02 这时，该项目的清单就创建完成了，如图7-68所示。

图 7-67　　　　　　　　　　　　　　　　图 7-68

课后练习：	制作零件清单报表
素材位置	无
实例位置	无
视频名称	课后练习：制作零件清单报表.mp4
学习目标	熟练掌握制作零件清单报表的方法

任务要求

根据图7-69所示的内容创建零件清单报表，创建完成后的报表如图7-70所示。

构件编号	零件编号	厚度	宽度	长度	单重	数量	总数量	总重	

图 7-69

构件编号	零件编号	厚度	宽度	长度	单重	数量	总数量	总重
BAN-2	y1		573	8	11804	350	1	
BAN-3	y1		573	8	11804	350	1	
BAN-4	y1		573	8	11804	350	1	
BAN-5	y1		573	8	11804	350	1	
BAN-6	y1		573	8	11804	350	1	
BAN-7	y1		573	8	11804	350	1	
BAN-8	y1		573	8	11804	350	1	
BAN-9	y1		573	8	11804	350	1	
BAN-6	y2		200	12	11750	221	1	
BAN-9	y2		200	12	11750	221	1	
							1	3307458

图 7-70

创建思路

这是一个零件清单报表的创建，创建思路如图7-71所示。

第1步： 执行"图纸和报告>模板编辑器"菜单命令打开模板界面，然后新建一个图形模板，再创建一个报表页眉。

第2步： 创建页眉行。

第3步： 创建行并根据文本的参数添加数据变量。

第4步：为行添加参数公式，即对前面的变量进行汇总。

第5步：保存该模板，然后用其生成报告。

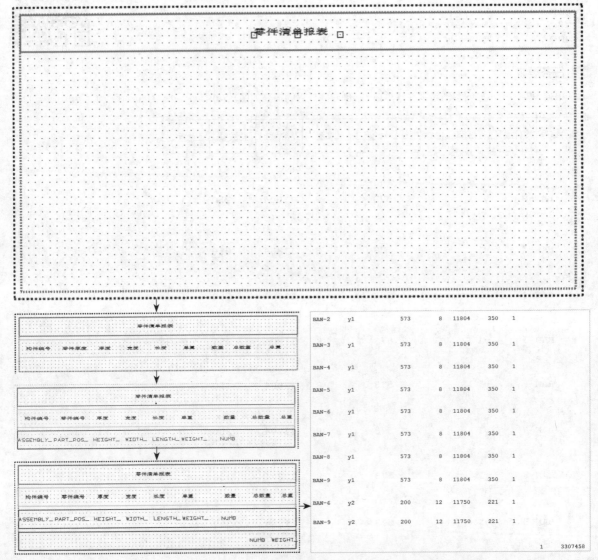

图 7-71

第 8 章

Tekla Structures
型材螺栓库高级应用

本章概述

本章讲解Tekla Structures的高级应用，其中包括对应的型材库、螺栓库和材料库的应用。Tekla Structures可以创建任何结构的真实模型，其中包括制造和构建时必需的信息、3D产品模型所包含的结构的几何形状和尺寸信息，以及所有有关型材、横截面、连接类型和材料等的信息，当然这少不了重要的型材螺栓库。因此，本章重点讲解型材螺栓库的应用。

本章要点

» 型材库
» 螺栓库
» 材料库

8.1 引导实例：钢结构模型构件的高级应用

素材位置	无
实例位置	无
视频名称	引导实例：钢结构模型构件的高级应用.mp4
学习目标	掌握修改型材库的方法

在原有的型材库中创建一个截面尺寸为H350×175×8×14的H型钢，如图8-1所示。

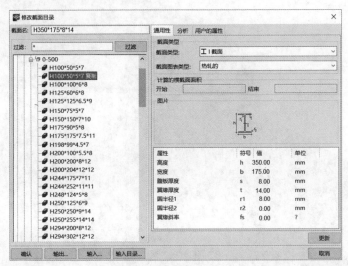

图 8-1

8.1.1 思路分析

修改型材库最简单的思路就是打开截面库，再复制任意截面尺寸的H型钢得到一个新截面，复制完成后便可修改新截面的尺寸、名称和各项属性。

8.1.2 复制 H 型钢

执行"建模>截面型材>截面库"菜单命令，打开"修改截面目录"对话框，展开"I截面"，选中任意一个H型钢，然后单击鼠标右键，在弹出的菜单中选择"复制截面"选项，如图8-2所示。

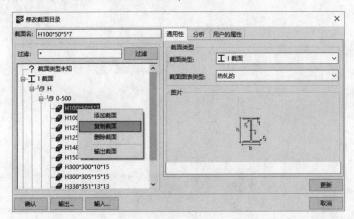

图 8-2

8.1.3 更新截面属性

　　这时新复制的H型钢出现在了树状列表中, 然后在右侧的"通用性"选项卡中设置其"高度(h)"为350、"宽度(b)"为175、"腹板厚度(s)"为8、"翼缘厚度(t)"为14、"圆半径(r1)"为8、"截面名"为H 350×175×8×14; 修改完成后, 单击"更新"按钮, 完成新截面型材的创建, 如图8-3所示。

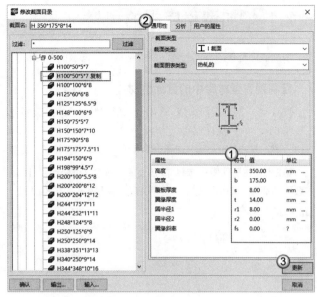

图 8-3

8.2 增加 / 修改型材库

　　Tekla Structures中提供了可供选择的型材库, 其中包括各种符合我国标准的钢结构型材截面形状, 在建模过程中可加以利用并更改设置来完成建模。如果截面型材选择正确, 那么后期的出图、出量过程中便不会出现错误, 将会为用户减少很多不必要的麻烦。

　　即使提供的型材库为设计师带来了便利, 但是有时候仍会遇到两种情况: 一是要绘制的截面形状在型材库中并不存在; 二是需要对截面型材库中的截面形状进行更改。

　　当遇到以上两种情况时, 需要通过人工操作对型材库进行增加或编辑, 即需要在绘制区域中绘制一个形状, 再让这个形状生成相应的截面型材, 最后将其保存到材质库中。一旦截面形状存在于材质库中, 便可对其进行编辑, 下面介绍材质库的打开方式。

　　执行"建模>截面型材>截面库"菜单命令, 打开"修改截面目录"对话框, 如图8-4所示。

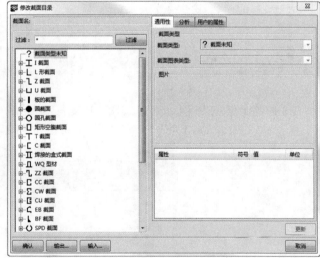

图 8-4

　　在树结构中, 不同的图标表示不同的截面类型, 具体说明详见表8-1。

表 8-1　截面类型

图标	用于显示
L	截面类型规则。不同的图标表示不同的类型
$\square$	规则
⬛	单个标准截面
⬛	单个参数化截面

8.2.1 增加型材库中的型材

增加截面型材的方式有复制现有型材库中的截面型材和使用工具创建新截面型材两种。

· 复制现有型材库中的截面型材

以复制一个I形截面为例，说明复制现有型材库中的截面型材来增加型材库中型材的方法。

第1步： 执行"建模>截面型材>截面库"菜单命令，打开"修改截面目录"对话框，找到并展开I型钢，在子列表中选择"I10"，然后单击鼠标右键，在弹出的菜单中选择"复制截面"选项，子列表中将会出现"I10复制"选项，如图8-5所示。

第2步： 在子列表中选择"I10复制"选项，可修改"I10复制"的截面名，在右侧的"通用性"选项卡中还可设置该截面的高度、宽度和腹板厚度等各项几何属性，如图8-6所示。

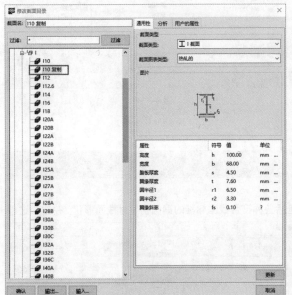
图 8-5

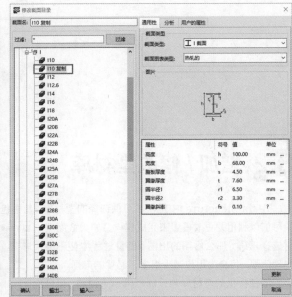
图 8-6

第3步： 除此之外，还可以切换到"分析"选项卡，添加回转半径、弹性模量等一系列结构分析参数，如图8-7所示。修改完成之后，单击右下角的"更新"按钮，完成型材的创建。

图 8-7

⊡ **使用工具创建新截面型材**

以"用板定义横截面"的方式为例，说明使用工具创建截面型材的方法。

第1步：单击"创建多边形板"按钮 ▰（以默认参数为例），绘制一个简单的截面形状，如图8-8所示。

第2步：执行"建模>截面型材>用板定义截面"菜单命令，打开"型钢截面"对话框，然后切换到"参数"选项卡，设置"截面名"和"型钢名"均为JM，单击"确认"按钮，如图8-9所示。

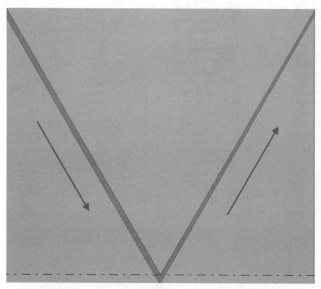

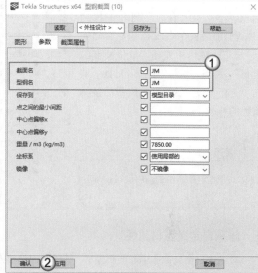

图 8-8　　　　　　　　　　　　　　　　图 8-9

第3步：截面名定义完成后，选中绘制的形状，该形状的侧边将出现相应的截面型材，如图8-10所示。

第4步：执行"建模>截面型材>截面库"菜单命令，打开"修改截面目录"对话框，然后单击"过滤"按钮，刷新截面库中的内容，以便找到树结构中的"其他（它）"选项，展开后便能找到创建的截面型材，如图8-11所示。

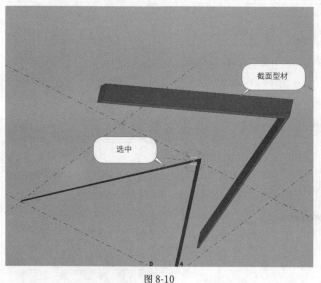

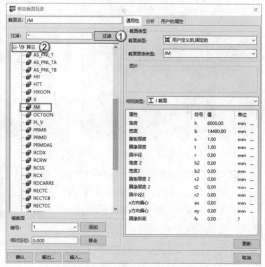

图 8-10　　　　　　　　　　　　　　　　图 8-11

8.2.2 修改型材属性

不论是系统自建的型材，还是自定义的新型材，对于不符合型材属性的选项，均可以在后期进行进一步的编辑。

修改常规型材属性

下面以修改HW100×100×6×8截面型材的"单位长度的重量"为例介绍常规型材属性的修改方式。

执行"建模>截面型材>截面库"菜单命令，打开"修改截面目录"对话框，然后在"HW"列表中找到"HW100×100×6×8"，在右侧的"分析"选项卡中双击"单位长度的重量"，将其"值"修改为17.19，单击"更新"按钮，即可完成截面型材属性的修改，如图8-12所示。

图 8-12

> **提示**
>
> 对于型材列表中的所有型材，均可以实现上述操作。

修改自定义型材属性

对于用自定义截面创建的新型材，其属性的修改方式也很简单。

第1步： 创建形状。单击"创建多边形板"按钮 ，在轴网上依次单击4个点，绘制出一个四边形，如图8-13所示。

第2步： 定义形状截面。执行"建模>截面型材>用板定义截面"菜单命令，打开"型钢截面"对话框，设置"截面名"和"型钢名"均为GZ，单击"应用"按钮，如图8-14所示，然后选择创建的多边形，完成截面型材的定义。

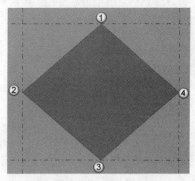

图 8-13

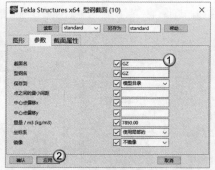

图 8-14

第3步： 修改属性。执行"建模>截面型材>编辑多边形横截面"菜单命令，打开"修改横截面"对话框，对目标点进行修改。这里以②号点为例，设置它的"切角"属性为圆角、"编号"为2，单击"更新"按钮，如图8-15所示。修改完成后单击"确认"按钮，横截面便会发生变化，效果如图8-16所示。

图 8-15

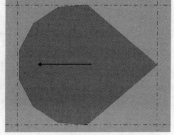

图 8-16

> **提示**
>
> 使用"创建多边形板"工具 绘制截面时，一定要按照顺序进行绘制，否则不容易分清所绘制的编号顺序，因为"修改横截面"对话框中的"编号"与绘制的点的顺序是一一对应的。

功能实战：增加用户自定义型材库

素材位置	无
实例位置	无
视频名称	功能实战：增加用户自定义型材库.mp4
学习目标	掌握自定义型材库的方法

本例创建的自定义型材如图8-17所示。

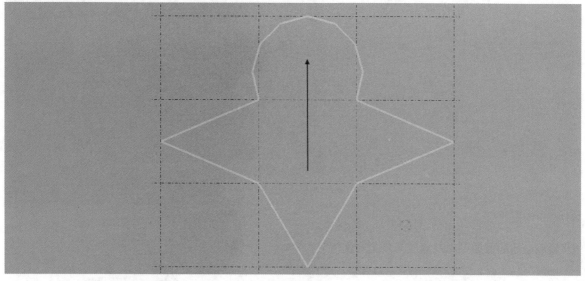

图 8-17

· 用板定义新的截面型材

01 双击"创建多边形板"按钮 ✐，打开"多边形板属性"对话框，设置"截面型材"为PL10、"等级"为3，依次单击"应用"按钮和"确认"按钮，如图8-18所示。

02 在视图平面中，按照图8-19所示的顺序和位置进行单击，然后按鼠标中键完成多边形板的创建。

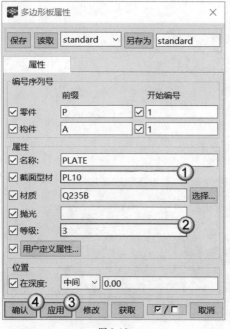

图 8-18

图 8-19

03 执行"建模>截面型材>用板定义截面"菜单命令，打开"型钢截面"对话框，设置"截面名"和"型钢名"均为 GH，单击"应用"按钮，如图8-20所示，然后选择创建的多边形，完成截面型材的定义。

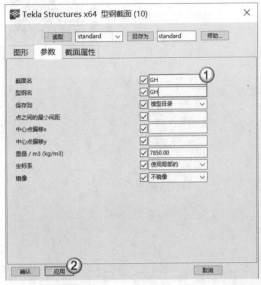

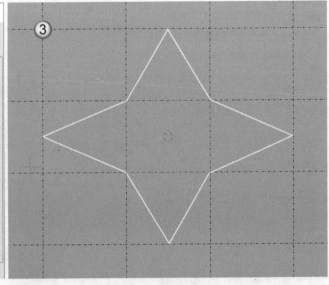

图 8-20

复制创建的截面型材并修改常规型材属性

执行"建模>截面型材>截面库"菜单命令，打开"修改截面目录"对话框，展开"其他（它）"选项，找到名称为"GH"的截面型材，并复制一个新截面，然后选择复制的截面型材"GH复制"，在"通用性"选项卡中，设置"宽度"为15430，单击"更新"按钮，完成截面型材属性的修改，如图8-21所示。

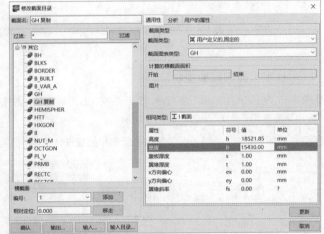

图 8-21

修改自定义截面型材属性

执行"建模>截面型材>编辑多边形横截面"菜单命令，打开"修改横截面"对话框，对①号点进行修改。设置它的"切角"属性为"圆角"、"编号"为3，然后单击"更新"按钮，如图8-22所示。修改完成后，单击"确认"按钮，横截面便会发生变化，效果如图8-23所示。

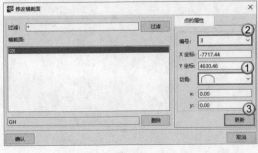

图 8-22

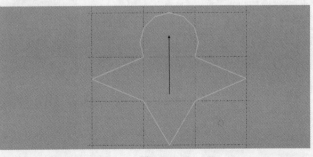

图 8-23

📝 拓展习题：创建新的截面型材

素材位置	无
实例位置	无
视频名称	拓展习题：创建新的截面型材.mp4
学习目标	熟练掌握新截面型材的创建方法

扫码观看视频

⋅ 任务要求

根据提供的截面尺寸，本例创建的截面型材如图8-24所示，具体信息详见表8-2。

图 8-24

表 8-2 截面尺寸

属性	值
高度	1400
宽度	1200

⋅ 创建思路

这是一个用户自定义节点中加劲板材质的添加，创建思路如图8-25所示。

第1步： 使用"创建多边形板"工具 ✏ 绘制一个工字形状。

第2步： 通过"用板定义横截面"的方式，完成AAO截面型材的创建。

第3步： 复制创建的AAO截面型材得到一个新截面，并设置截面型材的属性。

第4步： 将①号点的切角属性设置为圆角。

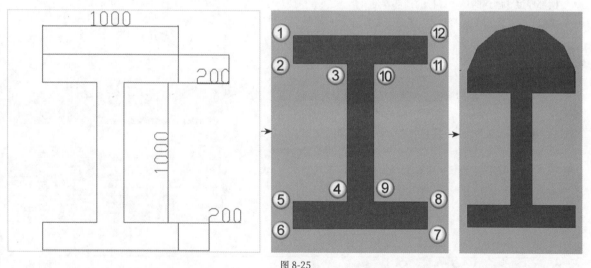

图 8-25

8.3 扩充螺栓库

螺栓在模型中是预定义的构件，螺栓、垫片和螺母等组件共同组成Tekla Structures的螺栓单元。螺栓目录包括螺栓构件元素，如不同尺寸和长度的螺栓、螺母和垫片等。螺栓组件目录包括螺栓组件。

一般情况下，遇到特殊的螺栓时，需要对螺栓库进行扩充，以便于后继建模中的应用。

8.3.1 修改 / 添加螺栓

在日常建模过程中常出现不符合系统螺栓属性的螺栓，这时可在螺栓库中进行进一步的编辑。

⊡ 修改螺栓

执行"细部>螺栓>螺栓对话框"菜单命令，打开"螺栓目录"对话框，"螺栓"栏中有项目的所有的螺栓型号，右侧是它的类型和各种属性，如图8-26所示。用户可以手动修改这些属性，修改完成之后单击"更新"按钮，即可保存修改的设置。

图 8-26

· 重要属性介绍

类型： 选择创建的单个螺栓的类型，如图8-27所示。

标准： 普通螺栓按照制作精度可分为A、B和C三个等级，A、B级为精制螺栓，C级为粗制螺栓；对于钢结构用连接螺栓，除特别注明外，通常为普通粗制C级螺栓。

直径： 创建的单个螺栓的直径。

长度： 创建的单个螺栓的竖直长度。

重量： 创建的单个螺栓的重量。

顶部厚度： 创建的单个螺栓的顶部厚度。

螺纹长度： 螺纹的连接长度，决定了零件连接的可靠性。

顶部直径： 创建的单个螺栓的顶部直径。

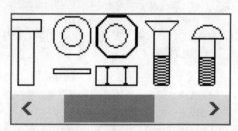

图 8-27

⊡ 添加螺栓

用户也可以创建新的螺栓。打开"螺栓目录"对话框，在"添加"按钮上方的文本框中输入要新建的螺栓的名称，这里输入123。输入完成后，单击"添加"按钮，螺栓列表中就出现了名为"123"的螺栓。接下来用户可以在右侧的标准、直径等属性栏内设置所需的属性，并在右侧下方的组件参数中设置正确的值，如图8-28所示。

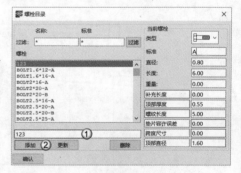

图 8-28

8.3.2 添加 / 修改螺栓组件

在建模过程中经常会出现系统默认的螺栓组件属性与建模要求的不同的现象，这时需要添加或修改螺栓组件，进行进一步的编辑与修改。

⊡ 添加螺栓组件

打开"螺栓组件目录"对话框，在"添加"按钮上方的文本框中输入要新建的螺栓组件的名称，这里输入123。输入完成后，单击"添加"按钮，螺栓组件列表中就出现了"123"组件。接下来用户可以在右侧的标准、材质等属性栏内设置所需的属性，并在右侧下方的组件参数中设置正确的值，如图8-29所示。

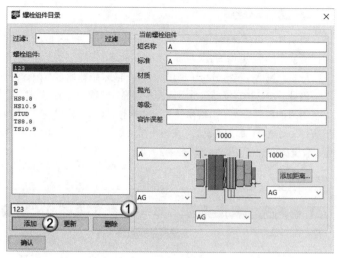

图 8-29

· 修改螺栓组件

执行"细部>螺栓>螺栓组件目录"菜单命令，打开"螺栓组件目录"对话框，右下角是关于螺栓和垫片等的各项参数，如图8-30所示。用户可根据需要自行修改，修改完成后单击"更新"按钮。

· 重要属性介绍

材质：螺栓的材质，如Q235B、Q345A和Q345B等。

等级：螺栓按照性能共分为8个等级，分别是3.8、4.8、5.8、8.8、8.8、9.8、10.9和12.9。

容许误差：创建螺栓时的容许误差，"容许误差＋螺栓直径"为创建的孔洞直径。

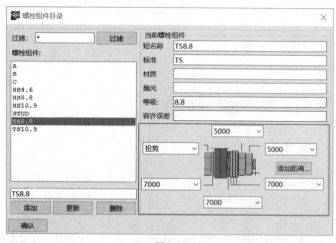

图 8-30

8.4 扩充材料库

材料反映了型材的密度、弹性等属性，当材料库中没有想要的材料时，可以根据所需的材料属性在材料库中进行编辑。

8.4.1 查看材质目录

执行"建模>材质目录"菜单命令，打开"修改材质目录"对话框，可在树结构中选中现有的材质进行查看或修改其属性，如图8-31所示。

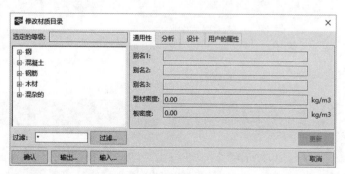

图 8-31

- **重要选项卡介绍**

通用性：包括材料的3个别名字段和型材密度、板密度的数值，其中的别名字段通常是指在不同的地域或以不同的标准使用的名称，如HRB钢筋又称为热轧带肋钢筋，因此可在"别名1"处填写"热轧带肋钢筋"。

分析：包括在结构分析中使用的属性信息，结构通过有限元法进行分析。

设计：包括特定设计条件下的属性信息，如设计规范、属性等。

用户的属性：除了常规属性和分析属性，还可以为材料创建自己的属性，如单击"定义"按钮，可打开"修改材质属性"对话框，单击"添加"按钮新增材质属性，然后就可以在"设计规范"下拉列表框中选择规范，并设置材质类型、数量类型等各项属性，如图8-32所示。

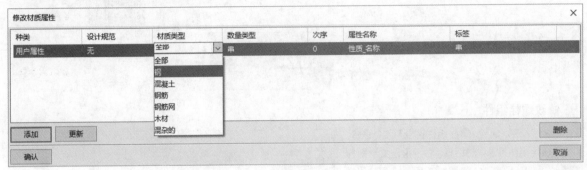

图 8-32

8.4.2 添加材料类型

若树结构中不包括需要的材料类型，用户可以自行添加材料类型，下面介绍材料类型的添加方式。

第1步：执行"建模>材质目录"菜单命令，打开"修改材质目录"对话框。选中一个材料（如钢材），然后单击鼠标右键，在弹出的菜单中选择"添加等级"选项，如图8-33所示。

第2步：这时列表中会出现"材质1"选项，可在右侧的属性栏中设置材料属性以添加材料，依次单击"更新"按钮和"确认"按钮，如图8-34所示。

图 8-33

图 8-34

8.5 宏应用

将一系列Word命令组合到一起，并作为一个独立的命令输出的处理过程称为"宏"，它能使日常工作变得更容易。当然，作为一款支持进行二次开发的软件，Tekla Structures中也有宏的应用。

在"Macros"对话框中，可运行、编辑、创建和删除宏，再通过菜单、对话框和快捷键等进行一系列操作（Tekla Structures允许用户通过菜单、对话框和快捷键等执行这一系列操作）。

> **提示**
>
> 宏基于C#语言，编辑宏需要具备C#编程方面的知识。针对这一部分，这里仅对软件已有的宏应用做简要介绍。

8.5.1 使用宏

图 8-35

以打开"项目文件管理器"为例，读者可以从本小节的讲解中学习到如何执行对应的宏命令打开项目文件管理器。

第1步： 执行"工具>宏"菜单命令，打开"Macros"对话框，选择"广义的"单选按钮，待找到"DirectoryBrowser"后，单击"运行"按钮，如图8-35所示。

> **提示**
>
> DirectoryBrowser是在正常安装的情况下，列表中系统自带的宏。

第2步： 这时系统将打开"Directory Browser"（项目文件管理器）对话框。以打开模型文件夹为例，单击"模型"按钮就可直接跳转到存放该模型的文件夹，如图8-36所示。

图 8-36

第3步： 在"高级的"选项卡中，可以单击"用户单元""模板和报告"等按钮，如图8-37所示。单击后将直接跳转到用户单元、报告或模板等文件夹，图8-38所示是跳转到用户单元的文件夹。

图 8-37

图 8-38

8.5.2 宏属性

宏属性的操作包括多种命令，如自动连接设置、修改用户单元等，如图8-39所示。它们都是Tekla Structures

的高级应用，宏能使日常工作变得更容易。

图 8-39

· **重要按钮介绍**

运行：运行当前宏。

编辑：编辑当前宏的属性。

创建：创建新的宏属性。

记录：记录宏所使用的模式，记录的宏将保存在图纸或建模文件夹中的全局或局部宏下。

功能实战：使用宏创建构件间的自动连接		
素材位置	素材文件>CH08>功能实战：使用宏创建构件间的自动连接
实例位置	无
视频名称	功能实战：使用宏创建构件间的自动连接.mp4
学习目标	掌握用宏创建梁柱螺栓构件的方法

扫码观看视频

使用宏为梁柱构件创建螺栓连接件，效果如图8-40所示。

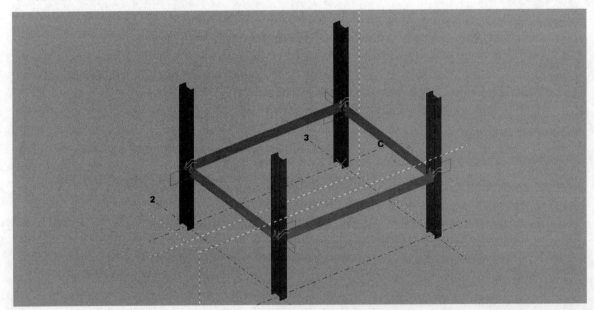

图 8-40

▣ **选择构件**

打开"素材文件>CH08>功能实战：使用宏创建构件间的自动连接"文件，得到图8-41所示的模型，需要深化的模型节点如图8-42所示，在视图中依次选中需要被连接的多个构件。

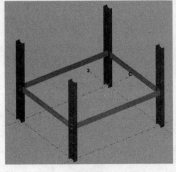

图 8-41

图 8-42

使用宏创建螺栓连接件

01 执行"工具>宏"菜单命令，打开"Macros"对话框，找到列表中的"AutoConnectSelectedParts"，然后单击"运行"按钮，如图8-43所示，系统将为构件创建自动连接，效果如图8-44所示。

02 按照同样的方式，依次为模型中的所有梁柱构件创建螺栓连接件，最终效果如图8-45所示。

图 8-43

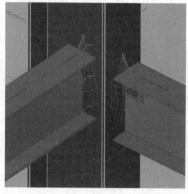

图 8-44

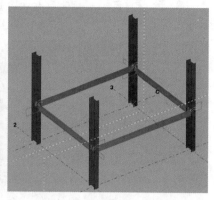

图 8-45

📝 拓展习题： 使用宏为模型编号并创建表面视图

素材位置	无
实例位置	无
视频名称	拓展习题：使用宏为模型编号并创建表面视图.mp4
学习目标	掌握用宏为模型编号并创建表面视图的方法

扫码观看视频

任务要求

使用宏为模型编号并创建表面视图，创建的视图如图8-46所示。

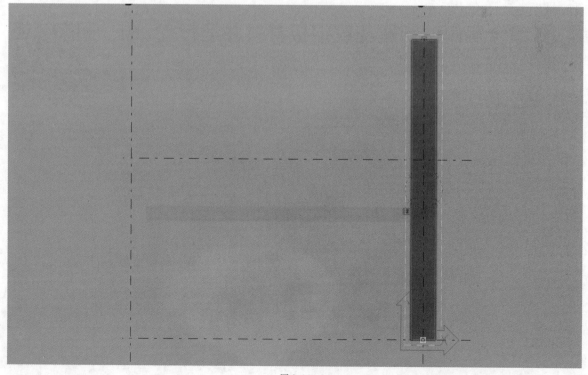

图 8-46

⊡ **创建思路**

为梁柱构件创建表面视图，创建思路如图8-47所示。

第1步： 打开"素材文件>CH08>功能实战：使用宏创建构件间的自动连接"文件。

第2步： 通过宏属性，选择"RebarSeqNumbering"命令为所有零件编号。

第3步： 通过宏属性，选择"CloseTemporaryViews"命令创建新视图的表面（在轴网3与轴网C处H形柱外侧的表面）。

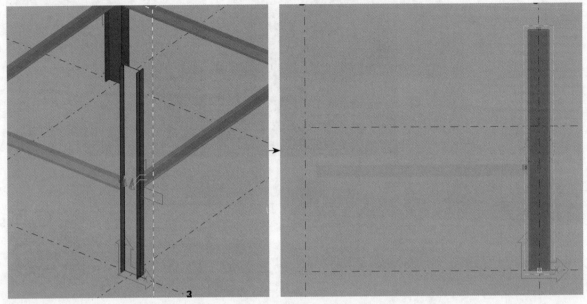

图 8-47

8.6 综合实例：创建花纹钢板材料并运行宏

扫码观看视频

素材位置	无
实例位置	无
视频名称	综合实例：创建花纹钢板材料并运行宏.mp4
学习目标	掌握用宏更新材料库的方法

根据提供的截面信息，创建新的材料类型，并完成材料库的更新，如图8-48所示。具体信息详见表8-3。

图 8-48

表 8-3 型材参数

属性	值
材料名称	花纹钢板
型材密度	7850kg/m³
板密度	7850kg/m³

8.6.1 思路分析

创建一个新材料类型,并设置它的属性,然后将更新后的材料库覆盖到Tekla Structures目录文件夹下的材料库中,实现对所有新模型材料库的更新。本例的步骤分为创建新材料类型、找到修改后的材质库和运行宏3个部分。

8.6.2 创建新材料类型

01 执行"建模>材质目录"菜单命令,打开"修改材质目录"对话框,然后选中"钢"类型,单击鼠标右键,在弹出的菜单中选择"添加等级"选项,如图8-49所示。

02 这时在列表中新增"材质1"选项,双击"材质1",将其重命名为"花纹钢板",如图8-50所示。

图 8-49

图 8-50

03 设置花纹钢板的属性。在"通用性"选项卡中,设置"型材密度"和"板密度"均为7850kg/m³,单击"更新"按钮,如图8-51所示。

04 在打开的"更新确认"对话框中单击"是"按钮,接着单击"确认"按钮,如图8-52所示。这时弹出是否保存改变到模型文件夹的提示对话框,单击"确认"按钮,如图8-53所示。

图 8-51

图 8-52

图 8-53

8.6.3 找到修改后的材质库

01 执行"文件>打开模型文件夹"菜单命令,界面跳转到Windows中存放模型文件的文件夹。将该文件夹下的文件按修改时间排序,排在最前面的BIN类型文件matdb.bin就是刚刚更新的材料库文件,如图8-54所示。

名称	修改日期	类型	大小	
matdb.bin	2019/5/18 12:45	BIN 文件	8 KB	
.locked	2019/5/17 21:30	LOCKED 文件	1 KB	

图 8-54

02 选中matdb.bin,单击鼠标右键,在弹出的菜单中选择"复制"选项,如图8-55所示。

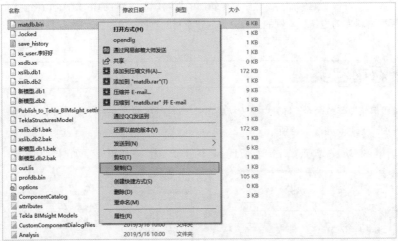

图 8-55

8.6.4 运行宏

图 8-56

01 执行"工具>宏"菜单命令,打开"Macros"对话框,找到"DirectoryBrowser"选项,单击"运行"按钮,如图8-56所示。

02 这时打开"DirectoryBrowser"(项目文件夹管理器)对话框,然后切换到"高级的"选项卡,接着单击"目录"按钮,如图8-57所示。这时系统将打开Windows中存放软件目录的文件夹,该文件夹为environments\china\profil,如图8-58所示。

图 8-57

图 8-58

03 将已更新的材料库文件matdb.bin复制到Tekla Structures的目录文件夹下,替换原有的材料库文件,如图8-59所示。这时Tekla Structures中的所有模型都会更新材料库。

图 8-59

🏠 课后练习：创建螺纹钢板材料并运行宏

素材位置	无
实例位置	无
视频名称	课后练习：创建螺纹钢板材料并运行宏.mp4
学习目标	熟练掌握用宏更新材料库的方法

任务要求

根据提供的截面信息，创建新的材料类型，并完成图8-60所示的材料库更新。具体信息详见表8-4。

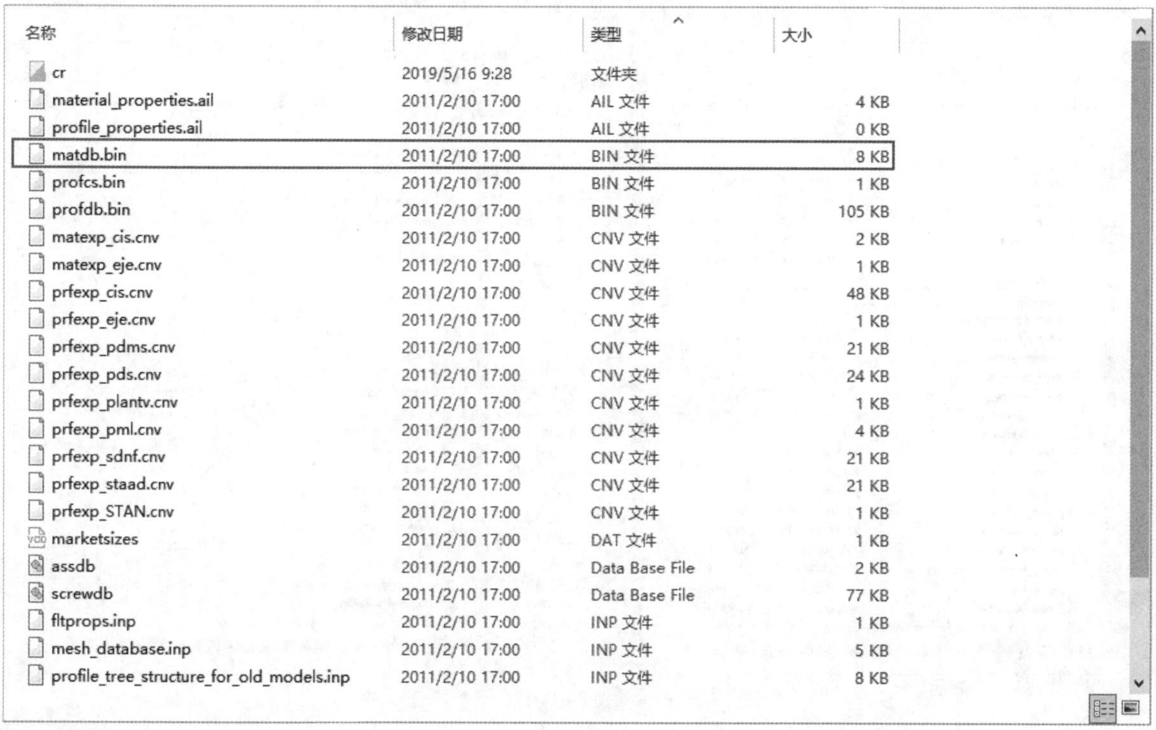

名称	修改日期	类型	大小
cr	2019/5/16 9:28	文件夹	
material_properties.ail	2011/2/10 17:00	AIL 文件	4 KB
profile_properties.ail	2011/2/10 17:00	AIL 文件	0 KB
matdb.bin	2011/2/10 17:00	BIN 文件	8 KB
profcs.bin	2011/2/10 17:00	BIN 文件	1 KB
profdb.bin	2011/2/10 17:00	BIN 文件	105 KB
matexp_cis.cnv	2011/2/10 17:00	CNV 文件	2 KB
matexp_eje.cnv	2011/2/10 17:00	CNV 文件	1 KB
prfexp_cis.cnv	2011/2/10 17:00	CNV 文件	48 KB
prfexp_eje.cnv	2011/2/10 17:00	CNV 文件	1 KB
prfexp_pdms.cnv	2011/2/10 17:00	CNV 文件	21 KB
prfexp_pds.cnv	2011/2/10 17:00	CNV 文件	24 KB
prfexp_plantv.cnv	2011/2/10 17:00	CNV 文件	1 KB
prfexp_pml.cnv	2011/2/10 17:00	CNV 文件	4 KB
prfexp_sdnf.cnv	2011/2/10 17:00	CNV 文件	21 KB
prfexp_staad.cnv	2011/2/10 17:00	CNV 文件	21 KB
prfexp_STAN.cnv	2011/2/10 17:00	CNV 文件	1 KB
marketsizes	2011/2/10 17:00	DAT 文件	1 KB
assdb	2011/2/10 17:00	Data Base File	2 KB
screwdb	2011/2/10 17:00	Data Base File	77 KB
fltprops.inp	2011/2/10 17:00	INP 文件	1 KB
mesh_database.inp	2011/2/10 17:00	INP 文件	5 KB
profile_tree_structure_for_old_models.inp	2011/2/10 17:00	INP 文件	8 KB

图 8-60

表 8-4　型材参数

属性	值
材料名称	螺纹钢板
型材密度	9600kg/m³
板密度	9600kg/m³

创建思路

为框架结构的梁柱创建新的材料类型，创建思路如图8-61所示。

第1步：创建螺纹钢板，并设置螺纹钢板的属性。

第2步：在存放模型文件的文件夹下，复制刚刚更新的材料库文件matdb.bin。

第3步： 运行宏并打开DirectoryBrowser（项目文件夹管理器）中存放Tekla Structures目录的文件夹。

第4步： 将已更新的材料库文件matdb.bin复制到Tekla Structures的目录文件夹下，替换原有的材料库文件。

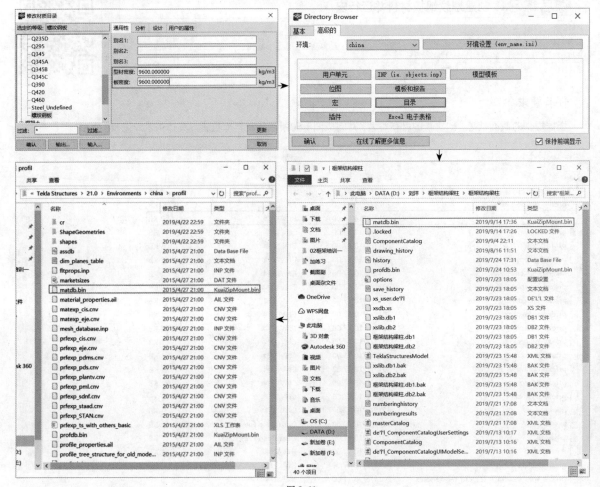

图 8-61

第 9 章

Tekla Structures
项目管理高级应用

9

本章概述

Tekla Structures中有许多的高级应用，如任务管理
器与模型管理器，类似于BIM中常提到的数字化监测
平台。本章接下来为读者介绍这些应用，这是一些大
多数用户都用不到的高级应用，如果需要深入地研究
该软件，那么便需要了解这些应用。

本章要点

» Tekla 多用户服务器的搭建设置
» Tekla 板件套料的设置问题及解决措施
» Tekla 模型协作工作要点及注意事项
» Tekla 工程项目数据模型管理

9.1 引导实例：多用户建模

素材位置	无
实例位置	无
视频名称	引导实例：多用户建模.mp4
学习目标	掌握多用户建模的创建方法

本例需要将模型文件夹的权限设定为仅供特定用户使用，实现组内成员的信息共享，如图9-1所示。

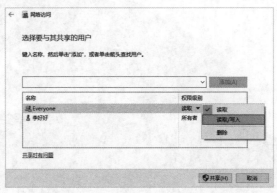

图 9-1

9.1.1 思路分析

新建多用户模型，可分为设定权限和共享文件两个部分，以下是本例的思路。

第1步，打开多用户服务器程序。

第2步，查找服务器程序所在的运行电脑的IP地址。

第3步，新建多用户模型。

9.1.2 设定权限

01 打开C盘，在Windows中新建一个文件夹，并命名为"多用户模型"，然后单击鼠标右键，在弹出的菜单中选择"授予访问权限>特定用户"选项，如图9-2所示。

02 在用户下拉列表框里选择"Everyone"，然后单击"添加"按钮，如图9-3所示。

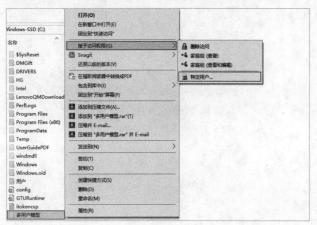

图 9-2

图 9-3

9.1.3 共享文件

将"权限级别"修改为"读取/写入",最后单击"共享"按钮,如图9-4所示。至此,多用户建模的文件夹创建完成,局域网内的其他组员可以读取该文件夹中的内容了。

图 9-4

9.2 Tekla 套料

套料是指在下料过程中的排料阶段遇到有的地方不好排料或出现空缺的情况时,会对内部空间造成很大的浪费,可以再在里面套出一些不同形状的小料,即在有限的材料面积上尽可能多地使用材料进行生产,这是一种将材料的利用率提高,从而减少废料的好方法。下面开始介绍用Tekla Structures套料的一般流程。

> **提示**
>
> 因软件版本的不同,故目前套料软件采用16版本以下的版本。希望读者掌握套料的方法,这里仅讲解套料的操作流程和思路。

安装Tekla Structures后,打开任意模型。执行"文件>输出>创建数控文件"菜单命令,打开"NC文件"对话框,先勾选"创建"下的复选框,再单击"编辑"按钮,如图9-5所示。

> **提示**
>
> Tekla Structures中的套料模块是一个需要付费的附加功能,使用前需要确认是否具有这个功能(安装时已安装此模块)。

图 9-5

在打开的"NC文件设置"对话框中,单击"浏览"按钮,保持默认保存位置或选择其他位置。这里以只创建铁板的套料为例,因此在"截面类型"中,只把B类型设置为Yes,其他值均设置为No,如图9-6所示。设置完成后,单击"确认"按钮。

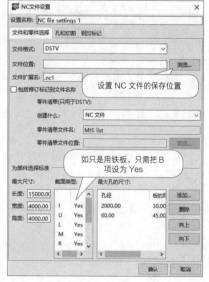

> **提示**
>
> 一般情况下都是进行板材的套料。

图 9-6

回到"NC文件"对话框，选择"全部的零件"单选按钮，然后单击"创建"按钮，便开始创建NC文件了，如图9-7所示。

打开Tekla绿色套料板，在"Plate Nesting-DSTV2TASK"对话框中添加需要套料的文件（该对话框中列出的文件即刚才创建的全部NC文件），如图9-8所示。全部选择完成后，单击右方的"Start"按钮开始套料。完成后将依次显示部件的名称、视图及所处的套料图纸号，再单击左下角的"Next"按钮，就可以开始套料了。

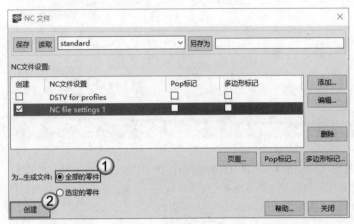

图 9-7

图 9-8

在打开的"Plate Nesting"对话框中，将显示现有铁板原材的规格、数量等信息，对于已有的信息可以直接选择，没有的信息则可以手动输入以添加，如图9-9所示。如果有多张不同规格的铁板，那么还可以分多次输入。此外，如果套料时提供的铁板不足以对所有的部件进行切割，那么也会出现提示，表示有部分部件没有套料成功。

设置完成后单击"Nest Now"按钮开始套料（自动计算不需要人工参与）。套料完成后，将得到一个DXF格式的文件，打开后即可看到套料的结果。图9-10所示的表格中分别列出了套料部件的名称、规格、数量和重量等信息。

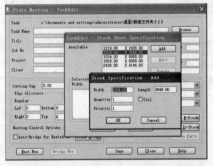

图 9-9

NESTED PARTS					
DWG NO.	MARK	PART NO.	SIZE	QTY	WEIGHT (Kg)
	GP006	GP006	308 × 230	52	216.67
	GP005	GP005	312 × 206	4	14.44
	GP004	GP004	270 × 181	4	10.84
	SP003	SP003	285 × 80	25	41.76
	PL008	PL008	222 × 79	13	16.45
	GP007	GP007	270 × 230	56	209.95
	PL012	PL012	312 × 116	4	10.71
	SP005	SP005	165 × 130	1	1.56
	GP008	GP008	222 × 169	14	30.78
	SP004	SP004	165 × 140	1	1.69

图 9-10

除此之外，该套料结果中还计算出了铁板的使用情况，如原材规格、实际使用百分比和废料百分比等信息，如图9-11所示。

套料完成后，就可根据实际的数控设备进行文件转换或直接应用到设备中了。

STOCK DETAILS			
MATERIAL GRADE	THICKNESS	HEAT NO.	
SS400	10.00		
IDENTIFICATION NO.	SIZE	QUANTITY	WEIGHT (Kg)
	1524 × 6096	1	729.29

CUTTING INFORMATION						
EDGE ALLOWANCE	[X] :	7.0	mm	[Y] :	8.0	mm
	[X1] :	7.0	mm	[Y1] :	8.0	mm
MIN. REMNANT LENGTH	[X] :	0	mm	[Y] :	0	mm
CUTTING GAP ALLOWANCE		5.0	mm			
TOTAL LENGTH OF CUT		181.36	M			
SCRAP MATERIAL WEIGHT		174.43	Kg	23.9	%	
REMNANT MATERIAL WEIGHT		0.00	Kg	0.0	%	
USED MATERIAL WEIGHT		554.86	Kg	76.1	%	

图 9-11

9.3 工程协作

除了支持单用户进行模型设计外, Tekla Structures还支持在多用户模式下使用模型。多用户模式允许多个用户在同一时间访问相同的模型,这使得合作的双方能共同参与同一个工程并相互了解工程进度,避免在交接过程中出现复制和合并模型等烦琐的操作。

9.3.1 多用户建模

在单用户模式下, 每个模型每次只能由一个用户使用,但进行大型工程建模时,多用户模式则允许多个用户同时使用同一个模型。本节主要解决何时使用多用户模式建模和多用户模式如何工作这两个问题。

⊡ 何时使用多用户模式建模

通常在项目规模较大时使用多用户建模,以便提高工作效率。决定是否使用多用户模式建模,应考虑以下两方面的内容。

考虑优越性

了解多用户建模的优点,是否有助于确定协作的需求并创建计划,一些需要考虑的因素有以下6点。

①无须控制、跟踪和存储多个相同的模型。

②仅使用一个模型可降低现场错误。

③基于单个主模型的建立计划。

④通过单个主模型生成螺栓和材料列表。

⑤在多个用户之间分担大型工程工作量的能力。

⑥模型历史记录收集能力。

其他需要考虑的因素

同对待所有的工程一样,应仔细规划多用户工程,一些需要考虑的其他因素有以下5点。

①每次只能有一个用户保存到主模型。

②使用编号计划。在使用多用户模型时,始终选择"编号设置"对话框中的"与主模型同步"(保存→编号→保存)选项,以免保存时发生冲突。

> ✎**提示**
>
> 使用编号主要是为了校核标准零件。在使用多用户模型时, Tekla Structures将锁定主模型并执行保存、编号和再保存的操作顺序,所有其他用户可在此操作期间继续工作。

③为编号计划确定合理的时间表(为较大模型进行编号可能会耗费很多时间)。

④如果可能的话,为每个用户分配一个不同的模型区域,避免当多个用户在同一区域中操作时可能会发生的冲突。

⑤永远不要在一个工程中混合使用单用户模式和多用户模式两种设置。在单用户模式下保存一个多用户模型将删除其他用户使用该模型时所作的修改,并且有可能破坏这个模型。

⊡ 多用户模式如何工作

多用户模型是由单个主模型组成的,每个用户都可以访问这个模型,并打开该模型的本地视图,该本地视图中它被称为工作模型。用户对其工作模型所作的任何更改只在本地起作用,在将该工作模型保存到主模型之前,其他用户看不到这些更改。

多用户系统可以包括多个客户计算机,用户可以在这些计算机上使用其工作模型,主模型可以放置在网络中的任何位置,包括放置在任何一台客户计算机中。

当从客户计算机上打开多用户模型时, Tekla Structures会复制主模型并将其保存在本地用户计算机中(即工作模型)。

当单击保存以将工作模型保存回主模型时，Tekla Structures将执行以下操作。

第1步，重新复制主模型并将其与其他的工作模型进行比较。

第2步，将工作模型中所作的更改保存到主模型的副本（本地）中。

第3步，将这个副本复制回主模型（其他用户可以看到该用户做出的修改）。

第4步，重新复制主模型并将其保存为该用户的本地工作模型（现在可以看到自己的模型和其他用户上传的模型发生了更改）。

 提示

> 多用户模型在打开、保存和编号时处于锁定状态，当某个用户执行任何上述一种操作时，其他用户将无法执行这些操作。

9.3.2 模型记录

Tekla Structures中收集了有关不同用户在多用户模型中进行操作的模型历史记录（仅在多用户模型中收集模型的历史记录）。模型历史记录显示了修改模型的时间、方式、用户和模型版本的注释。

· 收集模型历史记录

执行"工具>选项>高级选项"菜单命令，打开"高级选项-模型视图"对话框，选择左侧列表中的"速度和准确度"选项，在右侧找到高级选项"XS_COLLECT_MODEL_HISTORY"，并在"值"列中输入TRUE；找到高级选项"XS_CLEAR_MODEL_HISTORY"，并在"值"列中输入FALSE，如图9-12所示。

选择右侧列表中的"多用户"选项，在右侧找到高级选项"XS_SAVE_WITH_COMMENT"，并在"值"列中输入TRUE，便可以保存模型版本的注释，如图9-13所示。

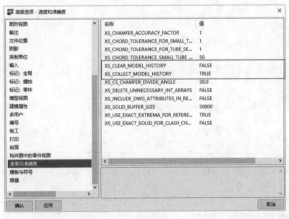
图 9-12

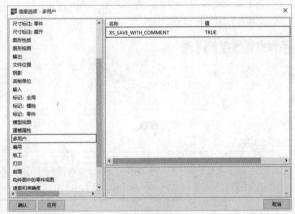
图 9-13

· 查看模型记录

执行"工具>查询>目标"菜单命令，在"查询目标"对话框中显示了模型制作过程的历史记录，如图9-14所示。

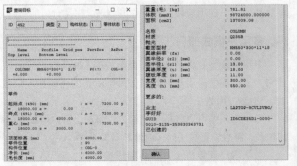
图 9-14

⊡ **关闭模型**

当其他用户正在使用工作模型时,不要关闭主模型所在的计算机,否则所作的修改将无法保存到主模型中。如果发生这种情况,那么为避免丢失所作的更改,可以先让客户计算机上的工作模型保持打开状态,然后重新启动主模型所在的计算机,再在该计算机上打开主模型,单击"保存"按钮 ,最后在客户计算机上将工作模型保存到主模型中。

⊡ **显示活动中的多用户**

要显示有关使用同一服务器的用户信息,可执行"工具>活动的多用户"菜单命令。显示的用户信息详见表9-1。

表 9-1 显示的用户信息

域	说明
锁定	锁定模型的时间
模型名称	模型的名称
用户	使用服务器上的模型的当前用户
最近登录	用户登录的时间
最近连接到的服务器	最后一次访问服务器的时间
编辑的图纸	当前正在编辑的图纸
编辑图纸	已经编辑好并保存到服务器上的图纸

⊡ **解除锁定**

要解除某个用户的锁定,可执行"工具>活动的多用户"菜单命令,然后选中需要解除其锁定的用户,单击鼠标右键,在弹出的菜单中选择"解除锁定"选项。

✎ **提示**

上述操作可解除该用户在对象上的所有锁定,这意味着如果计算机上发生应用程序错误,那么锁定对象上的锁定是可以解除的。

⊡ **建议**

下面分三个方面就如何优化多用户设置给出建议。

服务器计算机

Tekla Structures服务器的主要任务是处理对象ID号的网络请求,不用承担很高的工作负荷,因此可以在配置相对较低的计算机上运行,不需要使用商业网络文件服务器。

客户计算机

用户的计算机需要使用尽可能大的内存(4GB或更大),这样可以提高计算机在多用户模式下的存储速度。

网络

用户需要确保正确设置了TCP/IP协议,并且要遵循以下两点规则。
①同一网络中的每台计算机具有唯一的ID号。
②同一网络中的每台计算机具有一致的子网掩码。

9.4 任务管理器

Tekla Structures任务管理器在3D模型的基础上实行时间的管理与构件信息的匹配。任务管理器是为承包商、分包商和项目经理提供的工具,用户既可以以交互的方式创建任务,又可以通过外部项目管理工具(如Microsoft

Office Project或Primavera P6）导入任务。使用导入功能可以保留用户在模型环境外创建的所有计划，因此可保持计划的智能和组织。此外，用户还可以在任务管理器中对导入的计划补充更详细的信息。

以上工作流程类似于普通项目实施中的工作流程→逐步加强能动意识，以便支持更高水平的项目目标和里程碑。任务管理器提供了用于存储此类信息的逻辑存储空间，并有助于将计划控制扩展成强大的3D可视化表现。本节将介绍如何创建、修改和删除任务，以及如何定义任务类型和承包商等内容。

9.4.1 任务管理

任务管理器可以创建、存储和管理计划任务，并将任务链接到和其相对应的模型对象中。使用任务管理器可以将对时间敏感的数据并入Tekla Structures 3D模型中，并且可以在整个项目过程中的不同阶段和细节层次上控制计划，从而为承包商、分包商和项目经理提供4D管理工具。下面介绍任务管理器的使用方式。

执行"工具>任务管理"菜单命令，打开"任务管理器"对话框，如图9-15所示。该管理器中的主要内容由任务列表和甘特图两部分组成。

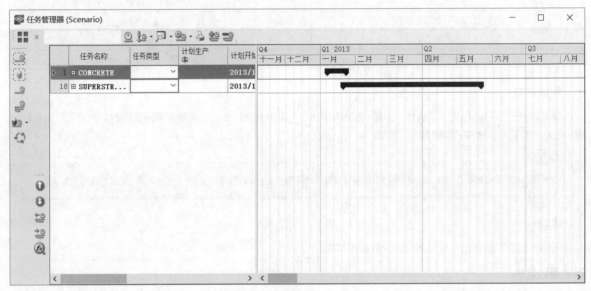

图 9-15

⊡ **任务列表**

任务列表中包括当前Tekla Structures模型中包括的所有任务，并显示了每个任务的属性，如图9-16所示。

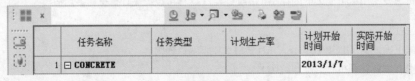

图 9-16

⊡ **甘特图**

甘特图显示了工程的时间刻度，可使工程人员直观地看到工程的进度安排，如图9-17所示。

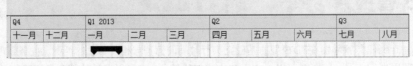

图 9-17

提示

任务管理器是以甘特图的形式表示的，展示的是模型的施工时间，等同于进度计划（用模型来对施工进度进行把控）。甘特图中各个符号的含义详见表9-2。

表 9-2 甘特图符号及说明

符号	说明	详细信息
	未与任何模型对象链接的任务	向任务中添加对象
	计划开始和结束日期	
	实际开始和结束日期	—
	任务完成进度	
	摘要任务。摘要任务可以包含其他摘要任务作为自己的子任务	创建子任务
	任务间的从属关系	任务从属关系
	里程碑	定义通用任务属性
	锁定的任务	该任务在任务列表中被标记为锁定

9.4.2 更改视图设置

在任务管理器中有一些操作可以更改操作页面的可见设置。

⊡ 显示和隐藏任务列表项

若要显示或隐藏任务列表项，可单击"视图"按钮 ，选择"任务列表项"选项，在弹出的菜单中选择需要显示或隐藏的任务，如图9-18所示。下次打开任务管理器时，将会使用用户在上一次任务管理器中所选的选项。

图 9-18

⊡ 使任务管理器窗口保持前端显示

选择"保持前端显示"选项，可使任务管理器总是保持在屏幕上的其他窗口之上。要将任务管理器保持在其他窗口之上，可单击"视图"按钮 ，选择"保持前端显示"选项。

⊡ 修改甘特图外观

要修改甘特图的外观，可单击"视图"按钮 ，选择"甘特图设置"选项，选择任一选项可将其打开或关闭（选项前面的复选框被勾选表示该选项可见）。具体操作方式详见表9-3。

表 9-3 显示外观的操作

要执行的操作	具体操作步骤
显示或隐藏为任务分配的承包商的名称	单击"承包商"按钮
显示或隐藏非工作日	单击"非工作日"按钮
显示或隐藏实际开始和结束日期	单击"实际日期"按钮 必须在任务列表中定义实际开始和结束日期，才能在甘特图中显示它们
显示或隐藏计划开始和结束日期	单击"计划日期"按钮

9.4.3 创建和修改任务

任务管理器中的任务主要为客户提供一套生产管理系统的方法，使之更有效地管理钢结构深化、规划制造及现场安装。

⊡ 创建任务

每个新任务都必须至少有名称及计划的时间段，同时还可以为其定义其他属性，如任务类型、负责任务的承包商和完成任务的实际时间段，并可以将任务链接到模型对象。创建新的任务有以下3种方式。

第1种方式，选中一个或多个模型对象，然后单击鼠标右键，在弹出的菜单中选择"创建任务"选项，该任务即会自动链接到所选的模型对象，如图9-19所示。

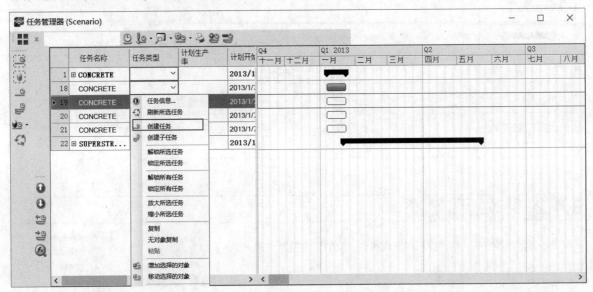

图 9-19

第2种方式，在任务管理器中单击"创建任务"按钮，可以将任务链接到一个或多个模型对象，如图9-20所示。

第3种方式，在甘特图中单击鼠标右键，在弹出的菜单中选择"创建任务"选项，如图9-21所示。

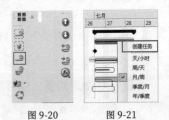

图 9-20　　图 9-21

⊡ 创建子任务

要创建子任务，可在任务列表中选择要创建子任务的任务，然后单击"创建子任务"按钮。双击该任务前的三角符号▶（或选中任务，单击鼠标右键，在弹出的菜单中选择"任务信息"选项），如图9-22所示，打开"任务信息"对话框，在其中可设置该任务的相关参数，如图9-23所示。

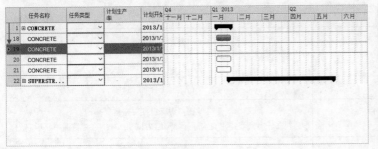

图 9-22

图 9-23

· 定义任务类型

任务管理器可以为任务制定一个计划，用户可以定义任务的开始和结束时间；也可以输入开始日期和持续时间，让任务管理器来计算结束日期。此外，任务工作量显示的是任务的总工作量和生产率。下面介绍任务类型的创建流程。

创建新任务类型

要定义任务类型，可单击"一般设置和操作"按钮，选择"任务类型"选项，然后输入该任务类型的名称，即可将该任务类型链接到用户定义属性，如图9-24所示。

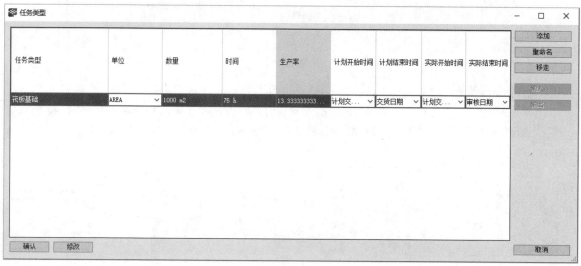

图 9-24

定义一个任务类型的生产率

定义任务类型的生产率时，有以下3个方面需要选择。

①选择一个单位。

②定义数量。

③定义时间。

定义完成后，将该任务类型链接到计划日期和实际日期的用户定义属性。

9.4.4 管理任务的从属关系

在任务管理器中，用户可以设置任务时间的优先级，也就是从属关系。

· 任务从属关系

一个任务可以从属于另一个任务或里程碑。例如，定义任务1必须在任务2开始前5天完成，那么该任务可有以下4种不同方式的从属关系。

①完成到开始（FS）：前一个任务必须完成后从属任务才能开始。

②开始到开始（SS）：前一个任务必须开始后从属任务才能开始。

③完成到完成（FF）：前一个任务必须完成后从属任务才能完成。

④开始到完成（SF）：前一个任务必须开始后从属任务才能完成。

在甘特图中，从属关系用箭头表示。根据其关系，箭头可以指向另一个任务的开始或结束时间，如图9-25所示。

图 9-25

原有任务是必须在从属任务之前完成的任务，在任务管理器中不能创建循环的从属关系，用户可以定义移动原有任务时是始终移动从属任务，还是只在向前移动原有任务时向前移动从属任务。

⊡ 创建任务间的从属关系

在"任务信息"对话框中，在"从属关系"选项卡中可以创建任务间的从属关系，如图9-26所示。一次只能为一个任务创建从属关系，如果选择了多个任务，那么就不会显示该选项卡。下面介绍创建任务间的从属关系的基本操作。

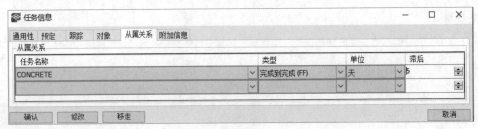

图 9-26

在任务间添加从属关系

在任务列表中选中一个任务，然后单击鼠标右键，在弹出的菜单中选择"任务信息>从属关系"选项，接着从"任务名称"列表中选择原有任务，再从"任务类型"列表中选择一种从属关系类型，效果如图9-27所示。

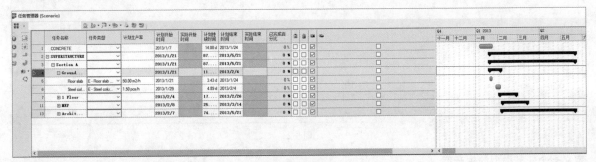

图 9-27

 提示

> 用户不能选择当前任务的摘要任务，或已经与当前任务有从属关系的任务。

在任务间添加延迟

若要添加延迟，可在"滞后"列表中输入一个值（1到100之间的值），延迟的时间单位是天。

 提示

> 此为可选选项。

移动任务方向

切换到"通用性"选项卡，在"通用属性"一栏中通过"从属关系"定义移动原有任务时从属任务的移动方向。

⊡ 修改任务间的从属关系

在"任务信息"对话框的"从属关系"选项卡中，或在甘特图中的一个从属关系中的右键菜单中选择相应选项来修改从属关系（一次只能为一个任务修改从属关系）。如果选择了多个任务，则不显示"从属关系"选项卡。下面介绍任务间的从属关系是如何修改的。

修改从属关系

与创建任务间的从属关系的设置方式相同，先从任务列表中选中一个任务，然后单击鼠标右键，在弹出的菜单中选择"任务信息>从属关系"选项，接着从"任务名称"列表中选择原有任务，再从"任务类型"列表中选择一种从属关系类型。

修改任务间的延迟

要更改任务间的延迟，可在"滞后"列表中输入一个新值（天数）。

修改任务方向

切换到"通用性"选项卡，在"通用属性"一栏中设置任务间的从属关系，定义移动原有任务时从属任务的移动方向。

9.4.5 输入和输出任务

Tekla Structures中的输入和输出任务主要是为监管施工进度和管理提出合理建议。

⊡ 输入的任务信息

从外部工程管理软件（如Microsoft Office Project）输入总的建筑计划，然后输入任务管理器使其进一步具体化（默认情况下，会将规划的日期作为计划日期输入任务管理器。要将基线日期输入为计划日期，需要在输入任务对话框中选择此选项）。

⊡ 输入任务

输入任务是指让分配人工、机械和台班等进行合理的施工，以便让施工有序进行。下面介绍任务的输入流程。

输入任务

从外部工程管理软件向任务管理器中输入任务，可单击"方案"按钮◎，打开"方案"对话框，接着单击"输入"按钮，浏览并找到输入文件（.xml），然后单击"打开"按钮，如图9-28所示。

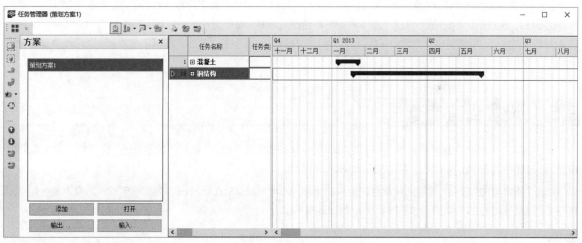

图 9-28

定义选项

定义任务的选项有以下3种方式可以选择。

①将输入的任务附加到方案中：可以将输入的任务添加到任务列表的末尾。

②覆盖现有任务：可以用输入的任务替换已有的任务。

③覆盖现有任务的所选属性：可以输入某些任务属性；选择这个选项时会显示一个列表，用户可以在其中选择属性；输入的任务将在任务管理器中被标记为输入和锁定，以便看到发生的更改。

⊡ 输出任务

如果任务仅包括计划日期，则会将这些日期输出为规划的日期。如果任务包括计划日期和实际日期，那么就会将计划日期作为基线日期输出，将实际日期作为规划的日期输出。下面介绍任务的输出流程。

要想输出任务，可单击"方案"按钮 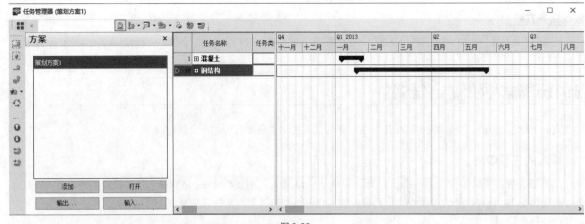，打开"方案"对话框，接着单击"输出"按钮，如图9-29所示。输出后再保存即可。

图 9-29

9.5 状态管理器

状态可将模型拆分为多个部分。状态通常用于指示安装顺序，可以根据对象的状态编号创建报告和视图、隐藏对象并从其他模型中复制所需的对象。例如，有一个大型工程，多个用户以单用户模式同时工作，那么先创建一个基本模型（如柱），这就是状态1，然后将这个基本模型复制给所有用户，每个用户单独设计该建筑模型的一部分。当模型的某个部分完成后，可将其以单独状态（状态2、3等）复制到基本模型中。下面以门钢厂房为例，介绍状态管理器的应用。

9.5.1 设置当前状态

以门钢厂房为例来设置当前状态，执行"工具>状态管理器"菜单命令，打开"状态管理"对话框，单击"添加"按钮，这时将在列表中出现新建的"状态2"，如图9-30所示。

单击"设置当前"按钮，将所选状态修改为当前状态，这时Tekla Structures将为用户创建的所有对象分配当前状态（状态编号前的字符@.指示当前的状态），如图9-31所示。

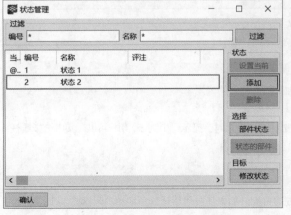

图 9-30   图 9-31

9.5.2 拆分为多个状态

以之前创建的状态为例来识别对象的状态。选中对象并单击"部件状态"按钮，系统将选择对象的状态，如图 9-32 所示。

要查看哪些对象属于特定状态，可从列表中选择一个状态，然后单击"状态的部件"按钮，如图9-33所示，这时 Tekla Structures将在模型中高亮显示相应对象，并完成模型多个状态的拆分，效果如图9-34所示。

图 9-32

图 9-33

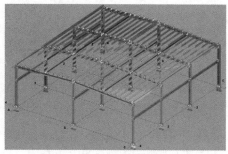

图 9-34

9.5.3 可视化工程状态

可视化工程状态可查看特定时段内模型对象的状态。例如，可在某时间内用不同颜色显示各组零件的安装计划，或标识计划在特定时期制造的零件。

在创建可视化工程状态之前，需要定义颜色和透明度，这些设置既可以根据日期选择对象组，也可以使用任务管理器为零件和构件定义任务。设置完成后，可视化工程状态就可以基于这些任务管理数字化施工进度了。

⊡ 创建实体显示

创建可视化设置可以查看特定时段内模型对象的工程状态。根据施工方案顺序来决定安装顺序，可以看到模型中的柱子、梁和次构件（或附属构件）从透明到实体的过程。

在视图中选中某构件，然后执行"工具>可视化工程状态"菜单命令，打开"可视化工程状态"对话框，可在其中修改模型的显示设置，先单击"目标表示"后的"编辑"按钮，如图9-35所示。

在打开的"目标表示"对话框中，选择一个预定义的对象组进行设置，如选择系统自带或用户自行创建的对象组，这里以All为例，最后单击"确认"按钮，如图9-36所示。

图 9-35

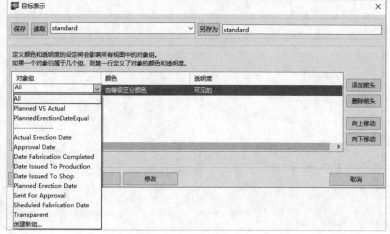

图 9-36

回到"可视化工程状态"对话框，滑动定义时间刻度的滑块来定义开始日期、结束日期和时间步长的长度，然后勾选"自动刷新视图"复选框，单击"更新"按钮，如图9-37所示。

可视化设置完成后，可为其设置名称，然后单击"另存为"按钮，即可保存显示设置，如图9-38所示。

图 9-37

图 9-38

⊡ 删除显示设置

要删除工程状态的显示设置，需要删除模型attributes文件夹中的显示文件（工程状态显示设置的文件扩展名为*.4d），然后重新启动Tekla Structures。

	功能实战： 根据厂房指定 4D 可视化工程状态	
素材位置	素材文件>CH09>功能实战：根据厂房指定4D可视化工程状态	
实例位置	实例文件>CH09>功能实战：根据厂房指定4D可视化工程状态	
视频名称	功能实战：根据厂房指定4D可视化工程状态.mp4	
学习目标	掌握对模型进行可视化的方法	

扫码观看视频

根据施工方案顺序，本例为厂房指定的4D可视化工程状态如图9-39所示（本例中的参数仅供参考）。

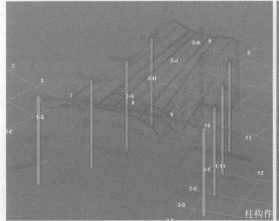

柱构件

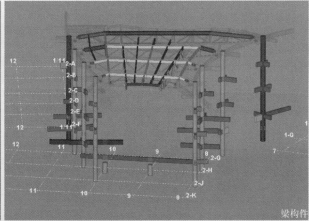

梁构件

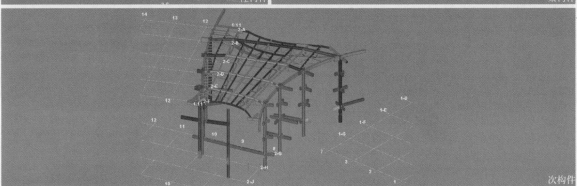

次构件

图 9-39

⊡ 调整柱构件

01 打开“素材文件>CH09>功能实战：根据厂房指定4D可视化工程状态”文件，得到的模型如图9-40所示，需要可视化的模型节点如图9-41所示。这里根据施工方案顺序来完成安装顺序，一般情况都按照“柱→梁→次（或附属构件）”的顺序来调节视图属性。

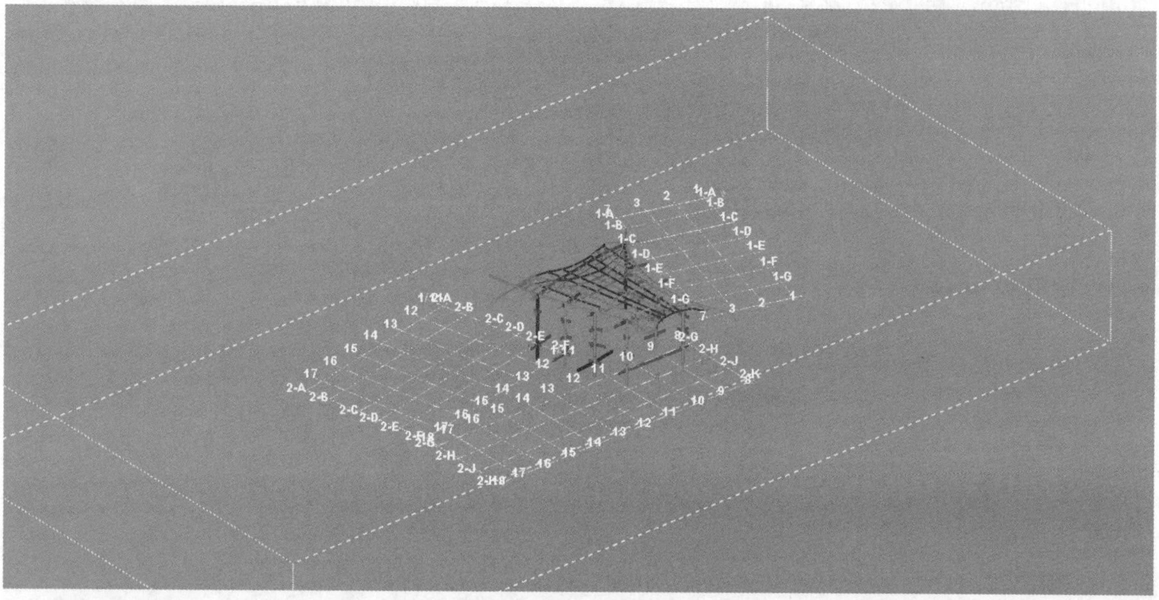

图 9-40

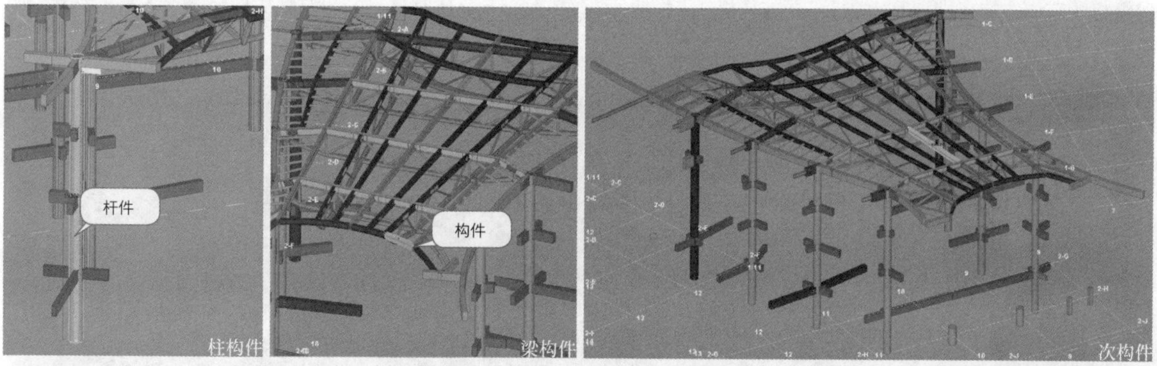

图 9-41

提示

除了柱和梁，剩余的都是附属构件。

02 在视图中双击空白处，打开“视图属性”对话框，然后选择“4D Completion Status”属性，单击“确认”按钮，如图9-42所示。

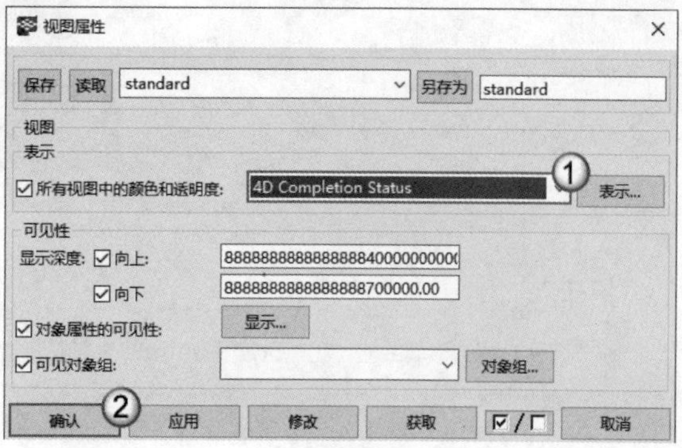

图 9-42

03 执行"工具>可视化工程状态"菜单命令，打开"可视化工程状态"对话框，同样选择"目标表示"为"4D Completion Status"属性，如图9-43所示。

04 选中节点中的柱构件并双击，如图9-44所示，打开"梁的属性"对话框，然后单击"用户定义属性"按钮，在打开的Concrete beam对话框中，切换到"工作流程"选项卡，然后在原有项目中填好相应的安装日期，如图9-45所示。

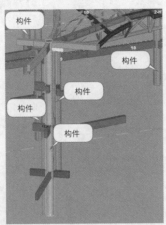

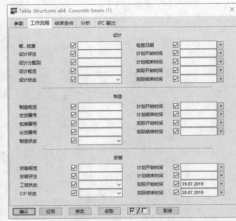

图 9-43 图 9-44 图 9-45

提示

由于涉及的钢构件过多，因此该参数可灵活地进行调整，这里仅提供思路。在实际的操作中，按照实际的业务情景填写即可。

05 将所有构件的日期填写完毕后，单击"更新"按钮，如图9-46所示，这时显示的所有柱构件为90%不透明效果，如图9-47所示。

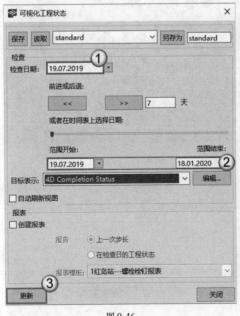

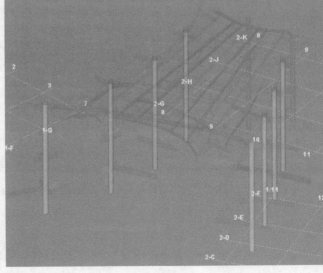

图 9-46 图 9-47

提示

由于杆件被标有时间并按照工期进度显示，因此最终显示的杆件为90%不透明效果，待构件更新完成后，模型才会完全显示。

· **调整梁构件**

　　按照同样的方式，为梁构件指定4D可视化工程状态。更新完成后，这时显示的所有梁构件为90%不透明效果，如图9-48所示。

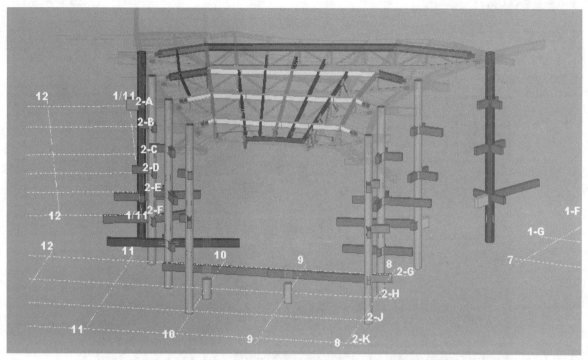

图 9-48

· **调整次构件**

　　按照同样的方式，为次构件指定4D可视化工程状态。更新完成后，这时显示的所有次构件为90%不透明效果，如图9-49所示。

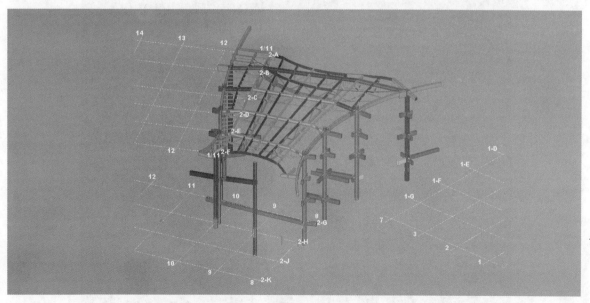

图 9-49

📝 **拓展习题：** 根据项目结构拆分为多个状态

素材位置	素材文件>CH09>拓展习题：根据项目结构拆分为多个状态
实例位置	实例文件>CH09>拓展习题：根据项目结构拆分为多个状态
视频名称	拓展习题：根据项目结构拆分为多个状态.mp4
学习目标	掌握状态管理器的使用方法

⊡ **任务要求**

根据项目模型的结构，将其分为主馆钢结构、训练馆钢结构、土建结构、临时支墩、钢楼梯和马道等6个部分，本例过滤出的分部如图9-50所示。

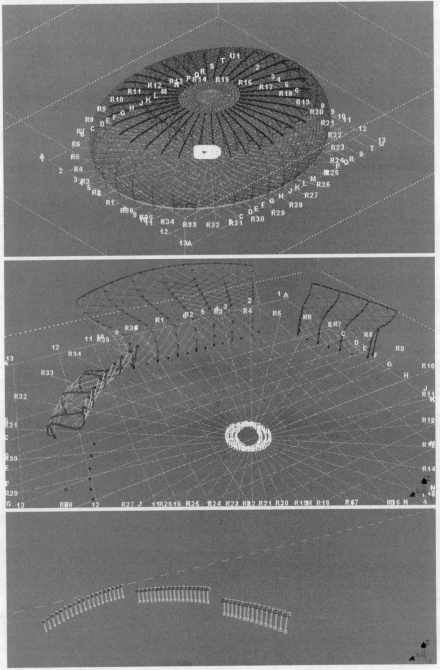

图 9-50

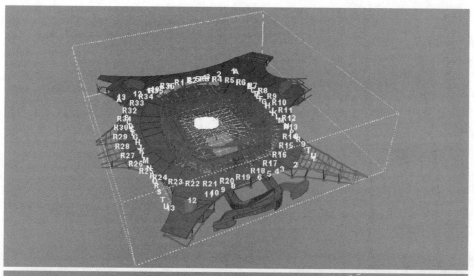

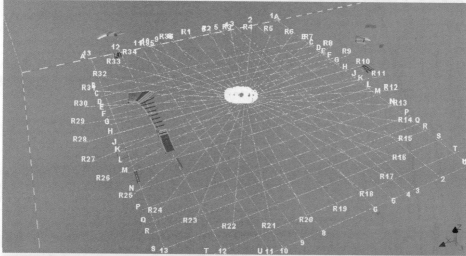

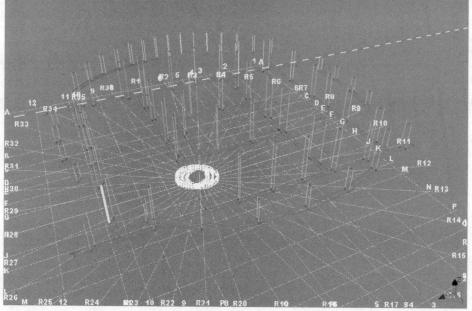

图 9-50（续）

⊡ 创建思路

使用状态管理器可以对构件进行过滤，以便后期出图，制作思路如图9-51所示。

第1步： 打开"素材文件>CH09>拓展习题：根据项目结构拆分为多个状态"文件，然后打开状态管理器，把状态分为主馆钢结构、训练馆钢结构、地下室土建、土建结构、临时支墩、钢楼梯和马道7个部分。

第2步： 通过"对象组"过滤这些组件，将种类选择为构件，状态后面的"值"代表对应结构的编号，将主馆钢结构、训练馆钢结构、地下室土建、土建结构、临时支墩、钢楼梯和马道的编号输入"值"列表中，然后不断地对构件进行更改（仅修改这一栏）和过滤。

图 9-51

9.6 模型管理器

模型管理器可管理和查看模型中的不同合法区域和对象类型，因此可根据需要将信息分类。模型管理器还可用于辅助计划和管理，将大模型拆分为剖面和楼板，这有助于根据采购合同创建建筑计划、拆运和安装序列或完成对象类型的分类等任务，因此需要对Tekla Structures的对象和参考对象进行分类。

> **提示**
>
> 在模型管理器中，虽然每个零件只能属于一个截面和一个楼层，但可以属于多个对象类型。

执行"工具>管理器"菜单命令，打开"管理器"对话框，可根据需要对信息进行分类，如图9-52所示。

图 9-52

除此之外，模型管理器还关联了拆运和次序，通过拆运和次序可进行相应工程构件的吊装和拆分，以备模型管理器的应用。次序和拆运是通过模型与施工现场相连接的，这使模型的利用率达到最高，同时也为施工现场及施工过程带来了方便，体现了钢结构模型的价值所在。下面介绍次序和拆运的应用。

9.6.1 次序

次序就是对工程中的所属构件依次排序，而使用程序装置工具可为零件命名次序并分配增量编号，如创建安装顺序来定义零件的安装次序。若针对不同的用途定义了多个次序，则一个零件可以同时属于多个次序。

> **提示**
>
> 程序装置对参考模型内部的对象不起作用。

程序装置的工作方式是将次序编号分配给零件的用户定义属性，在"程序装置属性"对话框中输入的次序名称是在objects.inp文件中定义的用户定义属性的名称。使用程序装置工具可为零件分配次序编号，如果要在以后查看或修改次序编号，那么必须先创建一个用户定义属性，并为其分配次序编号。下面介绍次序的创建方式。

⊡ 创建次序

在标准文本编辑器中打开objects.inp文件（如电脑自带的TXT文件），然后在Part attributes部分中添加新的用户定义属性，其中value_type必须为integer，field_format必须为%d，如图9-53所示。例如在attribute中，定义属性为("MY_INFO_1", "My Info 1", integer, "%d", no, none,"0.0", "0.0")。保存文件后，重新启动Tekla Structures。

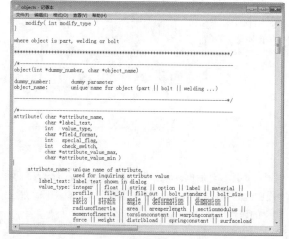

图 9-53

⊡ 将次序应用到零件中

打开Tekla Structures后，执行"工具>程序装置"菜单命令，在打开的"程序装置属性"对话框中，选择与objects.inp文件中完全相同的名称，如MY_INFO_1，如图9-54所示。

选择要包括在次序中的零件，第1个零件获得次序编号1，第2个零件获得次序编号2，依次类推。如果选择了一个已包含在次序中的零件，那么系统将询问是否要覆盖现有编号，如图9-55所示。如果单击"是"按钮，那么Tekla Structures将为零件分配下一个可用编号。

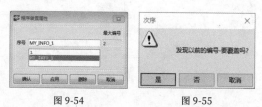

图 9-54   图 9-55

⊡ 退出为零件应用次序

要退出为零件应用次序的过程，可执行"编辑>中断"菜单命令或按Esc键。

9.6.2 拆运

拆运是指根据运输工具能够承载的单位数量来评估特定的模型零件。拆运可以使构件分组，以便将这些构件运输到工地。例如，计算需要多少辆混凝土运输车，才能满足浇筑模型特定部分的基础或板的需要。了解了这些信息后能够更容易地确定需求的范围并创建安装计划。

定义拆运时，必须考虑车辆的承载量，因为拆运不能超过最大总承载量，所以必须根据材料的重量和模型数量计算卡车荷载大小。对于多数模型零件，其重量取决于零件的尺寸、长度和材质。此外，还可将拆运和程序装置工具结合起来使用，如根据零件的安装顺序将模型的每个零件装载到特定卡车上。

钢零件和混凝土零件的基本拆运过程相同。不过，如果要使用现场浇筑，那么记得使用定量容器（如使用10立方码的卡车）运输混凝土。在这种情况下，定义拆运数量之前必须计算混凝土运输车的承载量。下面以钢零件为例介绍拆运的方式。

提示

查看零件的属性时，在该零件上单击鼠标右键，然后在弹出的菜单中选择"查询>零件"选项，打开零件的"查询目标"对话框，如图9-56所示。

图 9-56

创建拆运

执行"工具>拆运"菜单命令，打开"拆运"对话框，单击"属性"按钮，在打开的"拆运属性"对话框中，在底部文本框中输入名称，并在"编号"字段中输入拆运编号，在"最大重量"文本框中输入拆运的最大重量，如图9-57所示。单击"A添加"按钮，系统将以定义的属性创建空拆运。

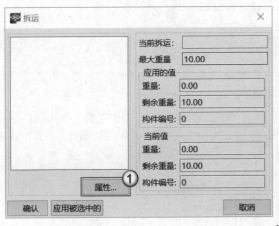

图 9-57

向拆运中添加零件

以门钢厂房的拆运为例，执行"工具>拆运"菜单命令，打开"拆运"对话框，选择创建的拆运，这时将高亮显示拆运中包括的零件。按住Shift键的同时点选或框选要添加到拆运的零件，然后单击"应用被选中的"按钮，如图9-58所示。这时所添加的零件的重量和数量将显示在当前值一栏中，如图9-59所示。如果超过拆运的重量限值，那么系统将显示"问题"对话框，这时单击"是"按钮，如图9-60所示。

图 9-58

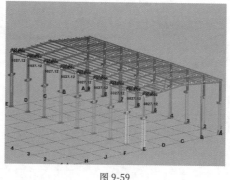

图 9-59

图 9-60

· 在拆运中删除零件

以门钢厂房的拆运为例，执行"工具>拆运"菜单命令，打开"拆运"对话框，在列表中选择现有的拆运（这时拆运中包括的零件将呈现为高亮显示的状态），然后按住Ctrl键，同时选择要从拆运中删除的零件，接着单击"应用被选中的"按钮，如图9-61所示。这时系统将取消选择这些零件，效果如图9-62所示。

图 9-61

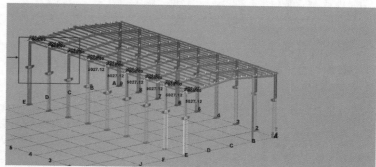

图 9-62

9.7 输入 / 输出 CAD 文件和输出 Tekla BIMsight

Tekla Structures中有几个可用于输入和输出的模型及模型所包括的信息的工具，因此用户不仅可以从其他软件中输入数据，并使用这些数据创建模型和报告外，还可以从Tekla Structures中输出数据，并在制造信息系统和结构分析程序中使用这些数据。

9.7.1 输入 / 输出 CAD 文件

Tekla Structures中支持以多种不同的文件格式输入模型，最多可以输入10000个部件。如果部件的数量超过该值，那么系统将显示警告信息，并不再输入该模型。

· 输入 CAD 文件

输入的CAD文件支持DWG和DXF两种格式，可以将要导入的DWG或DXF文件作为零件或参考线这两种方式输入Tekla Structures中。

执行"文件>输入>DWG/DXF"菜单命令，打开"输入DWG/DXF"对话框，然后单击"浏览"按钮，选择CAD文件，最后单击"输入"按钮将CAD文件输入Tekla Structures中，如图9-63所示。

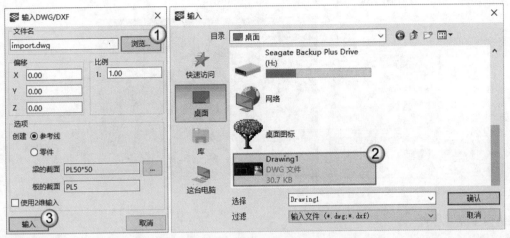

图 9-63

> **提示**
>
> 选择"参考线"单选按钮表示使用原始模型中的参考线来显示模型中的部件（该单选按钮只适用于公制截面），部件将基于梁截面和板截面中定义的截面尺寸显示原始模型中部件的完整截面。

⊡ 输出 CAD 文件

第1步：执行"文件>输出>CAD"菜单命令，打开"CAD输出"对话框，在"转换"选项卡中输入转换文件的路径，如图9-64所示。

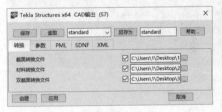

图 9-64

> **提示**
>
> 设置的转换文件的名称是将截面和材料名称映射到其他软件中所使用的名称（转换文件是纯文本文件）。Tekla Structures中包括多个转换文件，用户可以创建自己的转换文件。Tekla自带的标准转换文件位于\environments\environment\profil文件夹中，所有转换文件都带有.cnv扩展名。读者也可以将自有的转换文件放在指定路径下，将自有的转换文件输入软件中。

第2步：切换到"参数"选项卡，在"输出文件"文本框中接受默认设置或单击"浏览"按钮■选择其他输出文件。设置完成后，在模型视图中选中输出的部件，然后单击"应用"按钮，最后单击"创建"按钮，将CAD文件输出，如图9-65所示。

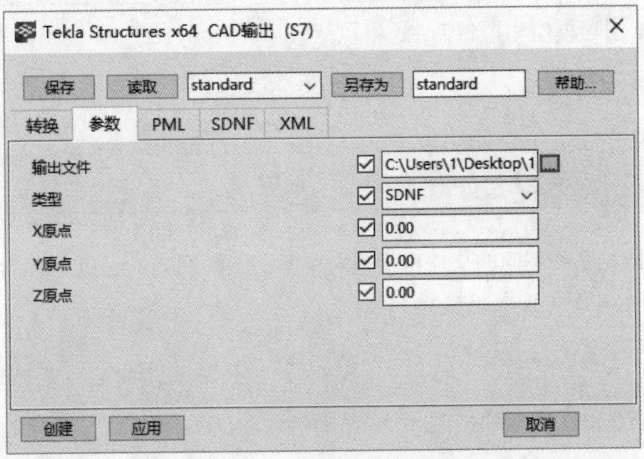

图 9-65

- **重要属性介绍**

*x*原点：输出的模型原点，一般填为0（*y*原点和*z*原点也同*x*原点一样）。

单元：输出模型的单位。

输出切割部件：控制是否在输出文件中，包括切割。

类型：包括PML、HLI、SCIA、Calma、SDNF、PDMS、SDNF（PDMS）和XML格式，具体说明详见表9-4。

表 9-4　输出类型

格式	说明
PML	PML（Parametric Modeling Language）将文件输出为 Intergraph 的参数化建模语言格式。PML 输出可以在多个 Intergraph 系统中使用
HLI	HLI（高阶层界面，High Level Interface）选项用于向 IEZ AG 的 Speedikon 软件输出数据
SCIA	SCIA 用于 SteelFab 界面
Calma	Calma 选项用于向 Calma 工厂设计系统输出数据
SDNF	SDNF（钢材细化中性文件，Steel Detailing Neutral File）选项用于输出可以在多种 CAD 系统中使用的模型
PDMS	PDMS（工厂设计管理系统，Plant Design Management System）选项用于输出可以在 Cadcentre 的 3D 工厂设计软件中使用的模型
SDNF(PDMS)	SDNF（PDMS）用于通过 SDNF 链接向 PDMS 输出信息。Tekla Structures 写入杆件等级属性中完成字段的信息，而在 SDNF 输出中忽略等级信息
XML	XML 用于将信息输出到 ArchiCAD 建模系统中。该输出存在以下限制： ①不能使用转换文件 ②不能输出孔、螺栓和焊缝

9.7.2　输出 Tekla BIMsight

　　Tekla BIMsight程序是Tekla公司开发的免费模型检测和信息化交互的工具，它可以将不同专业建造的3D模型合并在一个模型中，在移动和计算机等设备上皆可直接浏览以检测BIM模型并及时交互和修改，同时它还具备碰撞检测功能，能起到审核模型和检查碰撞的作用，使得施工流程得到改善。有了这项功能，整个项目中的碰撞问题在发生之前就能被预知并进行事前解决，节省了事后的工程签证，使工程工期缩短了。

📝 **提示**

　　Tekla BIMsight可使成本核算在3D模型的基础上实现较为精准的计算。在现场施工中，该软件可做到层层过滤、剖面剪切和透视等观察模型室内的结构形式。该软件有强大的兼容性能，通过各专业的模型合并，能让工作人员在现场更直观、更迅速地了解会议中讨论的项目重点位置的施工情况，并且Tekla BIMsight还能在移动设备上工作，由此就能做到将复杂节点的3D模型带到工地，便于在现场进行对比安装。

　　可以将Tekla Structures模型和该模型中包括的参考模型作为Tekla BIMsight工程文件（.tbp）进行输出。执行"文件>输出到Tekla BIMsight"菜单命令，打开"输出到Tekla BIMsight"对话框，输入工程文件的名称，并选择要保存工程文件的文件夹，如图9-66所示。

图 9-66

- **重要按钮介绍**

　　全部输出：输出整个模型。如果模型中包括参考模型，那么该模型也应包括在输出中。

　　输出所选对象：输出选中的对象。

📝 **提示**

　　根据需要选择其他选项，如果需要在导出的模型中包括螺栓和钢筋，那么需在对话框中分别勾选"包括螺栓"和"包括钢筋"复选框。

9.8 综合实例：促进各专业之间的协作和交流

扫码观看视频

素材位置	无
实例位置	实例文件>CH09>综合实例：促进各专业之间的协作和交流
视频名称	综合实例：促进各专业之间的协作和交流.mp4
学习目标	掌握用Tekla Structures与其他软件进行协同的方法

合理分配主、次构件的施工管理并进行碰撞检测，生成的数据化模型如图9-67所示。

> **提示**
>
> Tekla BIMsight中文版是一款免费的建筑BIM软件，也可以说它是施工项目协作的专业工具。通过这款软件用户可以整合整个环境模型，检查模型中是否存在冲突。此外，还可以共享信息，及时发现施工设计的问题并解决。

图 9-67

9.8.1 思路分析

Tekla BIMsight属于总包管理平台，主要解决施工中各个专业间的碰撞和优化，进而减少施工中的成本。用户通过对各专业构件进行的分类，明确需要进行碰撞的构件并对其进行显示或隐藏，再通过冲突校核对冲突的主、次构件进行检测，以便解决各个专业之间的碰撞问题并提供解决方案给设计方进行修改。本例要想完成各专业之间的协作和交流，可分为显示模型信息和进行碰撞检测两个部分。

9.8.2 显示模型信息

打开"素材文件>CH09>功能实战：根据厂房指定4D可视化工程状态"文件，在界面中显示了该有的建筑模型、结构模型和机电模型，"对象"属性栏中自动归纳了此项目中的不同构件，方便了归纳管理，如图9-68所示。

> **提示**
>
> 在"对象"属性栏中，显示了不同属性的模型信息，用户在实际操作过程中应根据不同专业对相应的信息进行隐藏。

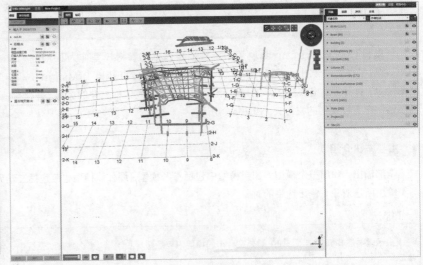

图 9-68

9.8.3 进行碰撞检测

01 在"冲突校核"选项卡中，单击"编辑"按钮，在打开的"编辑标准"对话框中添加对象组，然后勾选"重叠误差"复选框为默认数值，最后单击"保存更改"按钮，如图9-69所示。

图 9-69

02 冲突校核可以以主构件和次构件的冲突标准为依据，如果冲突校核在主构件和次构件间发生了碰撞，那么模型中会用黄色来表示发生碰撞的部分，如图9-70所示。

图 9-70

03 单击"添加"按钮，可在打开的"添加说明"对话框中对碰撞进行说明，最后单击"保存"按钮，如图9-71所示。

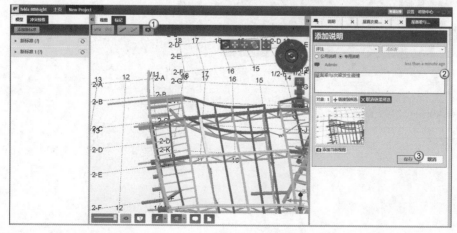

图 9-71

课后练习： 以网页的形式输出模型

素材位置	无
实例位置	实例文件>CH09>课后练习：以网页的形式输出模型
视频名称	课后练习：以网页的形式输出模型.mp4
学习目标	掌握用网页浏览模型的方法

扫 码 观 看 视 频

· 任务要求

将模型以网页的形式进行输出，如图9-72所示。

index		2021/5/18 12:06	搜狗高速...	34 KB

图 9-72

提示

Tekla Structures创建的任何模型都可以输出为网页，其他人也可以通过标准网页浏览器来查看这个模型，这也是查看模型当前状态的一种简单有效的方法。

· 创建思路

这是一种以网页形式打开模型的方法，创建思路如图9-73所示。

第1步： 打开"实例文件>CH03>综合实例：创建完整的门钢厂房"文件，然后执行"文件>输出为网页"菜单命令输出模型。

第2步： 给该网页文件定义一个名字。

第3步： 按F5键刷新网页，在Tekla Web Viewer（网页浏览器）中测试模型的平移、旋转和飞行功能。

第4步： 当接收到一个压缩的网页浏览器模型时，在解压缩时确保文件夹的名称保持不变，双击index.html文件打开模型。

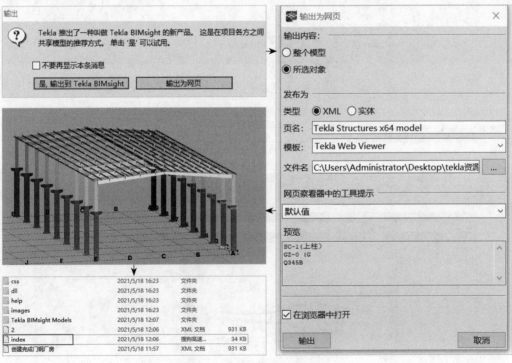

图 9-73

第 10 章

Tekla Structures 工程案例演示

本章概述

本章为读者呈现了4个大型项目工程案例，对引用案例的建模要点进行演示，掌握并归纳在日常学习、工作中对模型"建模→出图→报表"全流程的应用点和难点。此外，由于建筑在工艺、技术和空间构造上的差异性，因此大型建筑在流程上的侧重点也不一样，需要根据实际情况灵活处理。

本章要点

» 了解大型工程项目中的难点
» 了解项目应用重点及应用价值
» 了解深化设计在钢结构行业中的流程
» 了解 BIM 在钢结构行业中的影响和地位

10.1 南站厂房项目

扫码观看视频

素材位置	无
实例位置	实例文件>CH10>南站厂房项目
视频名称	南站厂房项目.mp4

　　南站为某市新建的火车客运站，将成为集铁路、地铁、有轨电车和长途客车等多种交通方式于一体的综合交通枢纽。南站的规划总建筑面积48000m²，拥有12个站台和26条到发线，连接3条客运专线和两条城际铁路。南站钢结构厂房部分如图10-1所示。

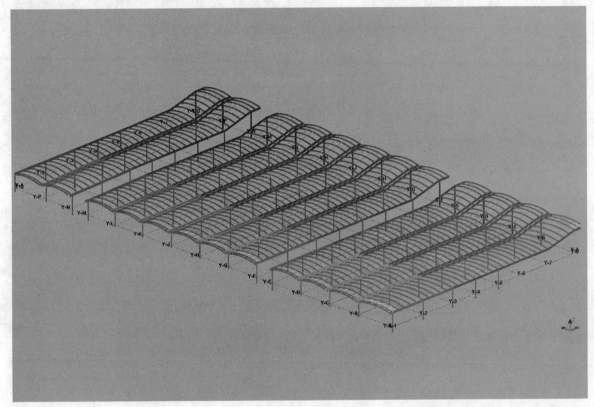

图 10-1

10.1.1 建模要点强调

　　①本项目只针对钢结构厂房的建模进行讲解。厂房的建模相对来说比较简单，大部分模型具有规则的样式并且排列有序，因此非常容易上手，可以先创建一部分模型，再将其复制到类似的区域，这样可以大大缩减建模的时间，也能提高准确性，避免发生注意不到的细节错误。

　　②雨棚在正线处断开，将南北侧的雨棚各分为3个独立的结构单元。雨棚柱基主要采用独立桩基座，桩基直径为600mm。雨棚柱为立于轨道间的400mm×600mm、600mm×600mm的焊接双槽钢柱，钢梁采用H型钢（斜）和弧形H型钢结构。雨棚纵向柱网以18m为主，局部为24m、22.71m和21m；横向柱网以21.5m为主，局部为25.4m、22m和20.4m（注意图纸的跨度与模型匹配）。

　　③雨棚的钢柱采用的是焊接双槽钢柱，材料材质为Q345C和Q345GJC，截面分别为400mm×600mm、600mm×600mm，而焊接槽形翼缘板仅为115mm（注意图纸的材质与模型相匹配）。

　　④注意雨棚主纵梁为类工字钢结构，其翼缘板与腹板成78°夹角，个别钢梁其端部与梁亦成77°夹角，少量弧形梁的翼缘板与腹板也成77°夹角。

10.1.2 模型出图

对模型进行编号。框选整个模型，然后执行"图纸和报告>编号>对所选对象的序列编号"菜单命令对模型进行编号，效果如图10-2所示。

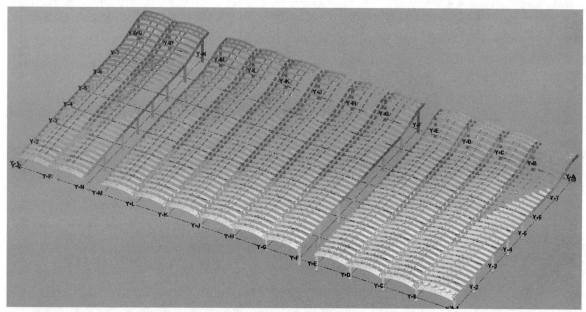

图 10-2

✐**提示**

无论是出具图纸，还是出具报表，都要先对模型进行编号，这样才能运用这两个功能。

框选图纸的模型，执行"图纸和报告>创建零件图（创建构件图）"菜单命令，创建零件图或者构件图，如图10-3所示。

查看图纸。单击"打开图纸列表"按钮 🖿，打开"图纸列表"对话框，然后双击已创建好的图纸，打开后的图纸如图10-4所示。

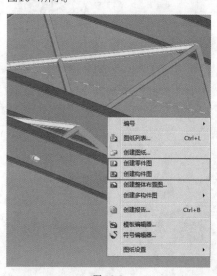

图 10-3

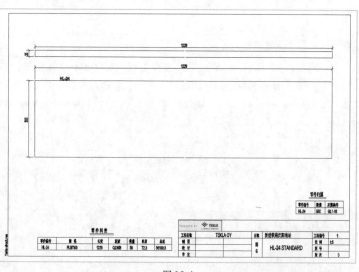

图 10-4

查看图纸后，执行"图纸文件>输出"菜单命令，在打开的"输出图纸"对话框中，设置输出名称及输出路径，最后单击"输出"按钮，将图纸输出为DWG格式的文件。

10.1.3 出具报表

编号完成后，对模型进行操作，生成模型的零件报表。

确定模型完成编号后，执行"图纸和报告>创建报告"菜单命令，打开"报告"对话框，然后在"报告模板"一栏中选择"零件清单.xls"选项，最后单击"从全部的模型中创建"按钮，如图10-5所示。

创建完成后将自动显示创建好的报告清单，如图10-6所示。

图 10-5

图 10-6

10.2 集团框架项目

扫码观看视频

素材位置	无
实例位置	实例文件>CH10>集团框架项目
视频名称	集团框架项目.mp4

本项目为轻钢别墅，轻钢别墅又被称为轻钢结构房屋，其主要材料是由热镀锌钢带经冷轧技术合成的轻钢龙骨，经过精确的计算再加上辅件的支持与结合，具备合理的承载力。集团框架项目的全模型如图10-7所示。

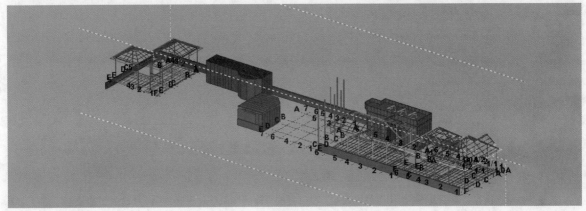

图 10-7

10.2.1 建模要点强调

本例属于轻钢别墅，下面以休息区部分的钢结构模型为代表进行讲解。图10-8所示为集团框架项目的休息区模型。

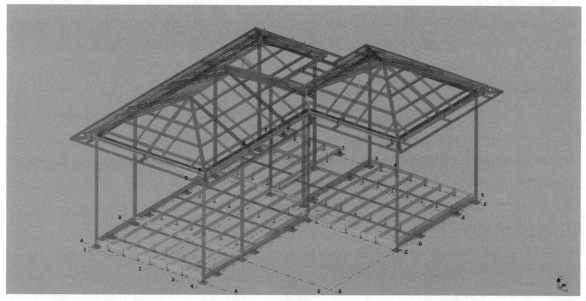

图 10-8

①休息区钢结构模型相对简单，它没有复杂、大型的异形结构，并且空间小、内容少，因此很适合建模。但是该模型并不是规律的单元式，可能会降低建模速度、提高出错率。

②模型的下半部分难度较小，难点在模型的房顶绘制，需要找好工作平面，并设定好零件之间的位置关系。

③注意本例模型的四坡屋顶应该如何定位。

10.2.2 模型出图

框选模型进行编号。框选休息区模型后，执行"图纸和报告>编号>对所选对象的序列编号"菜单命令对模型编号，效果如图10-9所示。

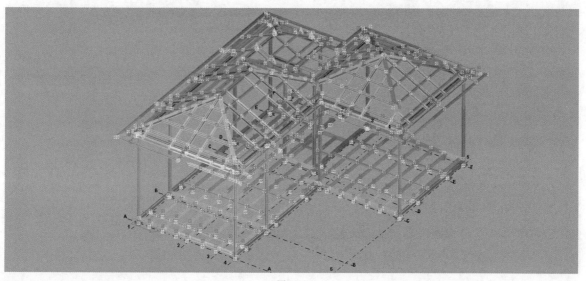

图 10-9

框选休息区模型后，执行"图纸和报告>创建整体布置图"菜单命令，打开"创建整体布置图"对话框，然后选择创建图纸的模型所在的轴线，如图10-10所示，打开图纸的效果如图10-11所示。

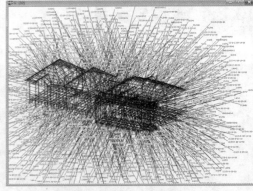

图 10-10   图 10-11

查看图纸后，执行"图纸文件>输出"菜单命令，在"输出图纸"对话框，设置输出名称及输出路径，单击"输出"按钮将图纸输出为DWG格式的文件。

10.2.3 出具报表

确定模型完成编号后，执行"图纸和报告>创建报告"菜单命令，打开"报告"对话框，然后在"报告模板"一栏中选择"零件清单.xls"选项，如图10-12所示。

框选休息区模型，然后在"报告"对话框中单击"从全部的选择中创建"按钮，创建的清单报表如图10-13所示。

图 10-12   图 10-13

创建完成后将自动显示创建好的报告清单，如图10-14所示。

零件编号	截面型材	长度	材质	数量	共计面积(m2)	单重(kg)	总重(kg)
XC-1	CC100-2-15-50	2416	Q235B	1	1.04	8.10	8.10
XC-2	CC100-2-15-50	1314	Q235B	2	1.16	4.52	9.05
XC-3	CC100-2-15-50	2061	Q235B	7	6.47	7.18	50.28
XC-4	CC100-2-15-50	4304	Q235B	4	7.72	15.00	60.02
XC-5	CC100-2-15-50	2347	Q235B	3	3.16	8.18	24.54
XC-6	CC100-2-15-50	4321	Q235B	1	1.94	15.06	15.06
XC-7	CC100-2-15-50	2176	Q235B	1	0.98	7.58	7.58
XC-8	CC100-2-15-50	2379	Q235B	1	1.05	8.17	8.17
XC-9	CC100-2-15-50	693	Q235B	1	0.31	2.42	2.42
XC-10	CC100-2-15-50	3547	Q235B	1	1.59	12.36	12.36
XC-11	CC100-2-15-50	4290	Q235B	2	3.85	14.95	29.90
XC-12	CC100-2-15-50	2315	Q235B	1	1.04	8.07	8.07
XC-13	CC100-2-15-50	1282	Q235B	3	1.73	4.47	13.40
XC-14	CC100-2-15-50	4337	Q235B	6	11.66	15.12	90.70
XC-15	CC100-2-15-50	2416	Q235B	1	1.06	8.23	8.23

图 10-14

10.3 异形体育馆项目

素材位置	无
实例位置	实例文件>CH10>异形体育馆项目
视频名称	异形体育馆项目.mp4

该体育馆位于公园内，建筑面积有2280m²，设观众席位7830个。体育馆基座及承重部分为钢筋混凝土，主体为钢结构。异形体育馆项目的全模型如图10-15所示。

图 10-15

10.3.1 建模要点强调

①在建模的过程中建议分区建模，由几个人共同完成，这样能大大地缩短建模时间，也可以精准地统计分区的工程量。

②屋面钢结构采用弦支穹顶结构体系，同时该穹顶的抛物面辐射式结构的平面投影为椭圆形，长轴为31.1m、短轴为24.1m，结构高度为2.5m，其中矢高为1.5m，拉索垂度为1m。为避免屋盖中心构件汇交密集，设置了中心环，中心环椭圆的长轴为3.11m，这为屋面和墙面带来了很大的安装难题。

③撑杆上下段采用铸钢节点，其他部分采用相贯切割屋盖并沿110m×80m的椭圆线支撑在砼圈梁顶，固定铰支座共24个，支座采用焊接空心球，球中标高为22.6m。

④模型中有大量的钢筋混凝土构件，需要运用到"创建混凝土"工具和"创建钢筋"工具。

10.3.2 模型出图

本例的建模难度很大，不只要绘制钢结构还要绘制钢筋和混凝土，而且异形钢结构模型较多、体量较大，新手建模时会遇到很多困难和挑战。

✏️ 提示

由于该模型的工程量较大，因此输出图纸或者报表的时候，计算机可能会卡顿。

先对模型进行编号。框选整个模型，然后执行"图纸和报告>编号>对所选对象的序列编号"菜单命令对模型进行编号，效果如图10-16所示。

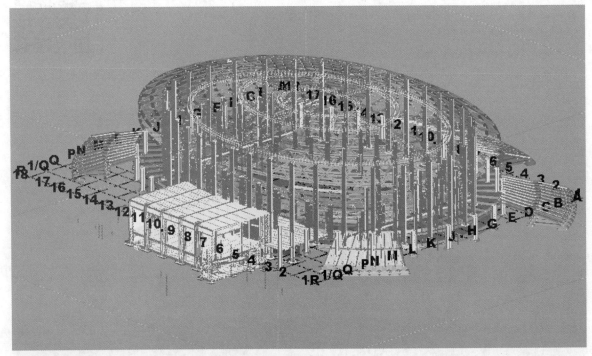

图 10-16

编号结束后，框选要输出图纸的模型，执行"图纸和报告>创建零件图（创建构件图）"菜单命令，创建零件图或者构件图，如图10-17所示。

查看图纸。单击"打开图纸列表"按钮 ，打开"图纸列表"对话框，双击已创建好的图纸进行查看，如图10-18所示。

图 10-17

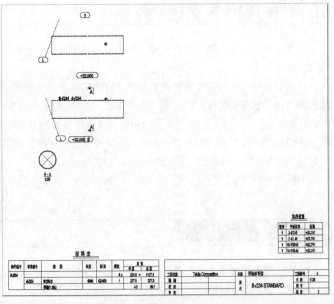

图 10-18

查看图纸后，执行"图纸文件>输出"菜单命令，在"输出图纸"对话框中，设置输出名称及输出路径，单击"输出"按钮将图纸输出为DWG格式的文件。

10.3.3 出具报表

确定模型完成编号后，执行"图纸和报告>创建报告"菜单命令，打开"报告"对话框，然后在"报告模板"一栏中选择"零件清单.xls"选项，如图10-19所示。

框选休息区模型，然后在"报告"对话框中单击"从全部的选择中创建"按钮，创建的清单报表如图10-20所示。

图 10-19   图 10-20

创建完成后将自动显示创建好的报告清单，如图10-21所示。

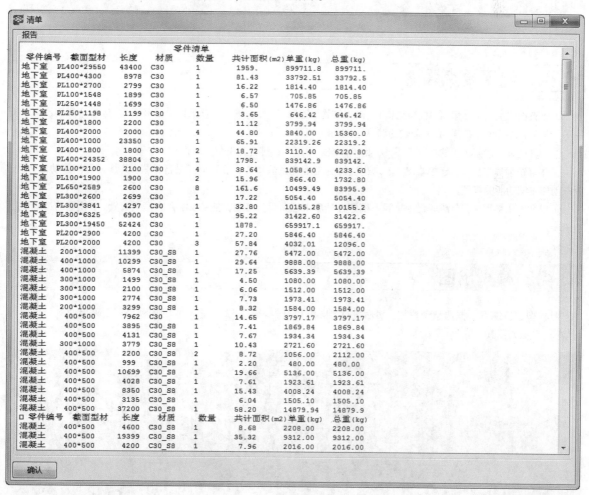

图 10-21

10.4 体育馆土建项目

素材位置	无
实例位置	实例文件>CH10>体育馆土建项目
视频名称	体育馆土建项目.mp4

主会馆项目总占地面积83317m²，为大跨度单层网壳结构，总用钢量约1800吨。它的造型较为独特，从上往下看是一个椭圆形平面，长轴为110m，短轴为100m、高度为26.5m，并且拥有5500个座位。整个主会馆包含篮球场、羽毛球场、乒乓球场、网球场和门球场等全民健身运动场。体育馆土建项目的全模型如图10-22所示。

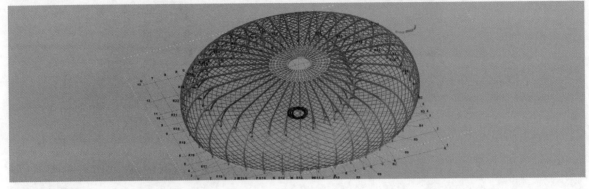

图 10-22

10.4.1 建模要点强调

①体育馆的室内上部采用"框架结构+钢网架结构"的形式，体育馆的顶部采用金属网架结构，整个空间没有一根柱子，全部用金属网架支撑，其中最长的跨度达80m。

②与其他采用桁架相贯的体育馆不同，此体育馆采用箱型柱进行相贯节点的设计。

③体育馆为异形结构，建模难度大，这也使得施工难度系数增加；最好分部进行建模，并根据不同的功能分区，分开创建不同功能的模型。

④模型的体量很大，会消耗大量时间。模型在精度上也会受到考验，在完成巨大的模型数量时，模型的准确性也要确保。

10.4.2 模型出图

对模型进行编号。框选整个模型，然后执行"图纸和报告>编号>对所选对象的序列编号"菜单命令对模型进行编号，效果如图10-23所示。

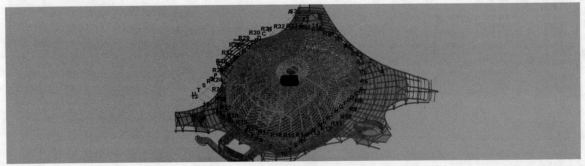

图 10-23

编号结束后，框选要输出图纸的模型，执行“图纸和报告>创建零件图（创建构件图）”菜单命令，创建零件图或者构件图，如图10-24所示。

查看图纸。单击“打开图纸列表”按钮，打开“图纸列表”对话框，双击已创建好的图纸进行查看，如图10-25所示。

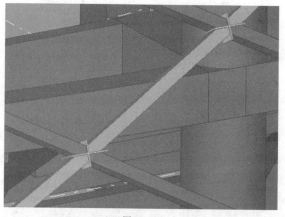

图 10-24

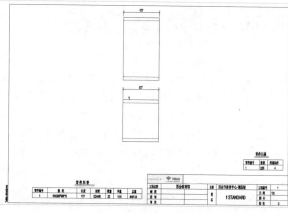

图 10-25

查看图纸后，执行“图纸文件>输出”菜单命令，在“输出图纸”对话框中，设置输出名称及输出路径，单击“输出”按钮将图纸输出为DWG格式的文件。

10.4.3 出具报表

确定模型完成编号后，执行“图纸和报告>创建报告”菜单命令，打开“报告”对话框，然后在“报告模板”一栏中选择“A_发货清单（毛重）.xls”选项，单击“从全部的选择中创建”按钮，如图10-26所示。

这时将自动弹出创建好的报告清单，对清单进行查看，如图10-27所示。

图 10-26

清单

报告

工程制作清单

工程名称： 四会体育馆　　　页码： 1

构件编号	数量	规格	长度	面积(m2)	单重(kg)	共重(kg)
备带板-1	9	PL16*120	200	0.1	3.0	27.1
备带板-2	2	PL16*150	220	0.1	4.1	8.3
备带-1	60	PL20*500	405	0.4	31.8	1907.6
备带-2	12	PL20*500	404	0.4	31.8	381.5
备带-3	120	PL6*30	340	0.0	0.5	57.7
备带-4	24	PL6*30	339	0.0	0.5	11.5
备带-5	178	PL6*30	210	0.0	0.3	52.8
备带-6	7	PL8*100	240	0.1	1.5	10.5
备带-7	1	PL8*95	240	0.1	1.4	1.4
备带-8	26	PL6*30	150	0.0	0.2	5.5
备带-9	4	PL6*30	180	0.0	0.3	1.0
备带-10	2	PL6*30	205	0.0	0.3	0.6
备带-11	20	PL6*30	210	0.0	0.3	5.9
备带-12	170	PL10*100	100	0.0	1.6	267.1
备带-13	28	PL12*100	440	0.1	4.1	116.1
备带-14	2	PL6*30	199	0.0	0.3	0.6
备带-16	4	PL10*250	185	0.1	3.6	14.5
备带-17	8	PL14*500	204	0.2	11.3	90.1
备带-18	8	PL6*30	190	0.0	0.3	2.1
备带-19	64	PL6*30	250	0.0	0.4	22.6
备带-20	94	PL6*30	199	0.0	0.3	26.6
备带-21	184	PL6*30	210	0.0	0.3	54.6
备带-22	32	PL6*30	479	0.0	0.7	21.7
备带-23	40	PL6*30	350	0.0	0.5	19.8
备带-24	2	PL6*30	215	0.0	0.3	0.6
踏步-2	1	FL10*544	5724	6.7	310.7	310.7
踏步-3	1	FL10*535	5796	6.7	310.8	310.8
踏步-4	1	FL10*527	5863	6.7	311.1	311.1
踏步-5	1	FL10*520	5936	6.7	311.9	311.9
踏步-6	1	FL10*514	6009	6.7	313.1	313.1
踏步-7	1	FL10*508	6083	6.8	314.7	314.7
踏步-8	1	FL10*504	6166	6.8	316.9	316.9
踏步-9	1	FL10*500	6248	6.9	319.6	319.6
踏步-10	1	FL10*497	6334	6.9	322.6	322.6

确认

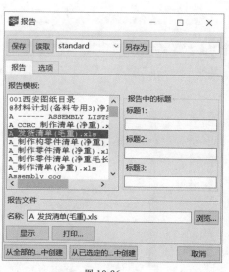

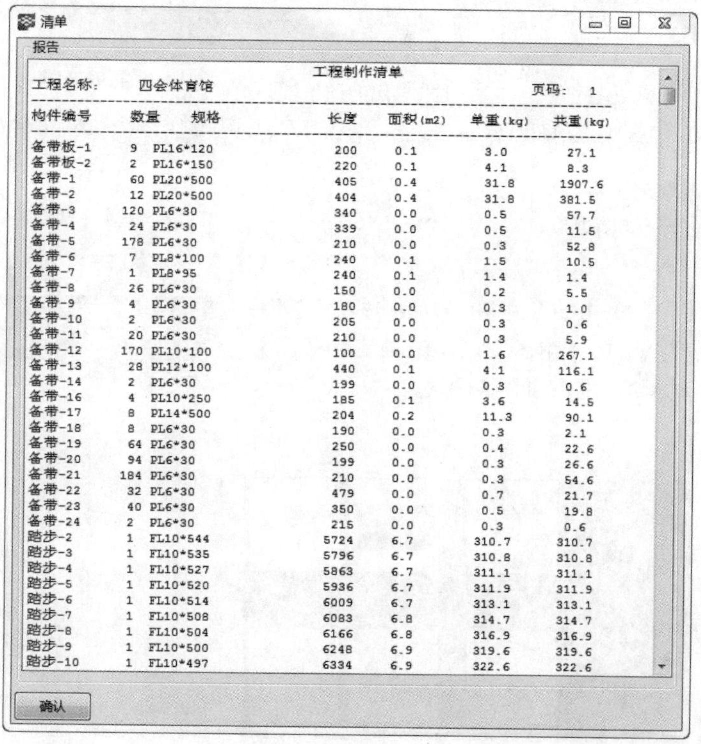

图 10-27

附录 Revit 与 Tekla 之间的模型转换

将 Tekla 模型导入 Revit

　　Revit在BIM的实际应用中具有重要地位，它是创建建筑、结构和机电等专业模型的软件，功能十分强大。那么，这些模型是如何在Tekla与Revit之间实现转换的呢？

　　二者是通过IFC格式的文件进行数据交互的，只有这个格式的模型，才可以在Tekla与Revit之间相互导入、导出。下面将Tekla中的模型导入Revit。

　　在绘制好Tekla模型的前提下，执行"文件>输出>IFC"菜单命令，打开"输出到IFC"对话框，接受默认设置或单击"浏览"按钮 选择其他输出文件，接着框选即将输出的模型，最后单击"输出"按钮，如附图1所示。

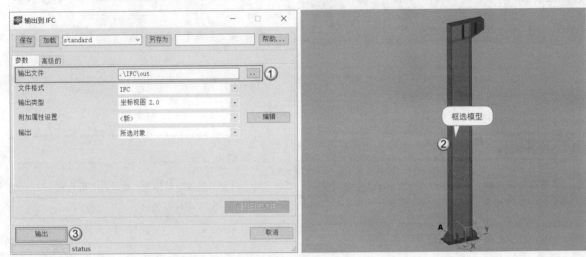

附图1

导出IFC格式的文件时，导出的模型部分由框选的范围决定。

这时模型将以IFC的格式导出，在保存的路径文件夹中得到IFC格式的文件，如附图2所示。

| 输出模型.ifc | 2019/5/16 21:25 | IFC File | 61 KB |
| 输出模型.log | 2019/5/16 21:25 | 文本文档 | 2 KB |

附图2

　　打开Revit，在初始界面中选择"建筑样板"选项，如附图3所示。新建建筑样板后，进入工作环境，如附图4所示。

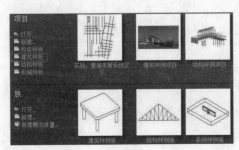

附图3

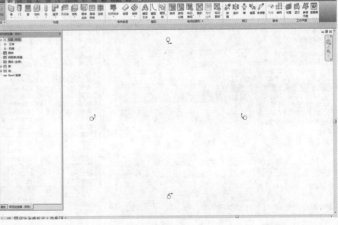

附图4

在"插入"选项卡中，单击"链接IFC"按钮 ❀，打开"链接IFC"对话框，然后选择从Tekla中输出的IFC格式的模型文件，单击"打开"按钮，将其和Revit进行链接，如附图5所示。

导入后，在Revit中切换到3D视图对链接的模型进行观察，如附图6所示。

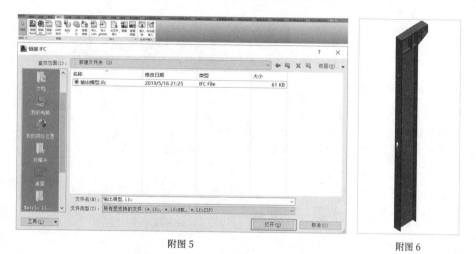

附图 5   附图 6

 提示

在项目浏览器中，单击"默认三维视图"按钮 🔘，即可切换到3D视图对模型进行观察，如附图7所示。

附图 7

将 Revit 模型导入 Tekla

在平时的应用中，也同样会遇到将模型导入Tekla进行处理的情况。与将Tekla模型导入Revit的方式相同，将Revit模型导入Tekla也需要将模型转换为IFC格式的文件。下面将Revit中的模型导入Tekla中。

在绘制好Revit模型的前提下，执行"文件>导出>IFC"菜单命令，在打开的"导出IFC"对话框中，接受默认设置或选择其他输出位置，最后单击"保存"按钮，如附图8所示。

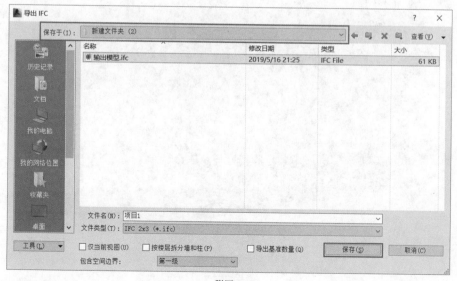

附图 8

这时将以IFC的格式导出模型，在保存的路径文件夹中得到IFC格式的文件，如附图9所示。

打开Tekla，单击右上角的"参考模型"按钮 ⚙，可打开"参考模型"对话框，然后单击"添加模型"按钮便可导入模型，如附图10所示。

附图9   附图10

在打开的"添加模型"对话框中，接受默认设置或单击"浏览"按钮选择从Revit中输出的IFC格式的模型文件，然后设置插入点和比例，单击"选取"按钮，此时鼠标指针变成放置状态＋，接着在轴网交点处单击，单击"添加模型"按钮，如附图11所示。

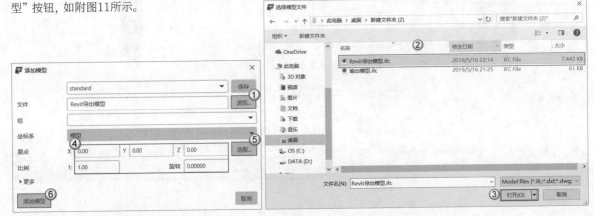

附图11

模型添加完成后便能得到由Revit导入Tekla的模型，按Ctrl+鼠标中键即可查看模型的效果，如附图12所示。

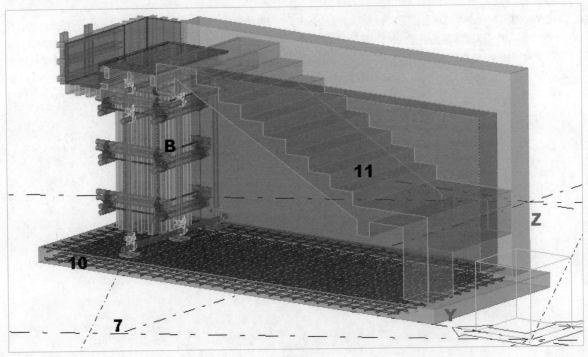

附图12